地下防水工程
质量验收规范培训讲座

薛绍祖　主编

中国建筑工业出版社

图书在版编目（CIP）数据

地下防水工程质量验收规范培训讲座/薛绍祖主编.
北京：中国建筑工业出版社，2002
ISBN 7-112-05326-9

Ⅰ.地...　Ⅱ.薛...　Ⅲ.地下建筑物—建筑防水—建筑工程—工程验收—规范—基本知识—讲座
Ⅳ.TU94

中国版本图书馆 CIP 数据核字（2002）第 070695 号

地下防水工程质量验收规范培训讲座

薛绍祖　朱忠厚　吴松勤
卫　明　杨玉江　哈成德　主编

中国建筑工业出版社出版、发行（北京西郊百万庄）
新　华　书　店　经　销
南海市彩印制本厂印刷
（广东省南海市桂城叠南）

*

开本：850×1168 毫米　1/32　印张：10.75　字数：305 千字
2002 年 10 月第一版　2002 年 10 月第一次印刷
印数：1-7，000 册　定价：**20.00** 元

ISBN 7-112-05326-9
F·420（10940）

如有印装质量问题，可寄本社退换
（邮政编码 100037）

本社网址：http：//www. china-abp. com. cn
网上书店：http：//www. china-building. com. cn

本书为《地下防水工程质量验收规范》GB50208—2002的培训讲座，共分8章，主要内容有：编制简介；强制性条文；总则、基本规定；地下建筑防水工程；特殊施工法防水工程；排水工程；注浆工程；子分部工程质量验收。

本书作为掌握、了解新规范使用的培训教材。

* * *

责任编辑　常燕

主编：薛绍祖

编审组人员：

朱忠厚　薛绍祖　吴松勤　卫　明　杨玉江　哈成德

前　言

《地下防水工程质量验收规范》2002年3月15日建设部以建标［2002］61号文批准为国家标准，编号为GB50208－2002，自2002年4月1日起实施。

GB50208－2002《地下防水工程质量验收规范》共8章，3个附录，总计223条，其中强制性条文7条。为了使广大工程技术人员尽快了解和掌握本规范，在中国建筑业协会工程建设质量监督分会的倡导和组织下，编写了《地下子水工程质量验收规范培训讲座》一书。主要内容有：编制简介；强制性条文；总则、基本规定；地下建筑防水工程；特殊施工法防水工程；排水工程；注浆工程；子分部工程质量验收共8章。以防水工程设计、防水材料应用、防水施工技术、施工质量管理等较丰富的技术资料和工程实例，为学习、理解规范的实质内容和在工程实际中实施操作规范的条文，提供参考。

地下工程防水是建筑工程技术的重要分支之一，属于房屋建筑建造技术中的一项功能质量保障技术。建筑物一旦发生渗漏，直接影响人们的生产活动、生活安定和环境质量，因而建筑防水技术对保证与发挥房屋建筑的使用功能具有不可低估的作用。编写本书的目的，旨在使工程技术人员加快适应现代建筑技术发展的需要、增强质量法规意识、严格执行规范条文，为进一步提高建筑防水工程质量做出努力。

本书由薛绍组（上海地铁咨询监理科技有限公司）、朱忠厚（山西建筑工程集团总公司）编写，中国建筑业协会工程建设质量监督分会会长吴松勤统稿总成。在使用本书的过程中，请将意见和建议告山西建筑工程（集团）总公司（地址：山西太原市新建路35号，邮政编码：030002），以供修订时采用。

目　　录

第一章　编制简介

第一节　本规范编制工作情况

1998年3月26日建设部标准定额司召集《地下防水工程施工及验收规范》GBJ208－83和《地下工程防水技术规范》GBJ108－87修订协调会议，决定把上述两本规范统一修订成《地下工程防水技术规范》和《地下防水工程验收规范》。1998年4月27日建设部发文（建标［1998］94号）将《地下防水工程验收规范》列入1998年工程建设国家标准制订、修订计划（第一批）中。

修编任务下达后，主编单位抓紧安排落实修编人员。山西省建委于1999年1月12日发文（晋建标字［1999］5号，明确了《地下防水工程验收规范》参编单位。1999年1月中旬成立修编组，并制订了修编工作大纲，初步明确修编目录、修编单位分工和修编计划安排。

在调查研究和搜集资料的基础上，修编人员按各自分工的内容进行初稿的起草工作，主编单位整理完成初稿。4月27日至28日在洛阳召开修编组第一次会议讨论初稿，并对编写的章节内容和格式进行了调整及统一，7月完成讨论稿。8月3日至8日在太原召开修编组第二次会议，修编人员对讨论稿进行了逐条讨论，提出很多较好的建议，经修改后于10月上旬完成征求意见稿。

征求意见工作自1999年10月15日至12月15日，主编单位印发征求意见通知180份，按房建、人防、隧道、地铁系统，分发到有关设计、施工监理等单位或个人以及防水材料厂家。征求专家意见除采用函调外，修编组还指定全国防水专业委员会、吉林省建筑施工学术委员会组织专题讨论会，总计返回意见约800余条。

2000年8月1日至2日建设部标准定额司和建筑管理司共同在厦门召开“工程质量验收规范编制负责人会议”，明确验收规范应按照“验评分离、强化验收、完善手段、过程控制”的编制原则，同时对各专业质量验收规范提出编制进度要求。在征求意见的基础上，9月21日至27日在哈尔滨召开修编组第三次会议，按分工再次对有关章节的内容进行改写，最后由主编单位汇总整理完成送审稿和条文说明。

第二节　本规范编制内容简介

本规范中重点内容是按照《建筑工程施工质量验收统一标准》（简称《统一标准》）的规定，经过三次规范修编会议和多次修改，最后确定《地下防水工程质量验收规范》（送审稿）。本规范共分8章和两个附录，计240条。

一、基本框架

第一章总则。明确了本规范编制的目的、适用范围、与有关标准的关系。其中，强调本规范在执行中必须与《统一标准》配合使用。

第二章术语。列出现行标准中尚无统一和需要在本规范中给出确切定义的常用术语。

第三章基本规定。本规范强调地下防水工程必须由相应资质的专业防水队伍进行施工，所用的防水材料应具有法定检测部门签发的产品质量检验报告。同时，对地下防水工程施工质量应按设计的防水等级标准进行验收。

第四章地下建筑防水工程。本章对地下工程结构主体的防水方法包括防水混凝土结构、水泥砂浆防水层、卷材防水层、涂料防水层、塑料板防水层、金属防水层和细部构造等内容提出了质量要求。

第五章隧道防水工程。本章从隧道特殊施工法结构防水的角度出发，分别对锚喷混凝土、地下连续墙（逆筑结构）、复合式衬砌和盾构法隧道等内容规定了质量要求。

第六章排水工程。本章规定了渗排水、盲沟排水适用于没有自流排水条件的房屋建筑地下工程，隧道、坑道排水适用于有自流排水条件的防排水系统。

第七章注浆工程。本章规定了开挖前预计涌水量较大的地段或软弱地层采用的预注浆和工程开挖后处理围岩渗漏、回填衬砌后空隙采用的后注浆，以及地下工程结构衬砌裂缝注浆。

第八章工程验收。本章在对工序或分项工程各检验批进行施工质量控制的基础上，提出了地下建筑防水工程、隧道防水工程、排水工程和注浆工程完成后，应对必要的主控项目和一般项目进行现场质量检验（观感质量综合评价），并检查有关隐蔽工程记录。

二、规范中重点内容确定的依据

（一）防水设防

根据设计防水等级要求，应采用混凝土结构主体防水或采用主体防水和其他防水层，作为地下工程的防水设防。原规范把水泥砂浆防水层、卷材防水层、涂料防水层、金属防水层统统作为附加防水层的概念不清楚，故本规范予以修改。

（二）抗渗性能

原规范规定“连续浇筑混凝土量 $500m^3$ 以下应留两组抗渗试块，每增加 $250\sim500m^3$ 应增留两组。至少一组应在标准条件下养护，其余试块应与构件相同条件下养护”。由于近年来地下工程规模扩大，按原规范需留设抗渗试块过多；同时，试验结果证明抗渗试块的抗渗性能在不同养护条件下影响较大，不能作为抗渗性能的评定依据。本规范规定“连续浇筑混凝土，每 $500m^3$ 应留置一组抗渗试件，每项工程不得少于两组。采用预拌混凝土抗渗试件的留置组数，应视结构规模而定。

（三）防水材料技术性能

原规范规定，对防水工程所用卷材、涂料、止水带及配套材料，均须符合设计要求和现行的国家标准或行业标准。根据地下防水工程的特点，在现行国家标准或行业标准的基础上，对高聚物改性沥青防水卷材、合成高分子防水卷材、有机和无机防水涂料、橡胶止水带、遇水膨胀橡胶和密封材料等，均列出技术性能指标。并对防水涂料和卷材胶粘剂提出做浸水168h耐水性试验，对水泥基、聚合物改性水泥基和水泥基渗透结晶型无机防水涂料技术指标均增加粘结强度的内容。

（四）渗漏水量测

《地下工程防水技术规范》中对工程不同防水等级规定了渗漏水量的指标。本规范附录A隧道的渗漏水量测方法，是根据上海地铁1号线建设过程中推广使用而采用的，对地下工程渗漏量检测和渗漏水治理都具有普遍的意义。

（五）质量检验

本规范按《统一标准》规定对分项工程提出质量检验指标，作为过程控制的重要内容。主控和一般项目应是考虑对工程项目的质量是否起到决定性作用的检验项目。在验收标准中不再实行允许偏差项目测点合格率的做法。

目前我国地下建筑和隧道工程面临着新的发展，有关防水材料和施工技术都有很大的创新，本规范有关新材料、新工艺、新技术的规定，将对提高地下防水工程质量起到重要的作用。

三、规范的审定情况

根据建设部建标［1998］94号文通知，由山西建筑工程（集团）总公司会同总参谋部工程兵科研三所等8个单位，共同编制的国家标准《地下防水工程质量验收规范》，通过两年多的工作，完成送审稿。

山西省建设厅于2000年12月27~28日，在太原市主持召开了验收规范送审稿审查会议。有建设部标准定额司、中国建筑业协会工程建设质量监督分会，中国建筑科学研究院以及人防、城建、冶金、铁道、市政、建材等部门，包括科研、设计、施工、院校等方面的领导和专家共计25人出席了会议。

审查委员会听取了主编单位关于验收规范编制过程的全面汇报及送审报告，并对送审稿进行了认真地审查，就以下主要问题取得了共识：

1．按照国家标准制订的要求，“验收规范”送审稿的文件齐全，其编写格式符合建设部《工程建设标准编写规定》的规定。

2．“验收规范”按照《建筑工程施工质量验收统一标准》的规定，对进场材料检验批、分项工程、分部（子分部）工程的质量验收提出了质量检验要求及指标。“验收规范”内容完整，重点突出，层次合理，有可操作性，可作为施工过程控制和质量验收的依据。

根据地下防水的特点，在所用的防水材料都符合现行国家、行业标准的同时，还定出了相应的技术性能指标，对地下防水工程验收和保证工程防水质量具有重要作用。

3．“验收规范”总结了国内新技术、新材料、新工艺的工程实践经验，在地下工程的验收标准、方法以及防水材料技术指标、检验等方面，具有一定的独特性。该“验收规范”在整体内容上达到了国内领先水平。

4．审查会同时审查认可了编制组提出的“验收规范”强制性条文，建议按有关程序上报批准。

5．与会专家一致同意通过审查，并对送审稿提出了若干具体意见，由编制组在规范报批阶段予以采纳与参考，经修改后形成报批稿，上报审批。

第二章　强制性条文

中华人民共和国建设部建标［2000］85号关于发布《工程建设标准强制性条文》（房屋建筑部分）的通知中载明：

（一）强制性标准条文的性质

“强制性条文”的内容是工程建设现行国家和行业标准中直接涉及人民生命财产安全、人身健康、环境保护和其他公众利益，同时考虑了提高经济效益和社会效益等方面的要求。列入“强制性条文”的所有条文都必须严格执行。

（二）国家标准《地下防水工程质量验收规范》的“强制性条文”如下：

（1）3.0.6　地下防水工程所使用的防水材料，应有产品的合格证书和性能检测报告，材料的品种、规格、性能等应符合现行国家产品标准和设计要求。不合格的材料不得在工程中使用。

（2）4.1.8　防水混凝土的抗压强度和抗渗压力必须符合设计要求。

（3）4.1.9　防水混凝土的变形缝，施工缝，后浇带，穿墙管道，埋设件等设置和构造，均须符合设计要求，严禁有渗漏。

（4）4.2.8　水泥砂浆防水层各层之间必须结合牢固，无空鼓现象。

（5）4.5.5　塑料板的搭接缝必须采用双焊缝焊接，不得有渗漏。

（6）5.1.10　喷射混凝土抗压强度、抗渗压力及锚杆抗拔力必须符合设计要求。

（7）6.1.8　反滤层的砂、石粒径和含泥量必须符合设计要求。

第三章　总则、基本规定

第一节　总则

一、本规范的适用范围

地下工程涉及的范围很广，根据地下构筑物的使用功能，其防水要求和作法差异很大。因此，在本规范制订时，首先明确了它的适用范围。

本规范适用于：

1. 工业与民用建筑地下工程，如医院、旅馆、商场、影剧院、洞库、电站、生产车间等。

2. 市政隧道，俗称共同沟，即埋设于城市道路下面的浅埋隧道，隧道内可敷设煤气、电缆、上水管线等。还应包括用钢筋混凝土现浇施工或用盾构法施工的远距离引水和排水隧道。

3. 防护工程是指为战时防护要求而修建的国防和人防工程，如指挥工程、人员掩蔽工程、疏散通道等。

4. 地下铁道指城市地铁系统的建设，如城市地铁地下车站、明挖法和暗挖法施工的城市地铁区间隧道及相关联的构筑物（如联络通道、地下变电站等）。不包括铁路山岭隧道。

值得强调的是，本规范适用的地下工程，均必须有钢筋混凝土被覆和衬砌的前提条件。其使用功能，以人员活动、机电设备安装、物资贮藏为基本。

还应注意水利水电地下工程、铁路山岭隧道、矿山建设等都有自己的特定标准、规范，在其工程验收时，可参照本规范。

二、与地下防水技术规范的关系

建设部标准定额司 1998 年 3 月 26 日在北京召开的有关规范协

调会议上，决定将《地下防水工程施工及验收规范》GBJ208 - 83和《地下工程防水技术规范》GBJ108 - 87进行修订，并统一修订成《地下工程防水技术规范》和《地下防水工程质量验收规范》。同时，建设部建标（1998）94号文件将此决定列入“1998年工程建设国家标准制订、修订计划”中。

在执行计划的过程中，《地下工程防水技术规范》先行。《地下防水工程质量验收规范》主要按它的内容，对应编制。自然形成了一个紧密相关联的编制模式。最终形成的对应关系如表3.1.1所示。

三、与其他规范关系

本规范是根据国家标准《建筑工程施工质量验收统一标准》GB50300—2001规定的原则编制的，执行本规范时应当与其配套使用。

1. 本规范编制过程中，参照有关联的规范计有：

（1）GB50157 - 1992 地下铁道设计规范

（2）GB50299 - 1999 地下铁道工程施工及验收规范

（3）GB50290 - 1998 土工合成材料应用技术规范

本规范编制过程中，参照有关联的行业地方标准计有：

（4）DGJ08 - 236 - 1999 上海市工程建设规范　市政地下工程施工及验收规程

（5）DBJ08 - 50 - 1996 上海市标准　盾构法隧道防水技术规程

（6）DBJ15 - 19 - 1997 广东省标准　建筑防水工程技术规程

（7）TB10119 - 2000 国家行业标准　铁路隧道防排水技术规范

2. 以上规范、标准是本规范制订的基础资料，我们认真学习借鉴。现归纳以下几点：

（1）对相关技术指标的确定，尽可能保持一致；

（2）对条文的说明、解释，尽可能保持一致；

（3）本规范涉及的面较广，特别是具体技术指标的确定，难免与上述规范、标准不一致。其原因可能是工作有疏忽的地方，只能在执行的过程中，有关方面给于协调。

（4）本规范列为强制性的条文内容，若与上述规范、标准有差别，遵照建设部2000年8月25日发布《实施工程建设强制性标准监督规定》的精神，必须按本规范执行。

表3.1.1　　技术规范与质量验收规范的对应关系

地下工程防水技术规范 GB50108－2001	地下防水工程质量验收规范 GB50208－2002
1　总则 2　术语 3　地下工程防水设计 3.1 一般规定 3.2 防水等级 3.3 防水设防要求	1　总则 2　术语 3　基本规定 防水等级 防水设防要求
4　地下工程混凝土结构主体防水 4.1 防水混凝土 4.2 水泥砂浆防水层 4.3 卷材防水层 4.4 涂料防水层 4.5 塑料防水板 4.6 金属防水层	4　地下建筑防水工程 4.1 防水混凝土 4.2 水泥砂浆防水层 4.3 卷材防水层 4.4 涂料防水层 4.5 塑料防水板 4.6 金属防水层
5　地下工程混凝土结构细部构造防水	4.7 细部构造
8　特殊施工法的结构防水 8.1 盾构法隧道 8.2 沉井 8.3 地下连续墙 8.4 逆筑结构 8.5 喷锚支护	5　特殊施工法防水工程 5.1 喷锚支护 5.2 地下连续墙 5.3 复合式衬砌 5.4 盾构法隧道
6　地下工程排水 6.1 一般规定 6.2 渗排水法与盲沟排水 6.3 贴壁式衬砌 6.4 复合式衬砌 6.5 离壁式衬砌 6.6 衬套	6　排水工程 6.1 渗排水、盲沟排水 6.2 隧道、坑道排水
7　注浆防水 7.1 一般规定 7.2 设计 7.3 材料 7.4 施工	7　注浆工程 7.1 预注浆、后注浆 7.2 衬砌裂缝注浆
	8 工程竣工验收
9 其他	3 基本规定
10 地下工程渗漏水治理	

第二节　基本规定

一、地下工程的防水等级划分

《地下防水工程质量验收规范》第3.0.1条，规定了地下工程的防水等级分为4级，见表3.2.1。

表3.2.1　　　地下工程防水等级标准

防水等级	标　　准
1　级	不允许渗水，结构表面无湿渍
2　级	不允许漏水，结构表面可有少量湿渍 工业与民用建筑：湿渍总面积不应大于总防水面积（包括顶板、墙面、地面）的千分之一：任意 $100m^2$ 防水面积上的湿渍不超过1处，单个湿渍的最大面积不大于 $0.1m^2$ 其他地下工程：湿渍总面积不应大于总防水面积的千分之六：任意 $100m^2$ 防水面积上的湿渍不超过4处，单个湿渍的最大面积不大于 $0.2m^2$
3　级	有少量漏水点，不得有线流和漏泥砂 任意 $100m^2$ 防水面积上的漏水点数不超过7处，单个漏水点的最大漏水量不大于2.5L/d，单个湿渍的最大面积不大于 $0.3m^2$
4　级	有漏水点，不得有线流和漏泥砂 整个工程平均漏水量不大于 $2L/(m^2 \cdot d)$，任意 $100m^2$ 防水面积的平均漏水量不大于 $4L/(m^2 \cdot d)$

本规范第3.0.1条的规定非常重要。这里强调，地下工程防水设计必须明确他的“防水等级”；并按防水等级的要求，作好“防水设防”的设计。在地下工程验收时，必须按照工程设计的“防水等级”标准进行验收。这在规范的第3.0.10条作了明确规定。同时，以附录的形式，规定了“地下防水工程渗漏水调查与量测方法”。这是本规范修订、贯彻国家《建设工程质量管理条例》的重

要举措之一。强调解说以下几点：

(1) 地下工程防水等级划分系总结了1985年以来，在编制《地下工程防水技术规范》时的调查研究和颁布执行《地下工程防水技术规范》过程中的实践，经专家多次讨论而确定的。

(2) 地下工程防水等级划分做到了：

防水等级——明确；

使用要求——定性；

渗漏标准——定量。

体现因工程制宜的要求，便于监理人员、质量验收人员的具体操作。达到保证防水工程质量的最终目的。

(3) 渗漏水检测标准的定量，有利于同类型工程的相互比较。增强了工程验收的公正性，即用数据说话。

(4)《地下铁道设计规范》GB50157－92第5.6.2条，对地下铁道车站及机电设备集中地段的防水等级定为一级，即围护结构不应渗漏水，结构表面不得有湿渍。这一点与新修订的《地下防水工程质量验收规范》是一致的。

《地下铁道设计规范》GB 50157－92第5.6.2条中，对区间及一般附属结构工程的防水等级定为三级，即围护结构不得有渗漏，结构表面可有少量漏水点，实际渗漏量小于0.5L/(m^2·d)。这样规定对架空受电的上海、广州等地铁系统来说，显得“低标准”了。在工程设计时，建议对照“防水等级与工程类别参考表”见表3.2.2，确定具体工程的防水等级。

(5)《地下铁道工程施工及验收规范》GB50299－1999第9.6.2条隧道结构防水竣工验收应符合下列规定：1) 混凝土抗压强度和抗渗压力应符合设计要求；2) 穿墙管与防水层连接紧密，无渗漏水现象；……该规范只对“防水竣工验收”作了定性的规定，即达到“无渗漏水现象”的防水一级标准，没有防水分级和定量的检测标准。新修订的《地下防水工程质量验收规范》弥补了《地下铁道工程施工及验收规范》的某些不足。

(6) 关于地下工程防水等级的划分，较好的国外资料，一个是：德国地下交通设施研究会（STUVA）隧道及地下工程防水等级标准；另一个是：英国标准 BS8102：1990 地下结构防水（Protection of structures against water from the ground）中的地下室防水基准详见表 3.2.3 和表 3.2.4。

表 3.2.2　　防水等级与工程类别参考表

防水等级	适用范围	工程类别
一级	人员长期停留的场所；因有少量、偶见湿渍会使物品变质、失效的贮物场所及严重影响设备正常运转和危及工程安全运营的部位：极重要的战备工程	住宅、办公用房、医院、餐厅、旅馆、娱乐场所、商场、粮库、金库、档案库、文物库、通信工程、计算机房、电站控制室、发电机房、配电间、要求较高的生产车间、铁路旅客站台、行李房、地下铁道车站、指挥工程、防护专业队伍工程、军事地下库等
二级	人员经常活动的场所；在有少量偶见湿渍的情况下不会使物品变质、失效的贮物场所及基本不影响设备正常运转和工程安全运营的部位；重要的战备工程	一般生产车间、空调机房、燃料库、冷库、储藏库、地下车库、电气化铁路隧道、高速铁路及公路隧道、寒冷及严寒地区铁路和公路隧道、地铁区间隧道、城市公路隧道、水底隧道、城市地道、水泵房、人员掩蔽工程等
三级	人员临时活动的场所；一般战备工程	电缆隧道、城市共同沟、取水隧道、非电气化铁路隧道、一般公路隧道、战备交通隧道和疏散干道等
四级	对渗漏水无严格要求的工程	自流污水排放隧道、乡间人行通道、涵涌等

注：地下工程的防水等级，可按工程或组成单元划分。

（7）在地下工程防水设计工作中，“防水一级”的选定，必须持严谨的态度。必须具体工程具体分析，作出切合实际的选择。

在设计过程中，不要一味拔高防水等级，必须分析业主投资的可能和施工技术水平。地下工程防水质量水准是国家工业技术水平的体现。

表 3.2.3 德国 STUVA 隧道及地下工程防水等级标准（摘要）

等级	隧道状态	容许渗漏水量［L/（m^2·d)］
1	完全干燥	0.02
2	基本干燥	0.10
3	由毛细现象产生的湿渍	0.20
4	有若干滴水点（交通城市管线隧道）	0.50
5	有滴漏点（下水隧道）	1.0

表 3.2.4 英国地下室防水基准

<table>
<tr><th>级别</th><th>地下室用途</th><th>使用要求</th><th>建造形式
(见图 3.2.1)</th><th>附注</th></tr>
<tr><td>1</td><td>停车场、设备用房（不包括电气设备）、车间</td><td>容许少量渗水和湿渍</td><td>B 型
按照 BS8110 钢筋混凝土设计</td><td>应对地下水进行化学检验，确认是否对结构和内表面装饰层有害</td></tr>
<tr><td>2</td><td>车间、要求较干燥环境的设备用房、零星物品储存区域</td><td>无水渗入，但容许湿汽存在</td><td>A 型
B 型
按照 BS8007 钢筋混凝土设计</td><td rowspan="3">施工的全过程必须进行认真监理，防水膜应多层设置，接缝要可靠搭接</td></tr>
<tr><td>3</td><td>按装换气设备的居住和工作区域（包括办公室、餐厅等）、休闲中心</td><td>环境干燥</td><td>A 型
B 型
按照 BS8007 钢筋混凝土设计
C 型
墙和地面采用中空夹层和防潮层</td></tr>
<tr><td rowspan="2">4</td><td rowspan="2">要求恒湿的档案馆和仓库</td><td rowspan="2">环境完全干燥</td><td>A 型
B 型
按照 BS8007 钢筋混凝土设计，附加隔汽层</td></tr>
<tr><td>C 型
墙壁夹层设有换气装置、内墙设有隔汽屏障、地面采用中空夹层和防潮层</td><td>应对地下水进行化学检验，确认是否对结构和内表面装饰层有害</td></tr>
</table>

我们分析一下英国标准 BS 8102：1990 地下结构防水（Protection of structures against water from the ground）中的地下室防水基准。您可以发现，对环境干燥和环境完全干燥的地下室，英国人主张 C 型结构形式，即结构采用夹层和渗排水措施。

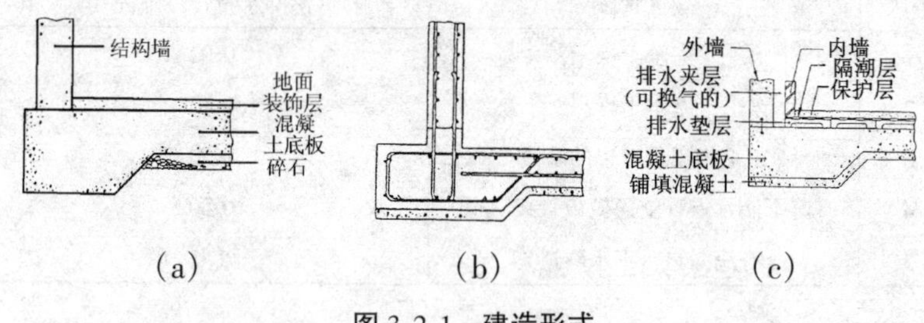

图 3.2.1　建造形式

（a）（游泳池式防水）结构本身不能防止水的渗入。防水措施依靠结构外表面或者内表面设置的防水、隔汽屏障；

（b）（整体构造防水）例如，钢筋混凝土按照 BS8007 作防水设计，但不考虑隔汽。考虑在内表面或外表面采用隔汽层；

（c）（渗排水构造防水）提供一个高安全度的墙壁、地面夹层渗排水体系，设置可换气的夹层和水平隔潮层，以防止湿气的入侵

二、地下工程的防水设访要求

（一）防水设防定义

1．一道防水设防：具有单独防水能力的一个防水层次。

2．一个防水层次：

（1）可以是一种“防水材料”，如防水卷材和防水涂料；

（2）可以是一种“防水制品”，如中埋式止水带、遇水膨胀止水条等；

（3）可以是一个“防水装置”，如可卸式止水带；

（4）可以是一项“防水施工作业”，如喷射混凝土、盾构法管片接缝的注入密封剂等；

（5）可以是“构造防水的形式”，如复合式衬砌、离壁式衬砌等。地下工程的防水设防要求见表 3.2.5 和表 3.2.6。

表 3.2.5　　　　明挖法地下工程设防要求

工程部位		主体						水平施工缝							后浇带					变形缝						
防水措施		防水混凝土	防水砂浆	防水卷材	金属板	防水板	外涂防水涂膜	平缝或企口缝	遇水膨胀止水条	金属止水带	橡胶止水带	外贴式止水带	外抹防水砂浆	外涂防水涂膜	膨胀混凝土	企口缝	遇水膨胀止水条	外贴式止水带	嵌缝材料	中埋式止水带	外贴式止水带	可卸式止水带	防水嵌缝材料	遇水膨胀橡胶条	防水卷材	外涂防水涂膜
防水等级	一级	必选	应选 1~2 种					必选	应选 1~2 种						必选	应选 1~2 种				必选	应选 2~3 种					
	二级	必选	应选 1 种					必选	应选 1~2 种						必选	应选 1~2 种				必选	应选 1~2 种					
	三级	必选	宜选 1 种					必选	宜选 1~2 种						必选	宜选 1~2 种				应选	宜选 1~2 种					
	四级	应选	——					必选	宜选 1 种						必选	宜选 1 种				应选	宜选 1 种					

注：采用平缝或企口缝时，应先铺一层净浆，再铺 30~50mm 厚的 1:1 水泥砂浆。

（二）多道设防注释

1．本规范条文中，提到的按不同防水等级设计的"设防道数"，有三道以上设防、二道以上设防。这里应注意的是，"防水混凝土"列为应选的一道主体设防层次。

2．防水混凝土具有承重和防水两种功能，地下工程的"多道设防"必须重视防水混凝土。防水混凝土是主要的一道，必须做好。

3．本规范中，提到的"复合设防"，是利用两种防水材料技术性能上的优点，获得相互补充的作用。如将能与潮湿基面粘接好的涂料，和耐穿刺好的卷材组合；涂料作到基层，卷材作在面层；形成使用功能强化的"复合设防"防水技术方案。再如在地下结构防水混凝土的"迎水面"涂刷水泥基渗透结晶型防水涂料，与混凝土组成"复合设防"，借以弥补混凝土可能不密实的缺陷。

（三）一道设防

规范条文中，还有"一道设防"的用语。这是指防水等级定为三级的地下结构。

在规范的表 4.3.4 和表 4.4.3 中，分别对防水卷材和防水涂料在一道设防时的施工厚度，作了严格规定。

表 3.2.6　　　　　　暗挖法地下工程设防要求

工程部位		主体				内衬砌的垂直施工缝				内衬砌的变形缝（诱导缝）				
防水措施		复合式衬砌	离壁式衬砌、衬套	贴壁式衬砌	喷射混凝土	外贴式止水带	遇水膨胀止水条	外涂防水涂膜	防水嵌缝材料	中埋式止水带	外贴式止水带	防水嵌缝材料	遇水膨胀橡胶条	可卸式止水带
防水等级	一级	应选 1 种			——	应选 2 种				必选	应选 2～3 种			
	二级	应选 1 种			——	应选 1～2 种				必选	应选 1～2 种			
	三级	——	——	应选	——	宜选 1～2 种				应选	宜选 1 种			
	四级	——	——	应选 1 种		宜选 1 种				应选	宜选 1 种			

注：水平施工缝的防水措施可按明挖法施工缝的做法执行。

三、具有资质的专业防水施工队伍是保证工程质量的重要环节

建筑防水工程是一个系统工程，防水设计、材料选择、现场施工、以及施工过程中的质量控制等必须紧密配合，形成有机整体。多年来的实践证明，这是主导防水工程成败的关键。

论及防水材料，它先是一个“产品”；被设计选定之后，还必须通过现场操作人员的施工技术，作再一次的加工；防水材料才能在建筑物上实现和发挥其效能。

防水施工系专项技能。因此，必须建立防水施工专业队伍，这支队伍应由经过理论与实际施工操作培训，并经考试合格的人员组成。实现防水施工专业化，有利于加强管理和落实责任制；有利于操作技能的熟练与提高；有利于推行防水工程质量保证期制度，所以这是提高地下防水工程质量的关键。

目前我国一些地区的建筑承包商，使用不懂防水技术的普通工或农民工，草率从事地下防水工程作业，导致地下防水工程失败的案例时有所闻。经济损失严重。因此，本规范第 3.0.5 条规定：“地下防水工程必须由相应资质的专业防水队伍进行施工；施工人员应持有建设行政主管部门或其指定单位颁发的执业资格证书”。

2001 年 7 月中华人民共和国建设部令第 87 号发布了《建筑业企业资质管理规定》。贯彻该规定，建设部制订了《建筑防水工程专业承包企业资质等级标准》。

建筑防水工程专业承包企业资质分为二级、三级。

1．二级资质标准

（1）企业近5年承担过2项单项工程造价150万元以上建筑防水工程施工，工程质量合格。

（2）企业经理具有10年以上从事工程管理工作经历或具有高级职称；技术负责人具有10年以上从事建筑防水施工技术管理工作经历并具有相关专业中级以上职称；财务负责人具有中级以上会计职称。企业有职称的工程技术和经济管理人员不少于20人，其中工程技术人员不少于15人；工程技术人员中，具有中级以上职称的人员不少于5人。企业具有的二级资质以上项目经理不少于5人。

（3）企业注册资本金500万元以上，企业净资产600万元以上。

（4）企业近3年最高工程结算收入1000万元以上。

（5）企业具有与承包工程范围相适应的施工机械和质量检测设备。

2．三级资质标准

（1）企业近5年承担过2项单项工程造价80万元以上建筑防水工程施工，工程质量合格。

（2）企业经理具有8年以上从事工程管理工作经历或具有中级职称；技术负责人具有8年以上从事建筑防水施工技术管理工作经历并具有相关专业中级以上职称；财务负责人具有初级以上会计职称。企业有职称的工程技术和经济管理人员不少于15人，其中工程技术人员不少于10人；工程技术人员中，具有中级以上职称的人员不少于3人。企业具有的三级资质以上项目经理不少于3人。

（3）企业注册资本金200万元以上，企业净资产250万元以上。

（4）企业近3年最高工程结算收入400万元以上。

（5）企业具有与承包工程范围相适应的施工机械和质量检测设备。

3．承包工程范围：

二级企业：可承担各类房屋建筑防水工程的施工。

三级企业：可承担单项工程造价 200 万元以下房屋建筑防水工程的施工。

四、图纸会审和防水施工方案编制是保证工程质量的关键

1．本规范第 3.0.3 条规定“地下防水工程施工前，施工单位应通过图纸会审掌握工程防水细部构造及其技术要求，编制防水工程的施工方案”。

这一条主要是对施工单位的要求，早在 1991 年建设部的 837 号文《关于提高防水工程质量的若干规定》中第五条就规定：“防水工程施工前，施工单位要组织对图纸的会审，通过会审，掌握施工图中的细部构造及有关要求”。这个规定有两重意义，一是通过图纸会审对设计把关；二是使施工单位掌握该工程地下防水施工的要点，制订施工中针对性的确保防水工程质量的技术措施。

在建设部的规定中还提出施工单位“应编制防水工程的施工方案和操作说明”，其目的就是要求施工单位重视防水工程的施工，采取有效手段确保防水工程质量。

施工单位应在防水设计交底，看懂图纸、充分领会设计意图后，编制自己的《地下防水工程施工技术方案》，报业主或监理审定。

2.《地下防水工程施工技术方案》的主要内容包括：

(1) 工程概况；

(2) 设计的防水等级及质量监测方法；

(3) 地下防水分项的工作内容；

(4) 防水材料的采购、保管、成品抽样送检；

(5) 防水施工程序与进度；

(6) 施工过程的操作要点和质量控制；

(7) 隐蔽工程验收；

(8) 要求提供的竣工资料；

(9) 安全作业注意事项（特别强调易燃化工材料的保管与使用

安全措施)。

随着地下工程施工技术的开拓与发展，出现了许多新技术、新材料。施工单位应注意学习，在施工作业之前，对防水作业人员进行技术培训。进而启发大家在施工过程中的创新意识，开展技术革新。

五、怎样才能保证使用合格的防水材料

在地下防水工程设计中，要依据地下建筑的防水等级、工程性质、使用功能、构造特点等，以及本地区的自然条件，选用适宜的防水材料，以保证防水工程质量，减少日后的维修费用。

近十几年来我国研制开发的新型防水材料有了很快的发展，防水卷材、防水涂料、接缝密封材料、堵漏止水材料、掺外加剂防水混凝土与水泥砂浆等五大类的品种基本齐全，并形成了较大的生产能力，可以满足各类防水工程、各个等级和设防的需求。但目前我国防水材料市场混乱的现象仍较严重，假冒伪劣防水材料充满各个角落，以低价推销蒙骗用户，对正品新型防水材料的推广应用工作干扰颇大。必须正视这一状况。

就地下工程防水而言，其外部防水材料有“不可置换”的特点，即一次施工，服务百年。因此，选用合格的防水材料是关键。工程设计时，必须充分认识防水材料，在设计图纸上标明对材料的具体要求，如产品标准号、产品型号、厚度、等级及其技术指标。此外，在有的大型工程各案中，还应明确建设方（业主)、施工单位的选材决定权及应承担的责任。如果这一道选材与采购关把不住或责任不明确，不但是伪劣产品有可乘之机，也将会使防水工程的质量造成隐患、损害与渗漏。

本规范第 3.0.6 条规定“地下防水工程所使用的防水材料，应有产品的合格证书和性能检测报告，材料的品种、规格、性能等应符合现行国家产品标准和设计要求。对进场的防水材料应按本规范附录 A 和附录 B 的规定抽样复验，并提出试验报告。不合格的材料不得在工程中使用。”

本规范附录 A 地下工程防水材料的质量指标，列有 15 个表。

本规范附录B列出：5大类防水材料，共26件质量检测标准或试验方法。10个主要防水材料品种的现场抽样复检项目。

六、施工过程控制的重要性

施工过程的质量控制，对地下工程防水施工甚为重要，这就必须规范施工工艺。但规范施工工艺的工作，面宽、量大，不是短期可以完善的。摘录下面一段资料参考。

按照施工类规范改革提出的"验评分离、强化验收、完善手段、过程控制"十六字方针，建立质量验收规范、施工工艺规范、评优标准三个系列，施工工艺规范是工程质量标准体系的重要内容，也是体现"过程控制"具体措施。而这一部分内容主要是企业标准制订的内容。考虑目前我国的实际情况，作为标准化工作，拟将此内容制订成为"施工指南"供企业采用。

施工指南作为标准化文件的一部分，主要依靠各个验收规范编制组来完成，这样既便于与验收规范协调，也便于今后的维护管理。施工指南的编制应体现权威性，尽量吸收有关方面的权威人士，按照一定的程序，采取标准化机构认可的方式。对于版权应当采取独立的版权，这样便于维护。

七、地下工程子分部工程、分项工程的划分及验收程序

根据《建筑工程施工质量验收统一标准》GB50300－2001附录B建筑工程分部（子分部）工程、分项工程划分，地下防水属地基与基础分部工程的子分部工程。地下防水子分部工程的分项工程细目详见表3.2.7。

分项工程是建筑工程质量基础，应由监理工程师或建设单位项目技术负责人组织验收。在工作过程中，应严格按规定程序进行验收。

由于地基基础（地下防水为其子分部工程）、主体结构技术性能要求严格，技术性强，关系到整个工程的安全，因此规定这些分部工程的勘察、设计单位工程项目负责人也应参加相关分部的工程质量验收。

表 3.2.7　　地下防水子分部工程的分项工程细目

统一标准序号	分部工程名称	子分部工程	分项工程
1	地基与基础	地下防水	地下建筑防水工程： ·防水混凝土 ·水泥砂浆防水层 ·卷材防水层 ·涂料防水层 ·金属板防水层 ·塑料板防水层 ·细部构造 特殊施工法防水工程： ·喷锚支护 ·复合式衬砌 ·地下连续墙 ·盾构法隧道 排水工程： ·渗排水、盲沟排水 ·隧道、坑道排水 注浆工程： ·预注浆、后注浆 ·衬砌裂缝注浆

第四章　地下建筑防水工程

第一节　防水材料质量检测见证取样送样

一、建设工程质量检测机构

建设工程是大型的综合性产品，价格昂贵且使用期长，它涉及人、财、物的安全，涉及人民生活环境和工作条件的改善，其质量的优劣在整个社会主义经济建设中占有十分重要的地位。目前，我国经济建设的发展已由计划经济转向社会主义市场经济，而社会主义市场经济必须建立并完善质量监督体系。工程质量检测工作是工程质量监督管理的重要内容，也是做好工程质量工作的技术保证。随着我国建设事业的飞速发展，各级领导和广大建设者增强了做好工程质量检测工作的责任感和紧迫感，把检测视为建设工程质监、安监、检测三个体系之一。近年来，在建设部《建筑工程质量检测工作规定》和《关于加强工程质量检测工作的若干意见》指引下，全国的建设工程质量检测工作走上了正轨。

质量检测机构是质量监督体系的重要组成部分。建立和健全工程质量检测机构，是做好工程质量检测工作的组织保证。根据建设部《建筑工程质量检测工作规定》，全国的建设工程质量检测机构，由国家、省、市（地）、县（市）级工程质量检测机构组成。建设工程质量检测机构是对建设工程和建筑构件、建筑材料及制品进行检测的法定检测单位；企业内部的试验室作为企业内部的质量保证机构，承担本企业承建工程质量的检测任务。在建设部的领导下，各级检测单位加强了自身建设和内部管理，在人员素质、仪器设备、环境条件、工作制度和检测工作诸方面都有了根本的提高，有力地保证了检测工作的公正性、科学性和权威性。

工程质量检测机构的宗旨是，以国家的质量方针、政策为指导，以提高工程产品质量为中心，紧紧围绕建设部的质量工作目标和计划，积极开展土工、工程桩、建材、混凝土结构、建筑幕墙五大领域的检测业务，不断提高检测工作质量，为工程质量的监督管理，工程产品质量的检测认证，以及为从事工程建设的企事业单位的质量保证做好检测服务。

二、建设工程质量检测见证取样送样制度

（一）概述

取样是按有关技术标准、规范的规定，从检验（测）对象中抽取试验样品的过程；送样是指取样后将试样从现场移交给有检测资格的单位承检的全过程。取样和送样是工程质量检测的首要环节，其真实性和代表性直接影响检测数据的公正性。在当前市场经济影响下，不少检测单位热衷于为其他单位提供委托试验服务，少数检测单位还采用不正常的手段进行“竞争”；另一方面部分建筑施工企业的现场取样缺少必要的监督管理机制，滋生了由于试样弄虚作假而出现样品合格但工程实体质量不合格的不良现象，使检测手段失去对工程质量的控制作用。因此，对工程质量检测进行全方位管理已经刻不容缓。

为保证试件能代表母体的质量状况和取样的真实，制止出具只对试件（来样）负责的检测报告，保证建设工程质量检测工作的科学性、公正性和准确性，以确保建设工程质量，根据建设部建监（1996）208号《关于加强工程质量检测工作的若干意见》及建监（1996）488号《建筑企业试验室管理规定》的要求，在建设工程质量检测中实行见证取样和送样制度，即在建设单位或监理单位人员见证下，由施工人员在现场取样，送至试验室进行试验。

（二）见证取样送样的范围和程序

1．见证取样送样的范围

对建设工程中结构用钢筋及焊接试件、混凝土试块、砌筑砂浆试块、防水材料等项目，实行见证取样送样制度。

2．见证取样送样的程序

（1）建设单位应向工程受监质监站和工程检测单位递交“见证单位和见证人员授权书”。授权书应写明本工程现场委托的见证单位和见证人员姓名，以便质监机构和检测单位检查核对。

（2）施工企业取样人员在现场进行原材料取样和试块制作时，见证人员必须在旁见证。

（3）见证人员应对试样进行监护，并和施工企业取样人员一起将试样送至检测单位或采取有效的封样措施送样。

（4）检测单位在接受委托检验任务时，须由送检单位填写委托单，见证人员应在检验委托单上签名。

（5）检测单位应在检验报告单备注栏中注明见证单位和见证人员姓名，发生试样不合格情况，首先要通知工程受监质监站和见证单位。

（三）见证人员的基本要求和职责

1．见证人员的基本要求

（1）必须具备见证人员资格。

①见证人员应是本工程建设单位或监理单位人员；

②必须具备初级以上技术职称或具有建筑施工专业知识；

③经培训考核合格，取得“见证人员证书”。

（2）必须具有建设单位的见证人书面授权书。

（3）必须向质监站和检测单位递交见证人书面授权书。

（4）见证人员的基本情况由省（自治区、直辖市）检测中心备案，每隔五年换证一次。

2．见证人员的职责

（1）取样时，见证人员必须在现场进行见证。

（2）见证人员必须对试样进行监护。

（3）见证人员必须和施工人员一起将试样送至检测单位。

（4）有专用送样工具的工地，见证人员必须亲自封样。

（5）见证人员必须在检验委托单上签字，并出示“见证人员证书”。

（6）见证人员对试样的代表性和真实性负有法定责任。

（四）见证取样送样的管理

各地建设行政主管部门是建设工程质量检测见证取样工作的主管部门。建设工程质量监督总站负责对见证取样工作的组织和管理。建设工程质量检测中心负责具体实施。

各检测机构试验室对无见证人员签名的检验委托单及无见证人员伴送的试件一律拒收；未注明见证单位和见证人员的检验报告无效，不得作为质量保证资料和竣工验收资料，由质监站指定法定检测单位重新检测。

提高见证人员的思想和业务素质，切实加强见证人员的管理，是搞好见证取样的重要保证。实践表明，建立取样员和见证人员工作台帐是加强见证取样送样管理的有效措施。通过工作台帐可分别对取样员和见证员各自的工作进行日常管理，工作台帐又能反映施工全过程的质量检测情况，也便于质监员和检验员的日常检查和质量事故的处理。

建设、施工、监理和检测单位凡以任何形式弄虚作假，或者玩忽职守者，将按有关法规、规章严肃查处，情节严重者，依法追究刑事责任。

三、防水材料品种和性能

防水材料的品种较多，但按其形状可分成三大类：防水卷材、防水涂料和建筑密封材料。

（一）防水卷材

1．高聚物改性沥青防水卷材

高聚物改性沥青卷材有塑性体改性沥青卷材、弹性体改性沥青卷材。

塑性体沥青防水卷材是用沥青或热塑性塑料（如无规聚丙烯APP）改性沥青浸渍胎基（单位面积质量小于或等于100g/m^2的玻纤毡不须浸渍），两面涂以塑性体沥青涂盖层上表面撒以细砂、矿物粒（片）料或覆盖聚乙烯膜，下表面撒以细砂或覆盖聚乙烯膜所制成的一类防水卷材。

弹性体沥青卷材是用沥青或热塑性弹性体（如苯乙烯一丁二烯

嵌段聚合物 SBS）改性沥青浸渍胎基（单位面积质量小于或等于 $100g/m^2$ 的玻纤毡不须浸渍），两面涂以弹性体沥青涂盖层，上表面撒以细砂，矿物粒（片）料或覆盖聚乙烯薄膜，下表面撒以细砂或覆盖聚乙烯膜所制成的防水卷材。

2．合成高分子防水卷材

（1）合成橡胶系硫化型的有三元乙丙橡胶卷材、氯磺化聚乙烯卷材、氯化聚乙烯—橡胶共混卷材。三元乙丙橡胶是以三元乙丙橡胶为主。无织物增强硫化橡胶的防水卷材；氯化聚乙烯—橡胶共混卷材是以氯化聚乙烯树脂和橡胶（天然橡胶或合成橡胶）共混、无织物增强硫化型的防水卷材。

（2）合成橡胶系非硫化型的有丁基橡胶卷材、氯丁橡胶卷材。

（3）合成树脂系有聚氯乙烯卷材、氯化聚乙烯卷材。

聚氯乙烯（简称 PVC）防水卷材是以聚氯乙烯树脂为主要原料，并加以适量的添加物制造的匀质防水卷材。PVC 防水卷材根据其基料的组成及其特性可分为：

S 型——以煤焦油与聚氯乙烯树脂混溶料为基料的柔性卷材。

P 型——以增塑聚氯乙烯为基料的塑性卷材。

氯化聚乙烯防水卷材是以氯化聚乙烯树脂为主要原料，并加入适量的添加物制成的非硫化型防水卷材。

有两种类型：

Ⅰ型——非增强氯化聚乙烯防水卷材。

Ⅱ型——增强氯化聚乙烯防水卷材。

（二）防水涂料

1．有机防水涂料

（1）反应型

有单组分、双组分。双组分是用液态高分子作为主剂进行反应而成膜固化的涂料。

聚氨脂防水涂料是一种以带有异氰酸基的化合物为主要原料作为主剂和以交联剂、填料为主要原料的固化剂系统构成的双组分氨基甲酸酯橡胶系防水涂料。它是反应型的，有焦油聚氨酯和非焦油聚氨酯（彩色）两种。

(2) 水乳型

它是经液状高分子材料中的水分蒸发而成膜的单组分涂料。如氯丁胶乳沥青、丁苯胶乳沥青、石棉乳化沥青、水性PVC改性煤焦沥青等。

水性沥青基防水涂料是以乳化沥青为基料掺入各种改性材料的水乳型防水涂料。AE－1类为厚质防水涂料，AE－2类为薄质防水涂料。

AE—1类水性沥青基厚质防水涂料是用矿物胶体乳化剂配制成的乳化沥青为基料，含有石棉纤维或其他无机矿物填料的防水涂料。

AE—2类水性沥青基薄质防水涂料是用化学乳化剂配制的乳化沥青为基料，掺有氯丁乳胶或再生胶乳胶的水分散体防水涂料。

(3) 聚合物水泥基

随着高分子聚合物工业的增长，60年代在欧洲和美国，掺有合成聚合物的水泥基防水涂层材料，得到进一步的发展。为数众多的，适合背水面应用的防水修补砂浆闻世。以其高的粘接力和弹性，满足了防水工程对它的性能要求。

聚合物是成膜剂，如丙烯酸酯乳液和水泥（助剂填料）配制成聚合物水泥防水涂膜。用氯丁乳胶、EVA乳液等配制的聚合物水泥防水涂膜。

2. 无机防水涂料

(1) 水泥基防水涂料

1906年在美国发明并获得专利的水泥基金属氧化物防水涂层，成功地用作背水面防水处理，如电梯井坑及类似防水工程，一直延用至今。这是水泥基防水涂料的典型代表。

(2) 水泥基渗透结晶型

1942年德国化学家Lauritz Jensen.（劳伦斯·杰逊）发明了水泥基渗透结晶型防水涂层材料。这种材料系由普通硅酸盐水泥、石英砂或硅砂、带有活性功能基团的化学复合物组成。它以粉状形式供应用户。大多数的应用是仅仅与水拌合（有的情况下要加入丙烯酸添加剂），调配成可以涂刷或喷涂的浆料。正如它的名称示意的内涵，它不仅形成一个有效的防水涂层，而且原本含有的活性化学复合物，向混凝土内部渗透，与混凝土中的水分、游离的活性物质产生化学反应，形成不溶的结晶体复合物，进而靠结晶体增长填塞毛细通道。这些结晶体，通常可以增长到0.4mm，即高于混凝土毛细管径的最大尺寸，从而使混凝土致密、防水。这种材料欧美称为：Cementitious Capillary/Crystalline Waterproofing Materials 简称 CCCW。这种材料的开拓者，最初是提倡用于全地下混凝土结构的外表面防水。在工程实践过程中，发现了它在背水面（结构内表面防水）有它的特殊效果。污水处理厂和地面生活用水贮水池都选定这类材料为标准应用对象。60年代以来，CCCW 作为混凝土结构背水面防水处理（内防水法）的一种有效方法，逐步扩大品种，不断进入建筑施工应用的新领域。

（三）建筑密封材料

建筑密封材料有不定型和定型两种：

1．不定型密封材料：不定型密封材料有非弹性型，如油灰等油质嵌缝材料及沥青系嵌缝膏；弹性型如硅酮、聚氨酯、聚硫、丙烯酸系、丁苯橡胶系等。

（1）硅酮建筑密封膏是以聚硅氧烷为主要成分的单组分和双组分室温固化型的建筑密封材料。

（2）聚氨酯建筑密封膏是以聚氨基甲酸酯聚合物为主要成分的双组分反应固化型的建筑密封材料。

（3）聚硫建筑密封膏是以液态聚硫橡胶为基料的常温硫化双组分建筑密封膏。

（4）丙烯酸酯建筑密封膏是以丙烯酸酯乳液为基料的密封膏。

2．定型密封材料：定型密封材料有氯丁橡胶、丁基橡胶、硅酮橡胶等。

3．防水接缝材料

（1）聚氯乙烯建筑防水接缝材料是以聚氯乙烯为基料，加以适量的改性材料及其他添加剂配制而成的聚氯乙烯建筑防水接缝材料(简称 PVC 接缝材料)。

(2) 其他接缝密封材料如改性沥青密封材料。

四、取样方法

(一) 防水卷材

1. 凡进入施工现场的防水卷材应附有出厂检验报告单及出厂合格证，并注明生产日期、批号、规格、名称。

2. 同一品种、牌号、规格的卷材，抽验数量为大于 1000 卷抽取 5 卷；500～1000 卷抽取 4 卷；100～499 卷抽取 3 卷；小于 100 卷抽取 2 卷。

3. 将抽检的卷材进行规格和外观质量检验。

4. 在外观质量达到合格的卷材中，每卷裁取在距端部 300mm 处取 1m 长的卷材封扎，送检物理性能测定。

5. 胶结材料是防水卷材中不可缺少的配套材料，因此必须和卷材一并抽检。抽样方法按卷材配比取样。同一批出厂，同一规格标号的沥青以 20t 为一个取样单位，不足 20t 按一个取样单位。从每个取样单位的不同部位取五处洁净试样，每处所取数量大致相等，共 1kg 左右，作为平均试样。

(二) 防水涂料

1. 同一规格、品种、牌号的防水涂料,每 10t 为一批,不足 10t 者按一批进行抽检。取 2kg 样品,密封编号后送至有关部门检测。

2. 双组份聚氨酯中甲组份 5t 为一批，不足 5t 也按一批计；乙组份按产品重量配比相应增加批量。甲、乙组份样品总量为 2kg，封样编号后送至有关部门检测。

(三) 建筑密封材料

1. 单组份产品以同一等级、同一类型的 3000 支为一批，不足 3000 支也作一批。

2. 双组份产品以同一等级、同一类型的 1t 为一批，不足 1t 按一批进行抽检；乙组份按产品重量比相应增加批量。样品密封编号送至有关部门检验。

（四）进口密封材料

1．凡进入现场的进口防水材料应有该国国家标准、出厂标准、技术指标、产品说明书，以及我国有关部门的复检报告。

2．现场抽检人员应分别按照上述对卷材、涂料、密封膏等规定的方法进行抽检。抽检合格后方可使用。

3．现场抽检必检项目应按我国国家标准或有关其他标准。在无标准参照的情况下，可按该国国家标准或其他标准执行。

五、结果判定及处理

（一）防水卷材

1．根据《塑性体和弹性体沥青防水卷材》JC/T559－4，塑性体沥青防水卷材以玻纤毡或聚酯毡作胎基的各标号、等级的卷材，其物理性能应分别符合表4.1.1和表4.1.2中各项的规定。

表 4.1.1　　玻纤毡胎基卷材的物理性能

序号	标号		25号			35号			45号		
	等级 / 指标名称		优等品	一等品	合格品	优等品	一等品	合格品	优等品	一等品	合格品
1	可溶物含量（g/m^2）不小于		1300			2100			2900		
2	不透水性	压力（MPa）不小于	0.15			0.20			0.20		
		保持时间（min）不小于	30								
3	耐热度（℃）		130	120	110	130	120	110	130	120	110
			受热2h，涂盖层应无滑动								
4	拉力（N）不小于	纵向	400	350	300	400	350	300	400	350	300
		横向	300	250	200	300	250	200	300	250	200
5	柔度		－15	－10	－5	－15	－10	－5	－15	－10	－5
			r＝15mm，3s，弯180°无裂纹						r＝25mm，3s，弯180°无裂纹		

表 4.1.2　聚酯毡胎基卷材的物理性能

序号	标号		35号			45号			55号		
	等级 指标名称		优等品	一等品	合格品	优等品	一等品	合格品	优等品	一等品	合格品
1	可溶物含量（g/m²）不小于		2100			2900			3700		
2	不透水性	压力（MPa）不小于	0.3								
		保持时间（min）不小于	30								
3	耐热度（℃）		130	120	110	130	120	110	130	120	110
			受热 2h，涂盖层应无滑动								
4	拉力（N）纵横向均不小于		800	600	400	800	600	400	800	600	400
5	断裂延伸率（%）纵横向均不小于		40	30	20	40	30	20	40	30	20
6	柔度		-15	-10	-5	-15	-10	-5	-15	-10	-5
			r = 15mm, 3s，弯 180°无裂纹						r = 25mm, 3s，弯 180°无裂纹		

2．根据《塑性体和弹性体沥青防水卷材》JC/T560-94，弹性体沥青防水卷材以玻纤毡或聚酯毡作胎基的各标号、等级的卷材，其物理性能应分别符合表 4.1.3、表 4.1.4 中各项的规定。

表 4.1.3　　　玻纤毡胎基卷材的物理性能

序号	指标名称		25号			35号			45号		
	等级		优等品	一等品	合格品	优等品	一等品	合格品	优等品	一等品	合格品
1	可溶物含量(g/m^2)不小于		1300			2100			2900		
2	不透水性	压力(MPa)不小于	0.15			0.20			0.20		
		保持时间(min)不小于	30								
3	耐热度(℃)		100	90		100	90		100	90	
			受热2h,涂盖层应无滑动								
4	拉力(N)不小于	纵向	400	350	300	400	350	300	400	350	300
		横向	300	250	200	300	250	200	300	250	200
5	柔度		-25	-20	-15	-25	-20	-15	-25	-20	-15
			r = 15mm,3s,弯180°无裂纹						r = 25mm,3s,弯180°无裂纹		

表 4.1.4　　　聚酯毡胎基卷材的物理性能

序号	指标名称		25号			35号			45号			55号		
	等级		优等品	一等品	合格品	优等品	一等品	合格品	优等品	一等品	合格品	优等品	一等品	合格品
1	可溶物含量（g/m^2）不小于		1300			2100			2900			3700		
2	不透水性	压力（MPa）不小于	0.3											
		保持时间（min）不小于	30											

续表

序号	标号	25号			35号			45号			55号		
	等级 指标名称	优等品	一等品	合格品	优等品	一等品	合格品	优等品	一等品	合格品	优等品	一等品	合格品
3	耐热度（℃）	100	90		100	90		100	90		100	90	
		受热2h，涂盖层应无滑动											
4	拉力（N）纵横向均不小于	800	600	400	800	600	400	800	600	400	800	600	400
5	断裂延伸率（%）纵横向均不小于	40	30	20	40	30	20	40	30	20	40	30	20
6	柔度	-25	-20	-15	-25	-20	-15	-25	-20	-15	-25	-20	-15
		r = 15mm, 3s, 弯180°无裂纹						r = 25mm, 3s, 弯180°无裂纹					

3．高聚物改性沥青防水卷材的外观质量要求应符合表4.1.5中各项的规定。聚氯乙烯防水卷材物理性能符合表4.1.6，氯化聚乙烯防水卷材物理性能符合表4.1.7。

表4.1.5　高聚物改性沥青防水卷材的外观质量要求

项　目	外观质量要求
断裂、皱折、孔洞、	不　允　许
剥离、边缘不整齐、	无明显差异
砂砾不均匀、胎体未	不　允　许
浸透、露胎涂盖不均匀	不　允　许

表 4.1.6　　　　聚氯乙烯防水卷材物理性能

序号	项　　目		P型			S型	
			优等品	一等品	合格品	一等品	合格品
1	拉伸强度（MPa）	不小于	15.0	10.0	2.0	5.0	2.0
2	断裂伸长率（%）	不小于	250	200	150	200	120
3	热处理尺寸变化率（%）	不大于	2.0	2.0	3.0	5.0	7.0
4	低温弯折性		-20℃，无裂纹				
5	抗渗透性		不透水				
6	抗穿孔性		不渗水				
7	剪切状态下的粘合性		δ≥2.0N/mm 或在接缝外断裂				

试验室处理后卷材相对于未处理时的允许变化

8	热老化处理	外观质量	无气泡、不粘结、无孔洞			
		拉伸强度相对变化率（%）	±20	±25		+50 -30
		断裂伸长率相对变化率（%）				
		低温弯折性	-20℃无裂纹	-15℃无裂纹	-20℃无裂纹	10℃无裂纹

表 4.1.7　　　　氯化聚乙烯防水卷材物理性能

序号	项　　目	Ⅰ型			Ⅱ型		
		优等品	一等品	合格品	优等品	一等品	合格品
1	拉伸强度（MPa）不小于	12.0	8.0	5.0	12.0	8.0	5.0
2	断裂伸长率（%）不小于	300	200	100	100（注）		

续表

<table>
<tr><th rowspan="2">序号</th><th rowspan="2" colspan="2">项　　目</th><th colspan="3">Ⅰ型</th><th colspan="3">Ⅱ型</th></tr>
<tr><th>优等品</th><th>一等品</th><th>合格品</th><th>优等品</th><th>一等品</th><th>合格品</th></tr>
<tr><td>3</td><td colspan="2">热处理尺寸变化率不大于</td><td>纵向 25
横向 15</td><td colspan="2">3.0</td><td colspan="3">1.0</td></tr>
<tr><td>4</td><td colspan="2">低温弯折性</td><td colspan="6">－20℃，无裂纹</td></tr>
<tr><td>5</td><td colspan="2">抗渗透性</td><td colspan="6">不透水</td></tr>
<tr><td>6</td><td colspan="2">抗穿孔性</td><td colspan="6">不渗水</td></tr>
<tr><td>7</td><td colspan="2">剪切状态下的粘合性（N/mm）不小于</td><td colspan="6">2.0</td></tr>
<tr><td colspan="9">试验室处理后卷材相对于未处理时的允许变化</td></tr>
<tr><td rowspan="4">8</td><td rowspan="4">热老化处理</td><td>外观质量</td><td colspan="6">无气泡、疤痕、裂纹、粘结和孔洞</td></tr>
<tr><td>拉伸强度相对变化率（%）</td><td rowspan="2">±20</td><td colspan="2">＋50
－20</td><td rowspan="2">±20</td><td colspan="2">＋50
－20</td></tr>
<tr><td>断裂伸长率相对变化率（%）</td><td colspan="2">＋50
－30</td><td colspan="2">＋50
－30</td></tr>
<tr><td>低温弯折性</td><td>－20℃,无裂纹</td><td colspan="2">－15℃,无裂纹</td><td>－20℃,无裂纹</td><td colspan="2">－15℃,无裂纹</td></tr>
</table>

注：Ⅱ型卷材的断裂伸长率是指最大拉力时的延伸率。

4．合成高分子防水卷材的外观质量要求应符合表 4.1.8、表 4.1.9 中各项的规定。

表 4.1.8　　合成高分子防水卷材的外观质量要求

项目	外观质量要求
折痕	每卷不超过 2 处，总长度不超过 20mm
杂质	大于 0.5mm 颗粒不允许
胶块	每卷不超过 6 处，每处面积不大于 $4mm^2$
缺胶	每卷不超过 6 处，每处不大于 7mm，深度不超过本身厚度的 30%

由于防水卷材的品种较多，在无现行国家标准及行业标准的情况下，可按其地方标准、企业产品标准检验。

表 4.1.9　　合成高分子防水卷材的物理性能

项目		性能要求		
		Ⅰ	Ⅱ	Ⅲ
拉伸强度		≥7MPa	≥2MPa	≥9MPa
断裂伸长率		≥450%	≥100%	≥10%
低温弯折性		-40℃	-20℃	-20℃
		无裂纹		
不透水性	压力	≥0.3MPa	≥0.2MPa	≥0.3MPa
	保持时间	≥30min		
热老化保持率（80℃±2℃，16Bh）	拉伸强度	≥80%		
	断裂伸长率	≥70%		

注：Ⅰ类指弹性体卷材；Ⅱ类指塑性体卷材；Ⅲ类指加合成纤维的卷材。

（二）防水涂料

1. 常用防水涂料

（1）根据《聚氨酯防水涂料》JC500-92，聚氨酯防水涂料的技术指标见表 4.1.10。其必检项目为表中 1，2，5 项中的“无处理试验”及 6，7，9，10 项，并应符合表中有关规定。

（2）根据《水性沥青基防水涂料》JC408-91，水性沥青基防水涂料的技术指标见表 4.1.11。其必检项目为表中外观、固体含量、耐热性、柔韧性及无处理时延伸性，并应符合表中的有关规定。

表 4.1.10　　　　　**聚氨酯防水涂料技术指标**

序号	试验项目 \ 等级 \ 指标要求		一等品	合格品
1	拉伸强度（MPa）	无处理大于	2.45	1.65
		加热处理	无处理值的 80%～150%	不小于无处理值的 80%
		紫外线处理	无处理值的 80%～150%	不小于无处理值的 80%
		碱处理	无处理值的 60%～150%	不小于无处理值的 60%
		酸处理	无处理值的 80%～150%	不小于无处理值的 80%
2	断裂时的延伸率（%）大于	无处理	450	350
		加热处理	300	200
		紫外线处理	300	200
		碱处理	300	200
		酸处理	300	200
3	加热伸缩率（%）小于	伸长	1	
		缩短	4	6
4	拉伸时的老化	加热老化	无裂缝及变形	
		紫外线老化	无裂缝及变形	
5	低温柔性	无处理	－35 无裂纹	－30 无裂纹
		加热处理	－30 无裂纹	－25 无裂纹
		紫外线处理	－30 无裂纹	－25 无裂纹
		碱处理 酸处理	－30 无裂纹 －30 无裂纹	－25 无裂纹 －25 无裂纹
6		不透水性 0.3MPa 30min	不渗漏	
7		固体含量（%）	≥94	
8		适用时间（min）	≥20　粘度不大于 10^3MPa·s	
9		涂膜表干时间（h）	≤4　不粘手	
10		涂膜实干时间（h）	≤12　无粘着	

表 4.1.11　　水性沥青基防水涂料质量指标

项　目		质量指标			
		AE－1类		AE－2类	
		一等品	合格品	一等品	合格品
外　观		搅拌后为黑色或黑灰色均质膏体或粘稠体，搅匀和分散在水溶液中无沥青丝	搅拌后为黑色或黑灰色均质膏体或粘稠体，搅匀和分散在水溶液中无明显沥青丝	搅拌后为黑色或蓝褐色均质液体，搅拌棒上不粘附任何颗粒	搅拌后为黑色或蓝褐色液体，搅拌棒上不粘附明显颗粒
固体含量（%）不小于		50		43	
延伸性（mm）不小于	无处理	5.5	4.0	6.0	4.5
	处理后	4.0	3.0	4.5	3.5
柔韧性		5℃±1℃	10℃±1℃	－15℃±1℃	－10℃±1℃
		无裂纹、断裂			
耐热性（℃）		无流淌、起泡和滑动			
粘结性（MPa）不小于		0.20			
不透水性		不渗水			
抗冻性		20次无开裂			

注：试件参考涂布量与工程施工用量相同：AE－1类为 $8kg/m^2$，AE－2类为 $2.5kg/m^2$。

2．其他防水涂料

合成高分子防水涂料，如 EVA 乳胶配制成的防水涂料，丙烯酸防水涂料等在无现行国家标准及行业标准的情况下，可按其地方标准、企业产品标准中的指标检验，其技术指标见表 4.1.12。

表 4.1.12　　　　合成高分子防水涂料质量要求

项　目		质量要求	
		Ⅰ	Ⅱ
固体含量		≥94%	≥65%
拉伸强度		≥1.65MPa	≥0.5MPa
断裂延伸率		≥300%	≥400%
柔性		-30℃弯折无裂纹	-20℃弯折无裂纹
不透水性	压力	≥0.3MPa	≥0.3MPa
	保持时间	≥30min 不渗透	≥30min 不渗透

注：Ⅰ类为反应固化型；Ⅱ类为挥发固化型。

用于地下建筑的防水涂料，其技术指标除该厂产品需符合现行国家标准或其他有关标准外，还必须符合《地下建筑防水涂膜技术规程》DB/TJ08-204-96 中的有关规定。

(三) 建筑密封材料

1．常用密封材料

根据《硅酮建筑密封膏》GB/T14683-93，硅酮建筑密封膏的物理化学性能见表 4.1.13，其必检项目为表中第 1~5 项等及第 7 项中“常温下定伸粘结性”，并应符合表中有关规定。

根据《聚氨酯建筑密封膏》JC482-92，聚氨酯建筑密封膏的物理化学性能见表 4.1.14。其必检项目为表中第 1、2、3、5、7、9 等项，并应符合表中有关规定。

根据《聚硫建筑密封膏》JC483-92，聚硫建筑密封膏的物理化学性能见表 4.1.15，其必检项目为表中第 2、3、5、7 等项，并应符合表中有关规定。

根据《丙烯酸酯建筑密封膏》JC484-92、丙烯酸酯建筑密封膏的物理化性能见表 4.1.16，其必检项为表中 2、4、5、6、10 等项，并应符合表中有关规定。

根据《聚氯乙烯建筑防水接缝材料》ZBQ24001－85，聚氯乙烯建筑防水接缝材料的物理性能应符合表 4.1.17 中各项规定。

表 4.1.13　　硅酮建筑密封膏的理化性能

<table>
<tr><th rowspan="3">序号</th><th rowspan="3" colspan="2">项　目</th><th colspan="4">技　术　指　标</th></tr>
<tr><th colspan="2">F 类</th><th colspan="2">G 类</th></tr>
<tr><th>优等品</th><th>合格品</th><th>优等品</th><th>合格品</th></tr>
<tr><td>1</td><td colspan="2">密度（g/cm^3）</td><td colspan="4">规定值±0.1</td></tr>
<tr><td>2</td><td colspan="2">挤出性（mL/min）不小于</td><td colspan="4">80</td></tr>
<tr><td>3</td><td colspan="2">适用期（h）　不小于</td><td colspan="4">3</td></tr>
<tr><td>4</td><td colspan="2">表干时间（h）　不大于</td><td colspan="4">6</td></tr>
<tr><td rowspan="2">5</td><td rowspan="2">流动性</td><td>下垂度（N 型）（mm）不大于</td><td colspan="4">3</td></tr>
<tr><td>流平性（L 型）</td><td colspan="2">自流平</td><td colspan="2">—</td></tr>
<tr><td>6</td><td colspan="2">低温柔性</td><td colspan="4">－40</td></tr>
<tr><td rowspan="6">7</td><td rowspan="6">定伸性能</td><td rowspan="2">定伸粘结性</td><td>定伸 200%</td><td>定伸 160%</td><td>定伸 160%</td><td>定伸 125%</td></tr>
<tr><td colspan="4">粘结和内聚破坏面积不大于 5%</td></tr>
<tr><td rowspan="2">热—水循环后定伸粘结性</td><td>定伸 200%</td><td>审伸 160%</td><td rowspan="2" colspan="2">—</td></tr>
<tr><td colspan="2">粘结和内聚破坏面积不大于 5%</td></tr>
<tr><td rowspan="2">浸水光照后定伸粘结性</td><td rowspan="2" colspan="2">—</td><td>定伸 160%</td><td>定伸 125%</td></tr>
<tr><td colspan="2">粘结和内聚破坏面积不大于 5%</td></tr>
<tr><td rowspan="2">8</td><td rowspan="2" colspan="2">恢复率（%）不小于</td><td>定伸 200%</td><td>定伸 160%</td><td>定伸 160%</td><td>定伸 125%</td></tr>
<tr><td colspan="2">90</td><td colspan="2">90</td></tr>
<tr><td rowspan="2">9</td><td rowspan="2" colspan="2">拉伸—压缩循环性能</td><td>9030</td><td>9020</td><td>9030</td><td>9020</td></tr>
<tr><td colspan="4">粘结和内聚破坏面积不大于 25%</td></tr>
</table>

表 4.1.14　　聚氨酯建筑密封膏的理化性能

<table>
<tr><th rowspan="2">序号</th><th rowspan="2" colspan="2">项　目</th><th colspan="3">技　术　指　标</th></tr>
<tr><th>优等品</th><th>一等品</th><th>合格品</th></tr>
<tr><td>1</td><td colspan="2">密度（g/cm^3）</td><td colspan="3">规定值 ±0.1</td></tr>
<tr><td>2</td><td colspan="2">适用期（h）　不小于</td><td colspan="3">3</td></tr>
<tr><td>3</td><td colspan="2">表干时间（h）　不大于</td><td>24</td><td colspan="2">48</td></tr>
<tr><td>4</td><td colspan="2">渗出性指数　不大于</td><td colspan="3">2</td></tr>
<tr><td rowspan="2">5</td><td rowspan="2">流变性</td><td>下垂度(N 型)(mm)　不大于</td><td colspan="3">3</td></tr>
<tr><td>流平性（L 型）</td><td colspan="3">5℃自流平</td></tr>
<tr><td>6</td><td colspan="2">低温柔性</td><td>-40</td><td colspan="2">-30</td></tr>
<tr><td rowspan="2">7</td><td rowspan="2">拉伸粘结性</td><td>最大拉伸强度(MPa)　不小于</td><td colspan="3">0.200</td></tr>
<tr><td>最大伸长率（%）　不小于</td><td>400</td><td colspan="2">200</td></tr>
<tr><td>8</td><td colspan="2">定伸粘结性（%）</td><td>200</td><td colspan="2">160</td></tr>
<tr><td>9</td><td colspan="2">恢复率（%）　不小于</td><td>95</td><td>90</td><td>85</td></tr>
<tr><td rowspan="2">10</td><td rowspan="2">剥离粘结性</td><td>剥离强度（N/mm）　不小于</td><td>0.9</td><td>0.7</td><td>0.5</td></tr>
<tr><td>粘结破坏面积（%）　不大于</td><td>25</td><td>25</td><td>40</td></tr>
<tr><td rowspan="2">11</td><td rowspan="2">拉伸—压缩循环性能</td><td>级　别</td><td>9030</td><td>8020</td><td>7020</td></tr>
<tr><td>粘结和内聚破坏面积（%）　不大于</td><td colspan="3">25</td></tr>
</table>

表 4.1.15　　聚硫建筑密封膏的理化性能

序号	指标 等级 试验项目			A类		B类		
				一等品	合格品	优等品	一等品	合格品
1	密度（g/cm³）			规定值±0.1				
2	适用期（h）			2~6				
3	表干时间（h）		不大于	24				
4	渗出性指数		不大于	4				
5	流变性	下垂度（N型）（mm）	不大于	3				
		流平性（L型）		光滑平整				
6	低温柔性			－30		－40	－30	
7	拉伸粘接性	最大拉伸强度（MPa）	不小于	1.2	0.8	0.2		
		最大伸长率（%）	不小于	100		400	300	200
8	恢复率（%）		不小于	90		80		
9	拉伸—压缩循环性能	级别		8020	7010	9030	8020	7010
		粘接破坏面积（%）	不大于	25				
10	加热失重（%）不大于			10		6	10	

表 4.1.16　　丙烯酸酯建筑密封膏的理化性能

序号	项　目		技术指标		
			优等品	一等品	合格品
1	密度（g/cm³）		规定值±0.1		
2	挤出性（mL/min）	不小于	100		
3	表干时间（h）	不大于	24		
4	渗出性指数	不大于	3		
5	下垂度（mm）	不大于	3		
6	初期耐水性		未见浑浊液		

续表

序号	项目		技术指标		
			优等品	一等品	合格品
7	低温贮存稳定性		未见凝固、离析现象		
8	收缩率（%）	不大于	30		
9	低温柔性		-20	-30	-40
10	拉伸粘结性	最大拉伸强度（MPa）	0.02～0.15		
		最大伸长率（%） 不小于	400	250	150
11	恢复率（%）	不小于	75	70	65
12	拉伸—压缩循环性能	级别	7020	7010	7005
		平均破坏面积（%） 不小于	25		

表 4.1.17　聚氯乙烯建筑防水接缝材料的物理性能

性能＼标号		802	703
耐热性	温度（℃）	80	70
	下垂值（mm）	≤4	
低温柔性	温度（℃）	-20	-30
	柔性	合格	
粘结延伸率（%）		≥250	
浸水粘结延伸率（%）		>200	
回弹率（%）		>80	
挥发率（%）		<3	

注：挥发率仅限于热熔型 PVC 接缝材料。

2．其他密封材料

改性沥青密封材料其质量要求见表 4.1.18。

表 4.1.18　　改性沥青密封材料质量要求

项目		质量要求	
		Ⅰ类	Ⅱ类
粘结延伸率	（不浸水）	—	≥250%
	（浸水 24h）	—	≥200%
粘结性（25℃±1℃拉伸）		≥15mm	—
耐热度（80℃，5h）		下垂值≤4mm	
柔　性		-10℃无裂纹	-20℃无裂纹
回弹率		—	≥80%
施工度（25℃±1℃，5a）		沉入量≥22mm	—

注：Ⅰ类指改性石油沥青密封材料；Ⅱ类指改性煤焦油沥青密封材料。

合成高分子密封材料其质量要求见表 4.1.19。

表 4.1.19　　合成高分子密封材料质量要求

项目		质量要求	
		Ⅰ类	Ⅱ类
粘结性	粘结强度	≥0.1MPa	≥0.02MPa
	延伸率	≥200%	≥250%
柔　性		-30℃无裂纹	-20℃无裂纹
拉伸—压缩循环性能	拉伸—压缩率	≥±20%	≥±10%
	2000 次后破坏面积	≤25%	

注：Ⅰ类指弹性体密封材料，Ⅱ类指塑性体密封材料。

（四）达不到合格的处理

防水材料的外观质量检验，全部指标达到标准规定时即为合格，其中如有一项指标达不到要求，就在受检产品中加倍取样复检，全部达到标准为合格。复检时有一项指标不合格，则判定该产品外观质量不合格，若仍有未达到要求时应由原生产单位进行退货或调换（也可逐卷检查，剔除外观不合格后判该产品为外观合格）。

防水材料物理性能检验，凡规定项目中有一项不合格者为不合格产品，则应在受检产品中重复加倍抽检，待全部达到要求时为合格，若仍有未达到要求时应由原生产单位进行退货或调换，然后再按上述步骤进行复检。

防水材料除规定复检项目外，若要求增加其他检验项目，则由使用单位或监理单位按实际情况决定。

第二节　防水混凝土

一、混凝土抗渗性能的改善与提高

防水混凝土一般分为普通防水混凝土和外加剂防水混凝土两大类。它是以水泥、砂、石为原料，掺入少量外加剂和膨胀水泥等，通过调整配合比，抑制或减少孔隙率，改变孔隙特征，增加各原材料界面间的密实性等方法，配制成的具有一定抗渗能力（抗渗压力大于0.6MPa）的不透水性混凝土。因外加剂种类不同，其抗渗压力与适用范围如表4.2.1.所示。有关研究表明，在普通防水混凝土中，由于水泥的化学缩减，在混凝土内部产生孔隙的数量极为可观。如每100g水泥水化后的化学减缩值为7～9mL，假定混凝土中水泥用量为350kg/m^3，则形成的孔缝体积约24.5～31.5L。在有压力水的情况下，部分大孔缝就成为渗水的通道。而采用UEA补偿收缩混凝土技术，不仅可以增加混凝土的密实性与抗渗性，还应在混凝土内部掺入膨胀剂，所以在混凝土硬化阶段可以产生$2\times10^{-4}\sim4\times10^{-4}$的限制膨胀率，同时在混凝土中建立起的自应力值为0.2～0.7MPa。用限制膨胀来补偿混凝土的限制收缩，抵消钢筋混凝土结构在收缩过程中产生的全部或大部分拉应力，从而使结构混凝土不开裂，或把裂缝控制在无害裂缝的范围内（一般裂缝宽度宜小于0.1mm）。因此，将UEA补偿收缩混凝土作为结构自防水的首选材料，是实现无缝防水设计的一个重要措施。

表4.2.1　防水混凝土的适用范围

种类		最高抗渗压力(MPa)	特点	适用范围
普通防水混凝土		>3.0	施工简便、材料来源广泛	适用于一般工业、民用建筑及公共建筑的地下防水工程
外加剂防水混凝土	引气剂防水混凝土	>2.2	拌合物流动性好	适用于钢筋密集或捣固困难的薄壁型防水构筑物，也适用于对混凝土凝结时间（促凝或缓凝）和流动性有特殊要求的防水工程(如泵送混凝土工程)
	减水剂防水混凝土	>2.2	拌合物流动性好	适用于钢筋密集或捣固困难的薄壁型防水构筑物，也适用于对混凝土凝结时间（促凝或缓凝）和流动性有特殊要求的防水工程(如泵送混凝土工程)
	三乙醇胺防水混凝土	>3.8	早期强度高、抗渗等级高	适用于工期紧迫，要求早强及抗渗性较高的防水工程及一般防水工程
	氯化铁防水混凝土	>3.8		适用于水中结构的无筋少筋厚大防水混凝土工程及一般地下防水工程，砂浆修补抹面工程 在接触直流电源或预应力混凝土及重要的薄壁结构上不宜使用
	膨胀剂或膨胀水泥防水混凝土	3.6	密实性好、抗裂性好	适用于地下工程和地上防水构筑物、山洞、非金属油罐和主要工程的后浇缝

近十几年来，随着泵送混凝土的大量应用，地下结构裂缝控制的难度也随之加大。由于泵送混凝土水灰比大、含砂率高、水泥用量多、浇灌速度快等原因，因此出现的裂缝机会就多。

针对上述情况，目前在防水混凝土施工中必须对混凝土配合比设计、模板构造、混凝土成型工艺（尤其是大体积混凝土中因水泥水化热引起的温度变形）、养护、拆模等问题进行质量监控，并广泛采用新材料、新工艺；与此同时要解决好施工缝、变形缝以及其他容易渗漏部位如穿墙管（盒）、预埋件、预留通道接头、桩头、孔口和坑、池等细部的处理。如果注意了上述问题，防水混凝土的施工质量是可以保证的。

二、防水混凝土的裂缝控制

对防水混凝土不能只追求抗渗等级，而不注意防止产生裂缝。否则抗渗等级虽高，裂缝严重，照样渗水。而且地下水和有害气体通过裂缝侵入，还会腐蚀钢筋，影响结构强度和整体性。

为避免和减少裂缝，首先要弄清防水混凝土可能产生哪些裂缝，产生裂缝的原因是什么，然后在施工中采取相应的防止措施。

（一）防水混凝土的裂缝类型

1. 收缩裂缝

开始凝结的混凝土因受到强烈风、直射的阳光或湿度下降的影响，外露表面的水分迅速蒸发，产生收缩应力，最后导致裂缝。这种裂缝一般是不规则的表面龟裂，见图 4.2.1。

已经凝结的防水混凝土，由于养护不及时，早期失水，会产生干燥收缩裂缝。这种裂缝也是不规则的见图 4.2.2，而且易于贯通结构而引起渗漏。

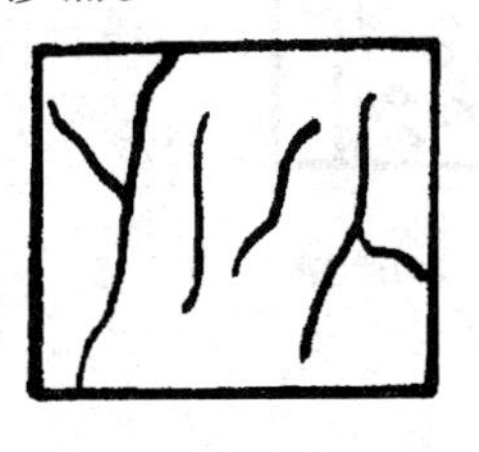

图 4.2.1 混凝土凝结过程中的收缩裂缝

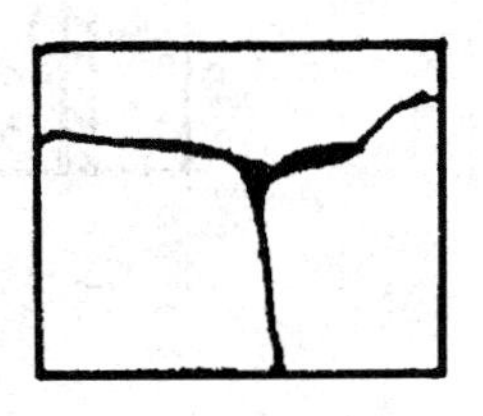

图 4.2.2 混凝土凝结后的收缩裂缝

混凝土体积收缩受到限制时，容易因温度变化产生比较规则的收缩裂缝，如图 4.2.3 所示。

2. 膨胀裂缝

许多因素都能引起混凝土膨胀裂缝，如防水混凝土水泥用量偏高，衬砌偏厚，混凝土内水泥水化热过高，又不易散发等，增大了混凝土表面和内部之间的温差等，都容易导致膨胀裂缝见图4.2.4。

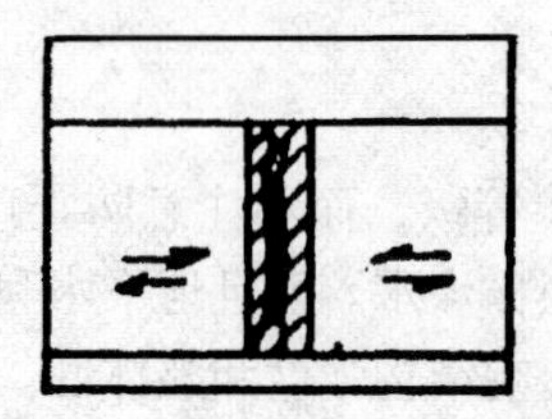

图 4.2.3 混凝土温度收缩裂缝

图 4.2.4 混凝土膨胀裂缝

3. 移动裂缝

模板强度或刚度不够，尚未凝固的混凝土在自重和振捣器压力作用下，很容易因变形而引起裂缝见图 4.2.5。此外，木模板吸水、漏水、漏浆，也容易使混凝土产生裂缝。

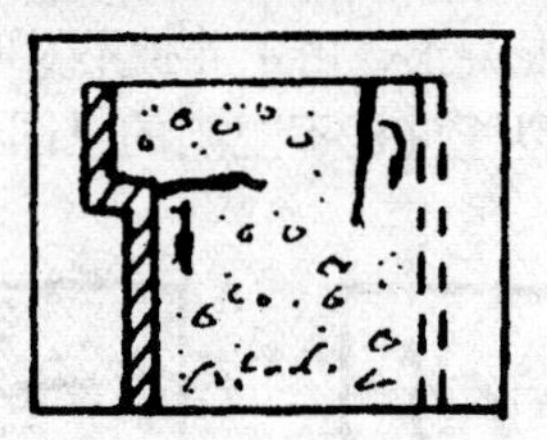

图 4.2.5 因模板移动产生的混凝土裂缝

4. 结构裂缝

结构设计考虑不周，如钢筋用量不足，配筋错误，地基不均匀下沉，超荷载，过度振动（如地震）等都会使混凝土拉应力过大而产生裂缝。

综上所述，防水混凝土产生裂缝的原因是很复杂的，而且往往是各种因素的综合。为了防止产生有害裂缝，必须根据工程具体条件，因地制宜地采取相应措施。

（二）防止裂缝通常应注意的一些问题

1. 原材料要求应符合表 4.2.2。

表 4.2.2　　防水混凝土原材料技术要求

原材料名称	技术要求
水泥	（1）水泥强度等级不应低于 32.5 级号 （2）在不受侵蚀性介质和冻融作用时，宜采用普通硅酸盐水泥、火山灰质硅酸盐水泥　粉煤灰硅酸盐水泥；如采用矿渣硅酸盐水泥则必须掺用外加剂，以降低泌水率 （3）在受冻融作用时应优先选用普通硅酸盐水泥，不宜采用火山灰质硅酸盐水泥和粉煤灰硅酸盐水泥 （4）不得使用过期或受潮结块的水泥，并不得将不同品种或强度等级的水泥混合使用
砂、石	（1）应符合现行《普通混凝土用砂质量标准及检验方法》和《普通混凝土用碎石或卵石质量标准及检验方法》的规定 （2）石子最大粒径不宜大于 40mm，泵送时其最大粒径应根据输送管径决定。所含泥土不得呈块状或包裹石子表面，用于防水的商品混凝土其含泥量不应大于 1%；石子吸水率不应大于 1.5% （3）砂宜采用中砂，用于防水的商品混凝土含泥量不应大于 3%
水	应采用不含有害物质的洁净水
外加剂	（1）外加剂应符合国家或行业标准一等品以上的质量标准 （2）可根据需要掺入减水剂、膨胀剂、防水剂、引气剂、复合型外加剂等；外加剂可单掺，也可复合使用，其品种和掺量应经试验确定
掺合料	（1）可掺入一定数量的磨细粉煤灰、磨细矿渣粉、硅粉等 （2）磨细粉煤灰的级别不应低于二级，掺量不应大于 20%；硅粉掺量不应大于 3%；其他品种掺量应经试验确定
总碱量	每 $1m^3$ 防水混凝土中各类材料的总碱量（Na_2O 当量）不得大于 2kg

2. 配合比设计

防水混凝土的配合比应通过试验确定，其抗渗等级应比设计要求提高0.2MPa。在满足抗渗要求的前提下，尽量减少水泥用量，藉以提高防水混凝土的抗裂性。在设计允许前提下，大体积防水混凝土可采用后期强度（如60d或90d）进行配合比设计。

防水混凝土中水泥用量不得小于300kg/m^3，掺有活性粉细料时，水泥用量不得小于280kg/m^3；砂率宜为35%～40%，泵送时可增至45%；灰砂比宜为1:2～1:2.5；水灰比不得大于0.55，用于防水商品混凝土时不得大于0.6。普通防水混凝土坍落度不宜大于5cm，用于防水的商品混凝土的入模坍落度宜控制在12cm±2cm，入模前坍落度每小时损失值应小于3cm，坍落度总损失值不应大于6cm。

掺引气剂或引气型减水剂时，混凝土含气量应控制在3%～5%。用于防水的商品混凝土的缓凝时间宜为6～8h。

3. 模板设计

防水混凝土施工最好采用钢模板，钢模板散热快，失水少，振感灵敏而不易使混凝土产生裂缝。木模板要支撑牢固，浇筑混凝土前务必充分湿透，以减少混凝土早期失水。模板拼缝要严密，必要时应在木模板上铺贴塑料布或刷涂料，以防漏浆。

4. 浇筑要求

要避免在炎热的夏天露天浇筑防水混凝土，混凝土初期曝晒，会因温度过高大量失水而开裂。

在浇筑时还要注意控制施工温度。夏季施工时，宜将砂石预冷，例如向砂石堆上喷洒水温低的地下水或将砂石遮盖住。实践证明，骨料温度每增减1℃，即可使混凝土温度升降0.7℃。另外，加冰水拌合混凝土也是降低初温的有效途径。总之，夏季混凝土入模温度宜控制在25℃以下，而冬季拌合混凝土时，应将拌合水适当加热，使混凝土入模温度能保持在5℃～10℃以上。

防水混凝土必须采用机械搅拌，搅拌的时间不应小于2 min；掺外加剂时应根据外加剂的技术要求确定搅拌时间。混凝土运输过程中如出现离析，必须进行二次搅拌。当坍落度损失后不能满足施工要求时，应加入原水灰比的水泥浆或二次掺加减水剂，严禁直接加水。

防水混凝土必须采用机械振捣，时间宜为10～30s，以混凝土开始泛浆和不冒气泡为准，并应避免偏振、欠振或超振。掺引气剂或引气型减水剂时，应采用高频插入式振幅器振捣。

5. 养护要求

养护及时，对防止裂缝有重大作用，特别在夏季施工时更是如此。混凝土在潮湿环境中养护，有利于降温散热，减少温差，减少和推迟因失水而产生的干缩，保证混凝土强度迅速增长。因此，规定防水混凝土至少养护14d，对防止产生有害裂缝是非常必要的。大体积防水混凝土施工应采取保温保湿养护，混凝土厚度内的中心温度与表面温度以及混凝土表面温度与大气温度的差值均不应大于25℃，且混凝土的降温速率每天不应大于2℃。

6. 结构设计

防水混凝土的结构设计一般都要进行裂缝开展的验算。即使如此，也很难保证防水混凝土在干缩应力、荷载和温度变化的影响下，不产生发丝裂缝。这里涉及到地下工程防水混凝土裂缝允许宽度和配筋数量的问题。实际上防水混凝土裂缝宽度小于0.1mm时，一般不会渗水，混凝土发丝裂缝有自愈作用。所谓混凝土裂缝的自愈作用，就是水泥水化析出的游离氢氧化钙长期与空气中的二氧化碳接触，逐步转化成坚实致密的新生成物，将裂缝填实，从而使裂缝愈合（取样鉴定结果表明，新生成物的主要成分为结晶碳酸钙和结晶氢氧化钙）。当然，增加用钢量也可控制防水混凝土裂缝的发展，其钢筋数量一般比普通混凝土增加20%～40%。此法不仅提高了造价，而且由于钢筋密集，振捣困难，混凝土容易产生其他弊病（如蜂窝、露石、鼠洞等），对地下防水反而不利。考虑到地下工程的衬砌结构大部分属于压弯构件，迎水的受压区产生收缩，使裂缝不能贯穿整个截面，阻止了压力水的渗透，因此，过量的配筋没有多大必要；将裂缝允许宽度放大到0.2mm，对掘开式、浇埋低水压地下工程是比较安全的；而对深埋和水压比较大的地下工程，其裂缝允许宽宜限制到0.1mm。

7. 设计理论

工业与民用建筑的地下或半地下建筑是一种超静定结构，其筏式底板、侧墙及地下隧道等，一般不存在承载力不足的问题，但有严格的防水和抗渗要求。因此须解决施工期间温度收缩应力问题，控制裂缝的开展，抗裂比防水（或防渗）更为重要。

地下室结构一般置于坚硬的基岩、混凝土垫层或地层上，所以会产生很大的外约束力。我国著名结构专家王铁梦经研究认为，由温度差和收缩两者引起的拉应力（或最大约束应变），如小于或等于结构材料的抗拉强度（极限拉伸），就可保证地下结构不会出现开裂，并推导出关于整体筏式基础和混凝土长墙等结构控制伸缩间距的公式如下：

$$L = 1.5\sqrt{\frac{EH}{C_x}} \cdot \operatorname{arc\,cosh} \frac{|\alpha T|}{|\alpha T| - \varepsilon_p} \tag{1}$$

式中 L——允许伸缩缝间距（mm）；

E——混凝土弹性模量（MPa）；

H——混凝土长墙底板厚度（mm）；

$|\alpha T|$——约束体与被约束体的相对自由温差变形（mm），取绝对值，其中 α 为混凝土线膨胀系数，取 1×10^{-5}℃$^{-1}$，T 为降温温差（此处包括收缩当量温差）（℃）；

ε_p——混凝土极限拉伸值（mm/mm），在不良养护和材质低劣条件下，ε_p 为 0.5×10^{-4}，在正常条件下为 $0.8\times10^{-4}\sim1.2\times10^{-4}$，在优选材质、良好养护（缓慢降温、缓慢干燥）条件下，可增加至 $2.0\times10^{-4}\sim2.5\times10^{-4}$，后者包含了混凝土蠕变的影响；

C_x——约束系数，偏安全地取：软粘土 $1\times10^{-2}\sim3\times10^{-2}$ N/mm^3，一般砂质粘土 $3\times10^{-2}\sim6\times10^{-2}$N/mm^3，坚硬粘土 $6\times10^{-2}\sim10\times10^{-2}$N/mm^3，风化岩、低强度素混凝土 0.6～1.0N/mm^3，配筋混凝土

1.0×1.5N/mm³。

在式（1）中，弹性模量是常量，侧墙或底板厚度一般较小，也可视为常量，而混凝土极限拉伸值的影响也是有限的。在这种情况下，如设法使约束程度下降，即可增大伸缩缝的间距。如 $C_x \rightarrow$ O，则 $L \rightarrow \infty$，即建筑物任意长度均可取消伸缩缝。而减少外约束力的有效措施是设置滑动层、后浇缝或诱导缝等多种形式。

三、混凝土的质量控制与判定

混凝土质量检验与判定的依据是《混凝土质量控制标准》GB 50164－92 和《混凝土强度检验评定标准》GBJ 107－87。

（一）混凝土拌合物应检验的质量指标

各种混凝土拌合物均应检验其稠度；掺引气型外加剂的混凝土拌和物应检验其含气量；根据需要还应检验混凝土拌合物的水灰比、水泥含量及均匀性。

1. 稠度

混凝土拌合物的稠度是以坍落度或维勃稠度表示的。

坍落度是适用于塑性和流动性混凝土拌合物；维勃稠度适用于干硬性混凝土拌合物，其检测方法按现行国家标准《普通混凝土拌合物性能试验方法》GBJ 80－85 规定进行。

（1）根据坍落度大小，混凝土拌合物可分为四级，并应符合表 4.2.3 规定。

表 4.2.3　　混凝土按坍落度的分级

级别	名称	坍落度（mm）
T1	低塑性混凝土	10～40
T2	塑性混凝土	50～90
T3	流动性混凝土	100～150
T4	大流动性混凝土	≥160

注：在分级判定时，坍落度检验结果值，取舍到临近的 10mm。

（2）根据维勃稠度大小，混凝土拌合物也分为四级，并应符合

表 4.2.4 规定。

表 4.2.4　　　　混凝土按维勃稠度的分级

级别	名称	维勃稠度（s）
V0	超干硬性混凝土	≥31
V1	特干硬性混凝土	30～21
V2	干硬性混凝土	20～11
V3	半干硬性混凝土	10～5

坍落度或维勃稠度的允许偏差应分别符合表 4.2.5 规定。

表 4.2.5　　　　维勃稠度或坍落度允许偏差

维勃稠度（s）	允许偏差（s）	坍落度（mm）	允许偏差（mm）
≤10	±3	≤40	±10
11～20	±4	50～90	±20
21～30	±6	≥100	±30

2. 含气量

掺引气型外加剂混凝土的含气量，应满足设计和施工工艺的要求。根据混凝土采用粗骨料的最大粒径，其含气量限值不宜超过表 4.2.6 规定。

表 4.2.6　　　　掺引气型外加剂混凝土的含气量限值

粗骨料最大粒径（mm）	混凝土含气量（%）
10	7.0
15	6.0
20	5.5
25	5.0
40	4.5

混凝土拌合物含气量的检测方法按现行国家标准《混凝土搅拌合物性能试验方法》GBJ 80－85 规定进行。检测结果与要求值的允许偏差范围为 ±1.5%。

3. 水灰比与水泥用量

混凝土的最大水灰比和最小水泥用量应符合现行国家标准《混凝土结构工程施工及验收规范》GB 50204－92 规定见表 4.2.7。

表 4.2.7　　混凝土的最大水灰比和最小水泥用量

混凝土所处的环境条件	最大水灰比	最小水泥用量（kg/m^3）			
		普通混凝土		轻骨料混凝土	
		配筋	无筋	配筋	无筋
不受雨雪影响的混凝土	不作规定	250	200	250	225
1. 受雨雪影响的混凝土 2. 位于水中或水位升降范围内混凝土 3. 在潮湿环境中的混凝土	0.70	250	225	275	250
1. 寒冷地区水位升降范围内的混凝土 2. 受水压作用的混凝土	0.65	275	250	350	275
严寒地区水位升降范围内的混凝土	0.60	300	275	325	300

注：1. 表中水灰比：对普通混凝土指水与水泥（包括外掺混合材料）用量的比值；对轻骨料混凝土指净用水量（不包括轻骨料 1h 吸水量）与水泥（不包括外掺混合材料）用量的比值。

2. 表中最小水泥用量：对普通混凝土包括外掺材料；对轻骨料混凝土不包括外掺混合材料；当采用人工捣实混凝土时，水泥用量应增加 $25kg/m^3$；当掺用外加剂且能有效地改善混凝土的和易性时，水泥用量可减少 $25kg/m^3$。

3. 当混凝土强度等级低于 C10 时，可不受本表限制。

4. 寒冷地区指最冷月份平均气温在 －5℃～－15℃之间；严寒地区指最冷月份，平均气温低于 －15℃。

5. 防水混凝土应符合现行国家标准《地下防水工程施工及验收规范》的有关规定。

混凝土的最大水泥用量不宜大于 $550kg/m^3$。

4. 均匀性

混凝土拌合物应拌和均匀，颜色一致，不得有离析和泌水现象。

混凝土拌合物均匀性检测方法应按现行国家标准《混凝土搅拌机性能试验方法》GB/T4477－1995 规定进行。

检查混凝土拌合物均匀性时，应在搅拌机卸料过程中，从卸料流的 1/4～3/4 之间采取试样试验，其检测结果应符合下列规定：

(1) 混凝土中砂浆密度两次测值的相对误差不应大于 0.8%。

(2) 单位体积混凝土中粗骨料含量两次测值的相对误差不应大于 5%。

(二) 混凝土强度的检验评定

评定方法有三种：统计方法一（即标准差已知的统计方法）、统计方法二（标准差未知的统计方法）及非统计方法。

1. 用统计方法一评定

预拌混凝土工厂，预制混凝土构件厂和采用现场集中搅拌混凝土的施工单位，应按统计方法评定混凝土强度。

当混凝土生产条件在较长时间内能保持一致，且同一品种混凝土的强度变异性基本保持稳定时，每批的强度标准差（σ_0）可按常数考虑，其数值可根据前一时间生产累计的强度数据来确定。

用此方法评定混凝土强度时，应由连续的三组试件组成一个验收批，其强度应同时满足下列要求：

$$m_{fcu} \geqslant f_{cu,k} + 0.7\sigma_0$$

$$f_{cu,min} \geqslant f_{cu,k} - 0.7\sigma_0$$

当混凝土强度等级不高于 C20 时，强度的最小值尚应满足下式要求：

$$f_{cu,min} \geqslant 0.85 f_{cu,k}$$

当混凝土强度等级高于 C20 时，强度的最小值尚应满足下式要求：

$$f_{cu,min} \geqslant 0.90 f_{cu,k}$$

式中　m_{fcu} ——同一验收批混凝土立方体抗压强度的平均值（N/mm^2）；

fcu,k ——混凝土立方体抗压强度标准值（N/mm^2）；

σ_0——验收批混凝土立方体抗压强度的标准差（N/mm^2）；

fcu,min ——同一验收批混凝土立方体抗压强度的最小值（N/mm^2）。

σ_0 值应根据前一个检验期内同一品种土试件的强度数据，按下列公式确定：

$$\sigma_0 = \frac{0.59}{m}\sum_{i=1}^{m}\triangle f_{cu,i}$$

式中　$\triangle f_{cu,i}$——第 i 批试件立方体抗压强度中最大值与最小值之差；

m——用以确定验收批混凝土立方体抗压强度标准差的数据总批数。

注：上述检验期不应超过三个月，且在该期间内强度数据的总批数不少于15。

2. 用统计方法二评定

当混凝土的生产条件在较长时间内不能保持一致，且混凝土强度变异性不能保持稳定性时，或在前一个检验期内的同一品种混凝土没有足够的数据用以确定验收批混凝土立方体抗压强度的标准差时，应由不少于10组的试件组成一个验收批，其强度应同时满足下列公式的要求：

$$m_{fcu} - \lambda_1 S_{fcu} \geqslant 0.9_f cu,k$$

$$f_{cu,min} \geqslant \lambda_2 f_{cu,k}$$

式中　S_{fcu}——同一验收批混凝土立方体抗压强度的标准差（N/mm^2）；

当 S_{fcu} 的计算值小于 $0.06f_{cu,k}$，取 S_{fcu}

$\lambda_1\lambda_2$——合格判定系数，按表4.2.8取用。

表 4.2.8　　　　　　**混凝土强度的合格判定系数**

试件组数	10～14	15～24	≥25
λ_1	1.70	1.65	1.60
λ_2	0.90	0.85	

同一验收批混凝土立方体抗压强度的标准差（S_{fcu}）可按下列公试计算：

$$S_{fcu}=\sqrt{\frac{\sum_{i=1}^{m}f_{cu,i}^{2}-nm_{fcu}^{2}}{n-1}}$$

式中　$f_{cu,i}$——第 i 组混凝土试件的立方体抗压强度值（N/mm^2）；

n——一个验收批混凝土试件的组数。

3. 用非统计方法评定

对零星生产的预制构件的混凝土或现场搅拌的批量不大的混凝土，按非统计方法评定。

按非统计方法评定混凝土强度时，其强度应同时满足下列要求：

$$m_{fcu}\geqslant 1.15_{cu,k}$$

$$f_{cu,min}\geqslant 0.95f_{cu,k}$$

（三）混凝土强度的合格性判断

当混凝土强度检验结果能满足上述（二）的规定时，则该批混凝土强度判为合格；否则，该批混凝土强度判为不合格。

（四）混凝土强度代表值的确定

混凝土立方体抗压试件经强度试验后，其强度代表值的确定，应符合下列规定：

1. 取三个试件强度的算术平均值作为每组试件的强度代表值。

2. 当一组试件中强度的最大值或最小值与中间值之差超过中间值的 15%时，取中间值作为该组试件的强度代表值。

3. 当一组试件中强度的最大值和最小值与中间值之差均超过中间值的15%时，该组试件的强度不应作为评定的依据。

取150mm×15mm×150mm试件的抗压强度为标准值，用其他尺寸试件测得的强度值均应乘以尺寸换算系数，其值为：对200mm×200mm×200mm试件为1.05；对100mm×100mm×100mm试件为0.95。

（五）混凝土不合格处理

根据《混凝土强度检验评定标准》GBJ 107－87规定：

1. 对不合格批混凝土制成的结构或构件，应进行鉴定，并及时处理。

2. 对混凝土试件强度的代表性有怀疑时，可采用从结构或构件中钻取试件的方法或采用非破损检验方法，按有关标准的规定对结构或构件中混凝土的强度进行推定。

3. 结构或构件拆模、出池、出厂、吊装，预应力筋张拉或放张，以及施工期间需短暂负荷时的混凝土强度，应满足设计要求，或符合现行国家标准的有关规定。

第三节　防水材料生产及施工质量保证体系实例

一、某防水工程有限公司的《质量手册》

某防水工程有限公司根据GB/T19002－ISO9002：1994标准的要求，结合公司产品生产、防水层施工的特点，编制了自己公司的《质量手册》。该手册规定了公司的质量方针、目标、组织机构、相关人员的职责权限与相互关系、质量系统要素等。《质量手册》涵盖了该公司的生产、安装、服务全过程，本文摘要介绍如下。

（一）企业概况

某防水工程有限公司是专业生产防水材料、进行防水工程施工的企业。员工62人，其中各类技术人员33人。现有生产厂房面积约5000m^2。主要产品有，SBS、APP系列改性沥青防水卷材、复合胎改性沥青柔性防水卷材、SBS改性沥青涂料、“贴必定”自粘性橡胶沥青防水卷材、JS复合防水涂料、以及防水工程施工。

（二）企业质量方针

追求卓越品质，奉献防水之宝。

（三）质量目标

1. 防水材料生产质量目标

防水材料成品批不合格率低于1%。

2. 防水工程施工质量目标

（1）满足设计、规范规定的性能、安全和可靠性等要求；

（2）单位工程防水施工一次交验合格率为100%；

（3）单位工程防水施工优良率为90%及以上。

（四）质量手册内容与适用范围

1. 内容

规定防水材料和施工质量管理体系之作业要求及相关部门职责。

2. 适用范围

适用于某系列防水材料生产及其所承担的防水工程项目施工。

（五）管理职责

规定下列组织图中与质量有关的管理、执行和验证工作人员的职责、关系，旨在有利于开展下列工作：

1. 采取措施，防止出现与产品、过程和质量体系有关的不合格；

2. 确认和记录产品生产过程和质量体系有关的问题；

3. 通过规定的渠道，采取、推荐或提出解决的办法；

4. 验证解决办法的实施效果；

5. 不合格品的原因分析和技术改进，直至缺陷或不满足要求的情况得以纠正。

（1）总经理：质量管理负全面责任。

（2）管理者代表：协助总经理按标准要求建立、实施和保持质量体系；确保所负责各部门质量活动的有效性。

(3) 各部门主管：贯彻质量方针，负责质量体系在本部门的实施；对本部门质量记录的准确性、完善性负责。

（六）质量体系

1. 质量体系程序是对各项质量活动所采取的方法的具体描述，其范围和详细程度依据产品工艺及施工工艺展开质量活动涉及的人员所需要的技能和培训而定。

2. 质量策划的主要内容是，确定和配备必要的控制手段、过程、设备（包括检验和试验设备）、工艺装备、资源和技能、以达到所要求的质量。

3. 对承接的防水施工项目，由管理者代表主持，工程部主管、技术质量部主管共同组织该项目的质量策划，并由技术质量部主管组织编制该项目的施工组织设计，管理者代表批准实施。

4. 作业指导书是各类工作的专门指令，应结合施工组织设计的要求，由技术质量部主管主持编制。

（七）过程控制

1. 公司确定并策划直接影响产品质量的生产过程，制订并实施控制程序，旨在确保生产过程处于受控状态。

2. 材料厂负责制订《作业指导书》、《检验规则》。投产前，所有材料均应符合规定要求。材料代用时，需经工程部、材料厂主管批准。

3. 过程的监督与控制：根据生产工艺流程对产品质量进行控制，在关键工序设置质量控制点，对过程参数进行连续监控。作业员负责自检，根据检验结果采取必要的纠正和预防措施。

4. 防水施工过程控制。由工程部主管负责，项目经理部主控。

（八）检验和试验

1. 成品检验要在所有规定的检验和试验活动均已完成且结果满足规定要求后进行。

2. 在程序所规定的检查与测试均已完成，产品检验报告、合格证也被认可后，产品才能发出。

3．防水施工最终检验由工程部负责实施，在最终检验和试验全部合格，有关数据、文件齐备并认可，才能办理移交手续。

4．当检查和测试产品不合格时，须按《不合格品控制程序》处理。

（九）不合格品控制

1．《不合格品控制程序》规定了在来料、生产过程、成品检验各环节所发现的不合格品的评审职责和处置职权。

2．不合格品处理可以是：返工；退回；可用；报废。

3．应记录不合格品状况和返修情况。

4．返工或返修后的产品、工程须书面程序内容的规定进行重检。

（十）纠正和预防措施

1．管理评审、外部质量审核中发现的不合格项，由管理者代表签发《质量投拆书》责成有关部门改善。

2．内部质量体系审核中发现的不合格项，由审核组长责成相关责任部门采取纠正措施，相关内审员负责跟踪，审核组长组织对纠正措施进行验证，并将验证结果报告给管理者代表。

3．对潜在不合格因素进行分析，制订预防措施。

（十一）质量记录

公司建立并保持文件化的程序，明确质量记录的标识、收集、编目、查阅、归档、储存、保管和处理的方法和要求，旨在证明满足规定要求和质量系统有效运行。

（十二）培训

1．质量意识、质量系统、质量方针、质量目标等基础培训。

2．岗位培训及特殊工作技能培训。

二、某橡胶制品厂的《产品质量控制实施方案》

某橡胶制品厂2000年承接了国家重大建设项目“山西万家寨引黄入晋输水隧洞”的管片防水密封垫生产任务。为了保证质量全面完成这一重要生产项目，该厂专门制订了《产品质量控制实施方案》，摘要介绍如下：

（一）橡胶密封垫产品生产质量保证体系

1. 生产工序过程控制

（1）每一工序的生产应有工艺技术文件；

（2）生产者按工艺技术文件进行操作；

（3）按工艺文件实施监督、检查、保证产品质量，使工序处于受控状态。

2. 重要工序点的设置

（1）本产品设置三个工序控制重点；

（2）备料阶段设置二个，硫化阶段设置一个；

（3）各工序质量控制重点落实专人，按规定进行抽查、巡检、作好质量记录。

（二）按生产工艺流程见图 4.3.1 设置的质量控制点

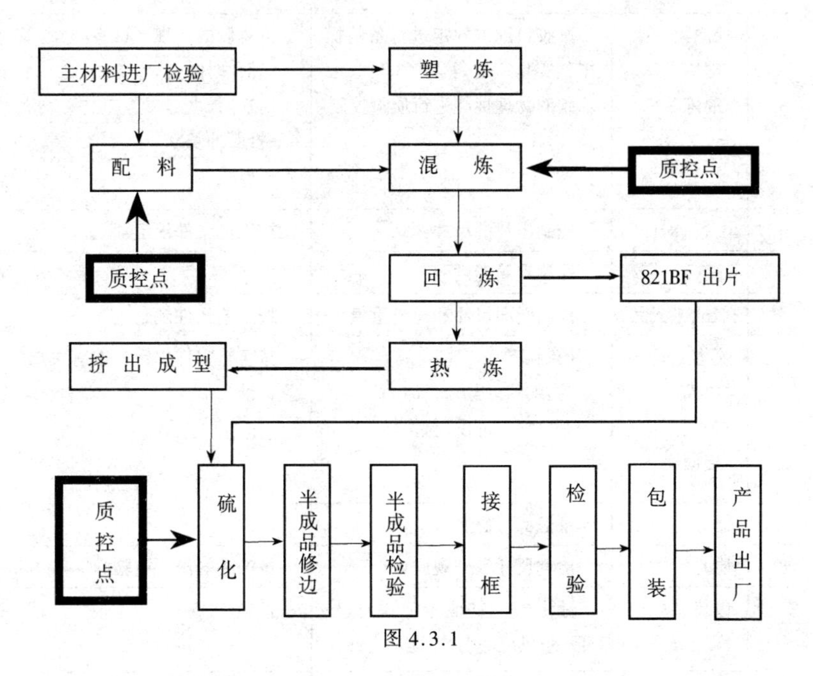

图 4.3.1

（三）按生产工序的质量控制与检查方法见表 4.3.1

（四）橡胶密封垫产品备料工序质量控制

1. 配料和加工场地要求做到文明整洁，各种器具和配合剂放置有序，便于操作。

2. 使用的配合剂要有明确的标志。

3. 各种度量器都必须校正零位后，才可进行称量作业。

4. 严格按配方进行认真配料，保证生胶和各种配合剂称量的准确度。防老剂、促进剂、硫化剂应该使用克称称量。

表 4.3.1　　生产工序的质量控制与检查方法

序号	生产工序	质量控制	检查方法
1	原材料检验	每批以 2000 ~ 2500kg 为单位进行检验	主体原材料基本试验
2	·配料 ·塑炼 ·混炼	按胶料配方规定进行备料操作和实验室对每天（3 班）混炼胶的物理性能进行质量控制	混炼胶的常规项目检测 ·硫化时间 ·拉伸强度 ·扯断伸长率 ·硬度
3	出片（821BF）	控制出片的尺寸	按工艺文件规定
4	热炼	控制辊筒温度	
5	挤出(半成品)	控制断面尺寸和每米重量	按工艺文件规定
6	硫化 ·角模 ·条模 ·接框模	控制 ·温度　·压力　·时间 ·尺寸　·外观质量	按工艺文件规定、按有关质量标准
7	修边	每框都应修边	
8	检验	检查尺寸和外观质量	按产品的出厂检验标准
9	包装	标注：·目的地·生产商·型号·数量·供应商名称·地址电话	抽检
10	仓储	干燥清洁货仓	抽检

5. 胶料加工的整个过程应严格按照规定的工艺进行塑炼、混炼等。

6. 混炼胶在流转过程中要有明显的标志，便于区分，防止混料。

7. 每批混炼胶每10车抽测一车，经测试合格后、方可投入下道工序生产，严禁不合格胶料流入下道工序。

（五）橡胶密封垫产品检验标准

1. 产品尺寸

产品示意见图4.3.2。

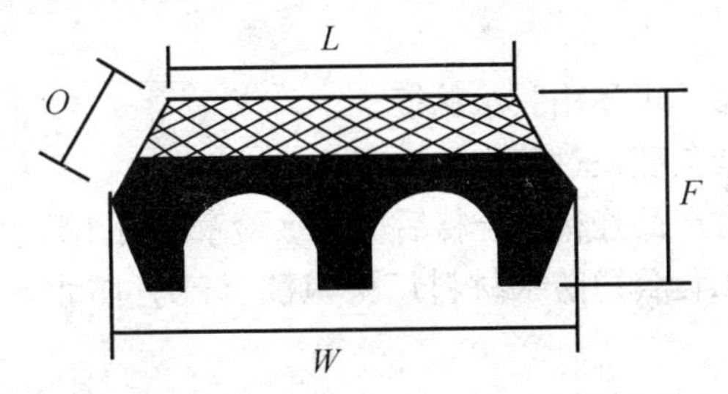

图4.3.2 管片防水密封垫断面实例

2. 产品尺寸公差

（1）尺寸以产品内框为基准进行检验；

（2）*D*面公差：643mm ± 5mm

（3）*L*面公差：3020mm－3025mm

（4）*F*面公差：10.55mm ± 0.55mm

（5）*W*面公差：22.0mm ± 0.5mm

（6）红料厚度公差：2.9mm ± 0.1mm

3. 产品外观

（1）红黑分界面处，基本上应平直，不可两种颜色互相覆盖。

（2）接头处应平整，凹凸不超过0.6mm，不允许有汽孔、裂纹、脱层等现象。

（3）每环颜色应一致，没明显色差。

（4）垫圈表面，气泡、缺料每点不超过 2.25mm^2，深度不大于 0.5mm，每处相对集中区域不超过 2 个点。

（5）筋面缺陷：

①凹陷深度不大于 0.6mm；

②每根筋面圆角区域长度不大于 160mm；

③筋面同一段横截方向上，三根筋面不可同时存在凹陷圆角；

④不允许存在明显麻斑状痕迹。

4. 产品自检方法和特殊要求方面

（1）产品接头处应正反 180°对折验证，停留 2s，观其是否断裂。

（2）产品不可使用胶水粘接。

（3）严禁欠硫或过硫产品出现。

（4）每框产品经检验合格后应盖上检章才可出厂。

三、某工程公司防水材料厂聚氨酯（PU）防水涂料生产质量控制

（一）生产控制程序

1. 原材料验收过程：

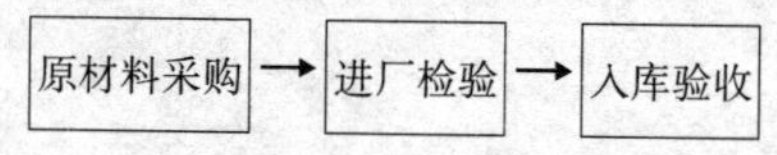

2. 产品生产过程：

（1）A 组份产品：

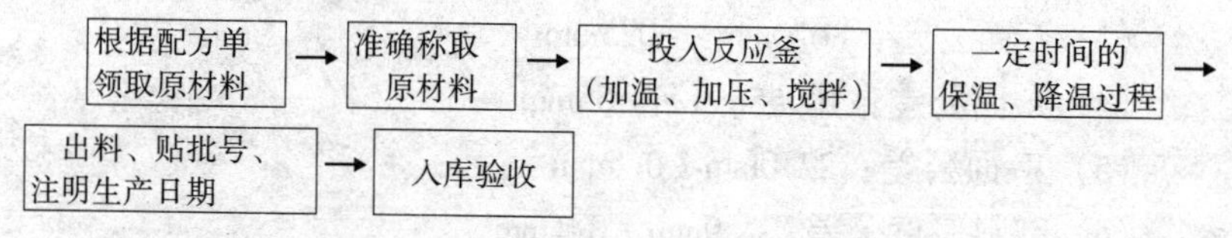

（2）B 组份产品：

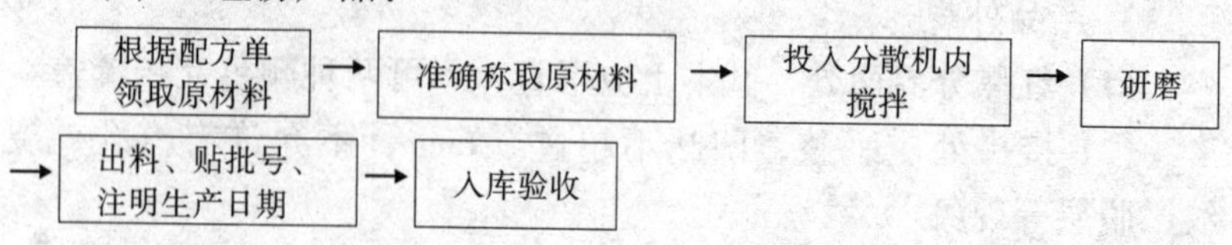

3. 成品检验过程：

(1) 合格品：

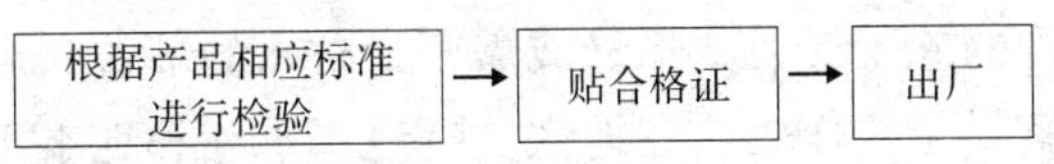

(2) 不合格品：

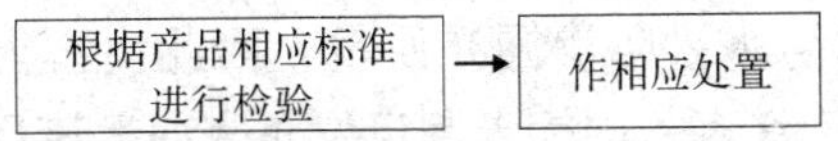

(二) 关键控制点：

1. 原材料：

(1) 合格的承包方选择；

(2) 原材料进厂后的检验。

2. 生产过程：

(1) 根据配方单准确称取原材料；

(2) 工艺参数的控制：

a. A 组份生产：温度、压力和保温时间；

b. B 组份生产：投料顺序、时间和设备运转情况。

3. 成品检验：根据产品相应标准认真检验。

4. 聚氨酯防水涂料性能指标：参照 JC500－92

(1) 拉伸强度（MPa）	＞1.65
(2) 断裂延伸率（%）	＞350
(3) 低温柔性	－30℃涂膜无裂纹
(4) 不透水性（30min，0.3MPa）	无渗漏
(5) 固体含量（%）	≥94
(6) 涂膜表干时间（h）	≤4
(7) 涂膜实干时间（h）	≤12

如是 EPU、911 产品可采用该厂企标 Q/PSAE－14－99，相比 JC500－92 多了一个标准，潮湿面粘结强度（Mpa）≥0.5。

四、某橡胶制品总厂橡胶止水带及遇水膨胀胶条产品质量的控制

某橡胶制品总厂是国内专业生产各类特种工程橡胶制品的厂家。产品广泛应用于公路和铁路桥梁、城市高架道路、立交桥、地铁、隧道；水利建设等各种工程中。

橡胶止水带、膨胀胶条是该厂工程橡胶中的大类产品之一，其主要用于建筑物结构的施工缝、变形缝或需密封防水的部位，起适应建筑物的变形、密封止水作用。在地铁、隧道、水利和地下工程中虽然所占的份额很小，但所起的作用却是很关键的，其质量的优劣将直接影响到整个工程的防水（防渗漏）质量，因此决不能小视。基于这一重要性的认识，在有关国标未制定发布之前，该厂始终将 HG 2288－92 标准作为生产橡胶止水带的质量考核依据，严格控制产品质量。除按照 ISO 9002 质量体系组织生产外，为保证产品质量的稳定性，该厂从“源头”上即进行质量控制，主要原材料——橡胶一律采用质量稳定性好的产品。

对橡胶及其配合材料均指定分承包方（供应商）原材料进厂时，该厂每批都进行抽验，合格的入库并挂标识。凡有一项指标不合格的则加倍抽验，复验不合格者坚决退货，做到生产中不用不合格的原材料，从而在原材料品质上为橡胶止水带的生产质量先打好基础。再是在工艺配方上不断修正，以期达到最佳效果。在生产上，每种橡胶止水带均有产品生产工艺卡，生产工人均经进行培训后才能上岗操作，产品实行自检、互检、专检三级检验，并对其生产产品进行质量跟踪控制，产品上有生产厂名、生产日期、工号印记，这样就有了可追溯性，好比现行的质量终身制一样，如哪种橡胶止水带发生质量毛病，则按产品上的印记可追溯到具体生产人员，并可查对各种原始记录进行分析处理。由于在生产质量管理上有一整套严格的管理制度和奖罚规定，从而使产品能确保出厂合格率 100%，使用户放心使用。如使用单位要求现场服务，该厂即派员前往现场指导及服务。

五、某公司关于产品潮湿面粘结强度质保的技术要求

用于地下防水工程的防水涂料，其主要技术指标为潮湿面的粘结强度。

该公司与一研究院共同商讨一些公司模拟施工现场的实际情况，特在企业标准 Q/ICJEO2——1999，5.2 条款中规定如下：

将养护后自然风干的三对半 8 字砂浆块在水中浸泡 24h 至饱和

状态，从水中取出揩干砂浆块表面水分，清除浮砂，在每块半8字试块的横断面上涂刷0.5mm厚的试样，对接粘结两个半块，在温度20℃±3℃，湿度≥90%的条件下养护7d。

养护期满，按JC408的6.8.3方法，将试件置放在拉力机上做拉力实验。当符合表4.3.2技术指标。

表4.3.2

序号	实验项目	合格品
1	拉伸强度 （MPa）	≥1.65
2	潮湿面粘结强度（MPa），（混凝土试块湿饱和状态）	≥0.5
3	延伸率%	≥250
4	低温柔性 （-20℃，2h）	无裂纹
5	不透水性 （0.3MPa/30min）	不渗漏
6	固体含量 （%）	≥94
7	适用时间 （min）	≥20
8	涂膜表干时间（h）	≤8
9	涂膜表干时间（h）	≤24
10	耐酸性	表面无变化
11	耐碱性	表面无变化
12	抗渗性（Mpa）（厚30ϕ80水泥砂浆块涂膜厚1mm）	0.8

1~9号指标为产品出厂指标，每批产品都严格测试，一般情况下，潮湿面的粘结强度控制在0.7MPa以上。10~12号指标为产品的型式检验指标。

第四节　防水层施工实例

一、涂料防水层施工

本节以上海地铁地下连续墙法施工的矩形封闭框架结构防水施

工为例，突出介绍“涂料防水层施工”。

（一）防水工程施工要点

地下连续墙法施工从50年代开发以来，迄今在世界范围取得很大发展。地下连续墙分为柱列式地下连续墙与整体式地下连续墙，其主要工序为，修筑导槽，分段挖槽，连续成墙，开挖土体，灌注结构，回填等。

地下连续墙法施工的矩形框架结构的防水要点可划分为两个部分：

第一部分为墙体和接缝的防水，包括混凝土的自防水性能、接缝防水的构造形式和施工工艺。选用合理的防渗接头其意义在于，地下墙接缝达到良好的水密性之后，就可实现“一墙二用”的目的，既作挡土结构，又可省去内衬，一次浇筑成永久结构，可大大缩短工期和降低工程造价。

第二部分为框架结构的防水，包括构造节点防水作法，包括侧墙有内衬或侧墙无内衬结构的施工缝、变形缝、诱导缝的防水处理，附加涂料防水层，底板渗排水层等。

（二）矩形封闭框架结构防水层施工顺序

顶板以上地下墙漏水堵漏整平→顶板基面裂缝注浆与其他修补→顶板基面清理嵌补整平清洁→基面刷底涂料→诱导缝及施工缝嵌填密封胶→面层涂料涂刷（或铺贴卷材）→保护板或细石混凝土保护层→回填或部分回填。

（三）结构附加防水层施工技术要求

1. 基层准备工作

（1）基层表面先用铲刀和条帚将突出物、砂浆疙瘩等异物清除，并将尘土杂物清扫干净，如有油污铁锈等要用有机溶剂、钢丝刷、砂纸等清除。

（2）基层平整度要求为：用2m长的直尺检查，基层与直尺之间的最大空隙不应超过5mm，空隙仅允许平缓变化，每米长度内不得多于一处。阴阳角用氯丁胶乳砂浆做成40mm×40mm倒角。

（3）基层如有裂缝，裂缝宽度0.2mm及以下的可不予处理，大于0.2mm并小于等于0.5mm的应灌注化学浆液，宽度大于0.5mm的，在化学注浆前，要将裂缝凿成宽6mm，深12mm的V型槽，先用密封材料嵌填深7mm，再用聚合物砂浆作5mm厚的保护层。

（4）基层的凹坑如直径小于40mm，深度小于7mm，应凿成直径50mm，深10mm的漏斗形，先抹2mm厚素灰层再用氯丁胶乳水泥砂浆抹平。

（5）顶板以上地下墙如有渗漏，按渗漏情况进行不同处理：

①墙缝为较大渗漏时将缝凿成深宽各70mm的V形槽，先填塞开孔型ø=30mm的PE泡沫条，用SH外渗剂水泥或超早强膨胀水泥封缝并每隔1.5M埋设注浆管1根后，灌注水溶性聚氨脂堵漏，再贴涂塑无纺布（涂塑面在内侧），用氯丁胶乳水泥抹面，并超出两边缝口各50mm。

②墙面轻度渗水时不注浆只作嵌缝处理，即凿缝（深、宽度同上）后填塞膨润土腻子（888或BW型），再用SH外渗剂水泥或超早强膨胀水泥抹填20mm，待干燥后涂刷1.5mm厚的防水涂料，再用氯丁胶乳水泥抹平，宽度为100mm。

堵漏止水后的墙缝左右各20mm范围内还可喷涂厚1.5mm的龟裂自闭性PARATEX材料（日本产品），再用氯丁胶乳水泥砂浆找平，而其他未渗漏的墙面则应在剔除碎松石与浮灰后，再用氯丁胶乳水泥砂浆找平，而后用防水涂料涂抹，其中墙缝堵水和PARATEX喷涂高度均应达到地下墙顶面。

（6）涂料或卷材施工前，顶板混凝土必须干净、干燥。测定的方法是将lm^{2}的卷材或厚1.5～2mm的橡胶板覆盖在基层上静置3～4h，若卷材（橡胶板）内表面或覆盖的基层表面无水印，则可认为基层干燥。

2. 防水涂料施工

（1）涂料施工部位的先后顺序是，先做转角，空墙管，再做大面积；先做立面，后做平面。

（2）先打底材，用毛刷滚轮纵横交叉涂布于基层，涂布时须薄而均匀，养护2～5h后进行底层防水涂膜施工。

（3）涂料运至施工现场后，启封前封盖须清洁干净，开启后，材料若有硬化或进水等异常现象，不得使用。材料的搅拌场地应铺设胶布以确保施工现场的清洁及施工的质量。

（4）若采用聚氨脂双组份涂料时，将甲乙料按 1∶2 比例倒入圆形搅拌容器，用转速为 100~500r/min 手持式搅拌机搅拌 5min 左右，即可使用。搅拌好的材料应在 20min 内用完。

（5）在底材干燥固化后，用塑料或橡胶刮板均匀涂一层涂料，涂刮时要求均匀一致，不得过厚或过薄，开始涂刮时应考虑施工退路和涂刮顺序。

（6）待底层涂膜充分干燥后（约须 12~24h）在涂刷上层防水涂膜，上层涂刷的方向应与底层成 90 度，两层厚度应达 2mm（允许误差为 10%），用料共 2.2kg/m^2。

（7）墙面涂刷时，因有垂流现象，需多次分层施工，以达规定厚度。

（8）施工完毕后应做好防水涂膜的保护，在未固化前切忌在上行走，严禁遇水和接触湿物，不允许堆放尖锐的重物和拖拉物品。

（9）完工后，如有折皱或空鼓起泡，应割开再用涂料涂玻纤布加强。

（10）涂料防水层验收标准

①防水涂层必须粘贴牢固，参照上海市标准 DB/TJ08－204－96“地下建筑防水涂膜工程技术规程”，表面平整，无空鼓，脱落，折皱。

②涂膜厚度可用针刺等方法进行检测；每 100m^2 抽查不少于 1 处，每一施工段不应小于 3 处，每处测 3 点，并取其平均值评定。

③涂膜必须实干，检查涂膜有无受到水浸，被稀释现象，不合格者应重做，有积液应划破排除低后补严。

④防水层完成后，应按监理要求做蓄水试验或其他检测试验，经现场监理确认后，方可做保护层及回填。

3. 诱导缝和施工缝处的卷材施工

（1）诱导缝和施工缝在基层清理和干燥后，检查缝的深度，布设聚乙烯隔离膜，填塞聚氨脂与聚硫密封膏（或宝力优丽旦填缝剂），再压平抹光。

（2）卷材施工前先涂刷随卷材配套的清洁剂，再铺贴自粘性卷材，卷材收头处，用与卷材同质的封缝膏封固。

（3）铺贴卷材时，卷材要在松弛的状态下，不得拉伸卷材，也不得有折皱，对准基线铺贴。

(4) 铺贴时,应将粘结层间的空气挤出,以免在阳光作用下,起泡胀鼓。在排除气泡后,平面部位可用压辊滚压压实,使粘结紧密。

(5) 卷材搭接长度为100mm。

(6) 施工应在气温5℃以上进行。

(7) 施工人员不得穿钉鞋，避免尖锐物品刺破卷材。

(8) 诱导缝和施工缝处的嵌缝及卷材施工图见图4.4.1。

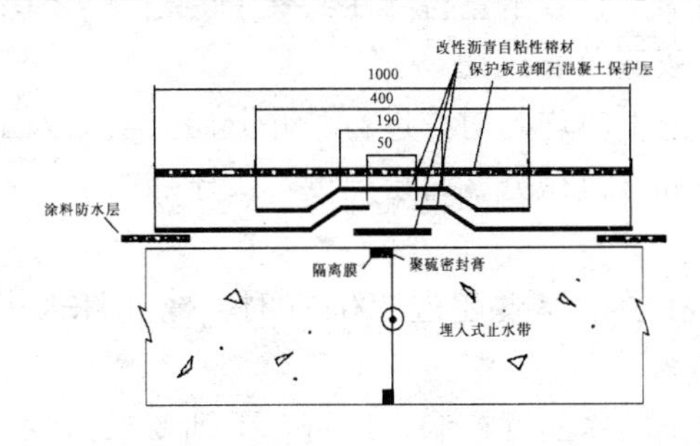

图4.4.1　诱导缝处嵌缝与卷材施工方式

(9) 验收标准:

①防水卷材各层卷材间以及防水层与基层间必须粘结牢固，外观表面应平整，不允许有皱折、空鼓、起泡、滑移、翘边和封口不严等缺陷存在。

②防水结构的转角部位，穿越防水层的管道及诱导缝等部位必须粘结牢固。附加防水层施工完毕后，在一般情况下，涂料防水层需保养3d方可作保护层。

4. 保护层施工

附加防水层施工完毕后，在一般情况下，涂料防水层需保养3d方可作保护层。

(1) 顶板以上地下墙，反梁，及其他竖直面，如做砂浆保护层，应先敷粘网格2mm×2mm麻布，再做20mm厚的1∶2.5水泥砂浆层。如做沥青板保护层，应采用该涂料或高稠度粘结剂固定沥青板，固定点数每平方米不少于4点。

(2) 平面的涂膜防水层或卷材防水层可做80mm厚的C20细石混凝土保护层或如上述固定方法的沥青保护板。

(3) 保护层细石混凝土应设置分仓缝，纵横向均匀为5m设置一条缝，缝宽不大于10mm，深10mm，缝口呈三角形，内填PVC胶泥，分仓缝应与诱导缝对准。

(4)对于具有 > $150g/m^2$ 加强层的卷材，可以考虑不设保护层。

5. 回填

待保护层细石混凝土达到设计要求后，进行回填。

(1) 宜用灰土，含水量符合压实要求的粘性土回填，但不得含石块、碎石、灰渣及有机物。

(2) 回填施工应均匀对称进行，并分层夯实。人工夯实每层厚度不大于250mm，机械夯实每层厚度不大于300mm，并应防止损伤防水层。

(3) 只有在填土厚度超过500mm时，才允许采用机械回填碾压一圈。

(4) 回填土的密实度控制，应符合下列要求：

①在车行道范围内，必须符合相应道路路基密实度标准。

②在车行道范围外，必须符合过渡式道路面层的土路基密实度标准。

(5) 填土应预留下沉量，当填土用机械分层夯实时，其预留下沉量宜不超过填土高度的3%。

(四) 主要施工机具

表4.4.1　　涂料施工

名称	用途
电动搅拌机	混合甲乙料
拌料桶	混合甲乙料
小型油漆桶	装混合料
塑料小刮板	涂刮涂料
铁皮小刮板	在复杂部位涂刮涂料
橡胶刮板	涂刮涂料
油漆刷	刷底胶
滚动刷	刷底胶
50kg 磅秤	配量称量

1. 注浆

专用的注浆设备或注射用针筒。

2. 基层清理修补

小平铲，扫帚，高压吹风机，小抹子等。

3. 涂料施工见表 4.4.1。

4. 嵌缝及卷材施工见表 4.4.2。

表 4.4.2 嵌缝及卷材施工

名称	用途
手辊 ø150mm × 200mm 2 个	压实卷材
扁平辊 ø40mm × 50mm 2 个	压实卷材搭接缝
油漆刷	涂基层清洁剂
剪刀	裁剪卷材
钢卷尺 2 把	量度尺寸
粉笔	打标记
小线绳	弹标线
小桶	装清洁剂
甲苯，汽油	洗刷子
油灰刀	抹平嵌缝膏

5. 保护层施工

细石混凝土搅拌和运输设备。

6. 回填

回填土运输夯实设备，土的含水量及密实测量设备。

（五）主要材料

1. 注浆材料

环氧—糠醛—丙酮注浆液、水溶性聚氨脂注浆液，速凝水泥，玻纤布，PE 泡沫条，氯丁胶乳，黄砂等。

2. 涂料

聚氨脂防水涂料

3. 卷材

SBS 改性沥青冷施工自粘性卷材及清洁剂、APP 改性沥青热熔性卷材。

4. 嵌缝

低模量聚硫密封胶、聚氨脂密封胶（迎水面）、高模量聚硫密封胶、聚乙烯隔离膜。

5. 保护层

沥青保护板，细石混凝土。

6. 回填

合格的回填土。

（六）安全防护措施

1. 对易燃易爆的危险物品应严加保护，所有溶剂必须用密封容器包装。

2. 施工现场应备有粉末灭火器和消防设备，定出防火措施和粘贴防火标志。

3. 施工时，严禁烟火。操作工要求使用保护手套，尽可能不使防水材料接触皮肤，万一沾染，要及时清洗干净。施工后充分洗手和漱口。

4. 使用手持式电动装置必须装有漏电保护装置，操作时必须带绝缘手套。

二、卷材防水层施工

（一）自粘防水卷材主要性能及适用原则

1. 分类：

贴必定（Bondsure）自粘防水卷材属于合成高分子类防水卷材，分为两类，分别是Ⅰ型和Ⅱ型。其中Ⅰ型为无胎体自粘卷材、执行行业标准 JC840－1999；Ⅱ型为聚酯胎自卷材，执行该生产厂企业标准 Q/ZB004－2001 见表 4.4.3 和表 4.4.4。

表 4.4.3　　贴必定自粘防水卷材尺寸

	厚度（mm）	长度（m）	宽度（m）
Ⅰ型	1.5	20	1
Ⅱ型	2.0	15	1

表 4.4.4　　　　　　贴必定自粘防水卷材表面材料

	表面材料					
	N 无膜,双面自粘	HDPE 高密度聚乙烯膜	PE 聚乙烯膜	AL 铝箔	S 细砂	M 矿物粒(片)料
Ⅰ型	—	√	—	—	—	—
Ⅱ型	√	√	√	√	√	√

2. 贴必定自粘防水卷材的主要性能特点如下：

(1) 具有超强粘结性能、延伸性能好、高低温性能稳定等优点，适用于屋面、地下室等防水工程。

(2) 极具特色的“自愈”功能，能自行愈合较小的穿刺破损，可自动填塞愈合 2mm 以下的基层裂缝。

(3) 极强的基层粘结力，可将因卷材破损引起的渗漏限制在局部范围内，而不会导致防水层整体失效。

(4) 超强的卷材与卷材的粘结性能，确保搭接严密可靠，天衣无缝。

(5) 优异的延伸性能，能适应基层的变形或开裂而不会出现卷材撕裂。

(6) Ⅱ型贴必定增加了聚酯胎加强层，抗拉能力更强。

(7) 施工极其简单方便，施工人员只需略加培训即可上岗，维修起来也非常方便。

(二) 施工工艺简介及图解

1. 作业条件

(1) 基层水泥砂浆找平层已办理验收手续。

(2) 基层养护满足设计和规范要求。

2. 工艺流程

基层平整度和倒角等修补→基层清理→基层干燥度检验→泛水、节点部位粘贴附加层→定位、弹线→大面粘铺卷材→滚压、排气、粘合→卷材搭接粘结及封闭→卷材收头固定、密封→检查、修整→蓄水试验→保护层施工。

3. 基层准备要点

(1) 水泥砂浆找平层表面必须光滑、平整、密实、坚固，充分养护。

(2) 转角处应按设计要求抹成 50×50 斜角。

(3) 必要时，防水层施工前须对基层含水率进行测试，测试时将一块卷材平坦地铺在基层上，在正午的阳光下静置 2 小时后掀开检查，覆盖部位和卷材上未见水印即可施工。

(4) 防水层施工前必须将基层上的尘土、沙粒、碎石、杂物、油污和砂浆突起物等清除干净。如施工区域扬尘、风沙较多时，须反复清理，必要时可考虑采用高压空气吹尘或吸尘器吸尘见图 4.4.2，图 4.4.3，图 4.4.4。

图 4.4.2　铲除基层残留附着物

图 4.4.3　扫除基层灰尘碎屑

图 4.4.4　必要时压缩空气吹尘

4．贴必定（Bondsure）自粘卷材施工步骤及要点

（1）材料检查。贴必定自粘卷材（大面积用料和附加层用料）的尺寸、外观等必须符合规范和产品说明书要求，配套密封膏、双面胶带等必须配套进场并分开码放，配中文标志牌，以免工人混用。

（2）附加层。采用厂家提供的专用基层处理剂，在转角、管根等部位均匀涂刷一遍。待底涂干燥后，按节点构造图做好节点附加增强处理见图4.4.5，图4.4.6。

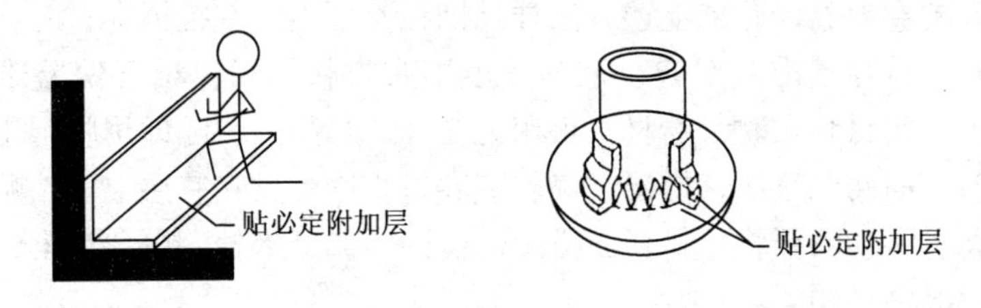

图4.4.5　转角附加层　　　　图4.4.6　管道根部附加层

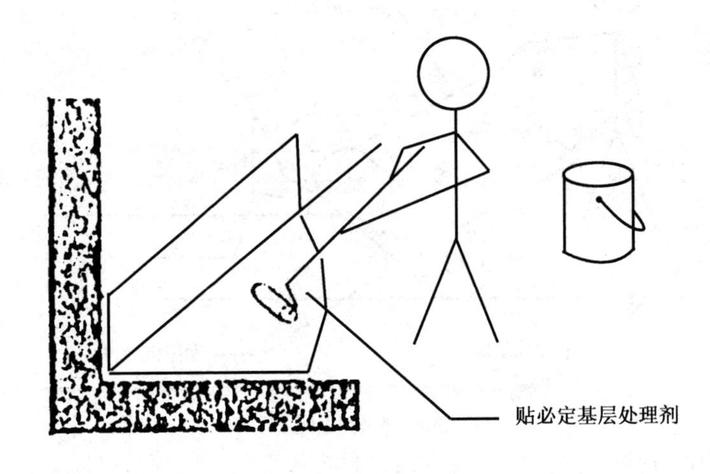

图4.4.7　涂刷基层处理剂

（3）大面底涂。将专用基层处理剂均匀涂刷在基层表面。涂刷时，按一个方向进行，厚薄均匀，不漏底、不堆积，晾放至指触不粘见图 4.4.7。

（4）弹线、试铺。在基层上按规范要求，弹出基准线，排铺卷材。

（5）粘贴大面卷材。将卷材对准基准线试铺约 5m 长，用裁纸刀将隔离纸轻轻划开，注意不要划伤卷材，将隔离纸从卷材背面缓慢撕开，同时将卷材沿基准线慢慢向前推铺。将前面试铺的约 5m 长的卷材卷回，依上述方法样粘铺在基层上。在推铺卷材时，应随时注意与基准线对齐，推铺速度不宜过快，以免出现偏差难以纠正。卷材粘贴时，卷材不得用力拉伸。粘贴后，随即用胶辊用力向前、向两侧滚压，排出空气，使卷材牢固粘贴在基层上。粘贴大面卷材时，不要将卷材背面搭接部位的隔离纸揭掉，以免污染粘结层或误粘见图 4.4.8。

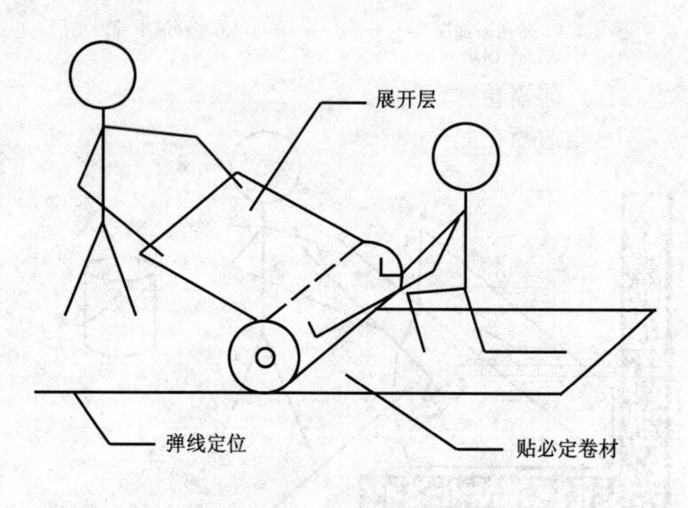

图 4.4.8 粘贴大面卷材

（6）卷材长边搭接。将下层卷材搭接部位的隔离纸揭起，将上层卷材对准搭接控制线平服粘贴在下层卷材上，胶辊用力向前、向外滚压，排出空气，粘贴牢固。搭接宽度 65mm 见图 4.4.9。

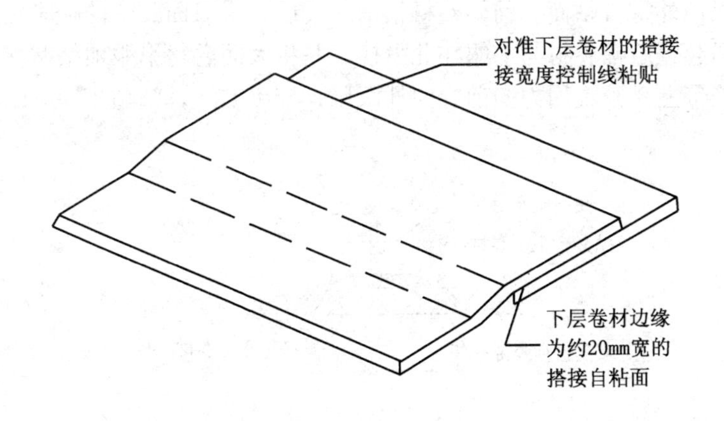

图 4.4.9　长边搭接处理

(7) Ⅰ型卷材短边搭接。在大面卷材粘铺到每卷尽头时，先在短边搭接外对中粘贴 60mm 宽双面自粘胶带，用硅油隔离纸临时保护外露自粘面。前幅卷材粘铺完成后，将双面胶带的临时隔离纸揭起，后幅卷材与前幅在此搭接 65mm，并将大面卷材平服地粘贴在双面胶带上，胶辊用力向前、向外滚压，排出空气，粘贴牢固。见图 4.4.11。

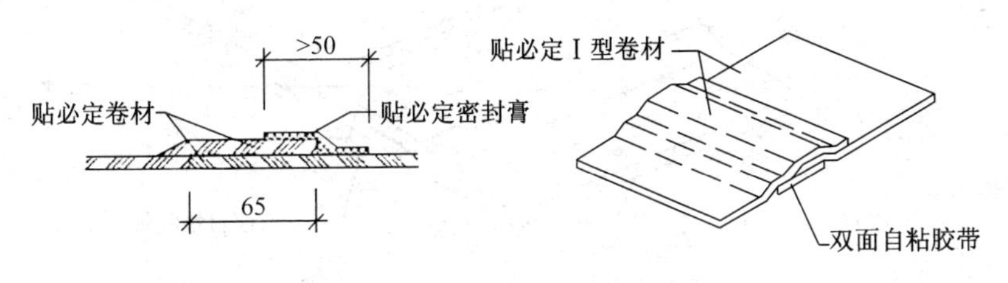

图 4.4.10　长边搭接密封　　　图 4.4.11　Ⅰ型卷材短边搭接处理

(8) Ⅱ型卷材短边搭接。在大面卷材粘铺到每卷尽头时，先在短边搭接处对中粘贴 150mm 宽Ⅱ型双面自粘胶带，用硅油隔离纸临时保护外露自粘面。前幅卷材粘铺完成后，将双面胶带的临时隔离纸揭起，后幅卷材与前幅在此平接，并将大面卷材平服地粘贴在双面胶带上，胶辊用力向前、向外滚压，排出空气，粘贴牢固见图4.4.13。

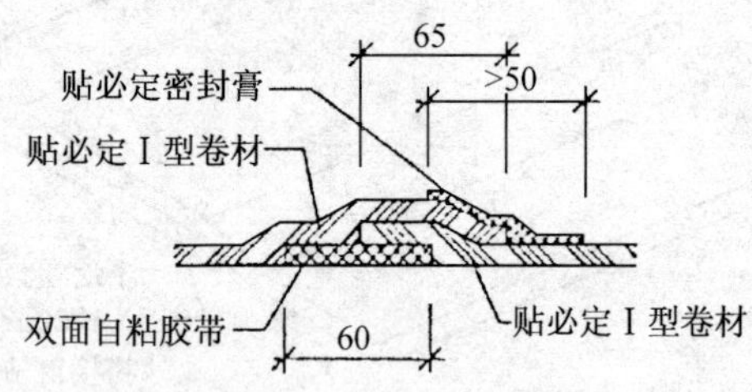

图4.4.12 Ⅰ型卷材短边搭接密封

(9) 卷材搭接密封。卷材搭接缝处用贴必定专用密封膏密封见图4.4.10，图4.4.12，图4.4.14。

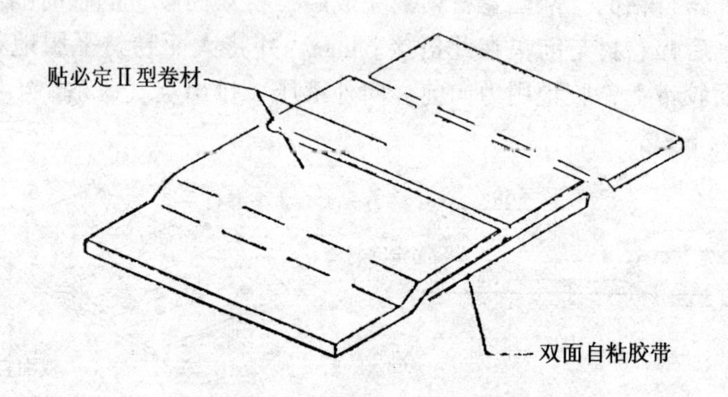

图4.4.13 Ⅱ型卷材短边搭接处理

(10) 收头固定、封闭。卷材四周末端收头伸入凹槽（深20mm

×高 40mm + 60mm 的梯形槽）内，金属压条钉牢固定，用专用密封膏密封见图 4.4.15。

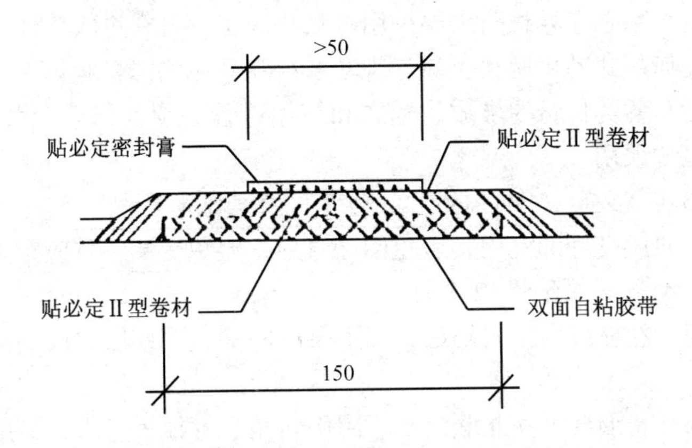

图 4.4.14　Ⅱ型卷材短边搭接密封

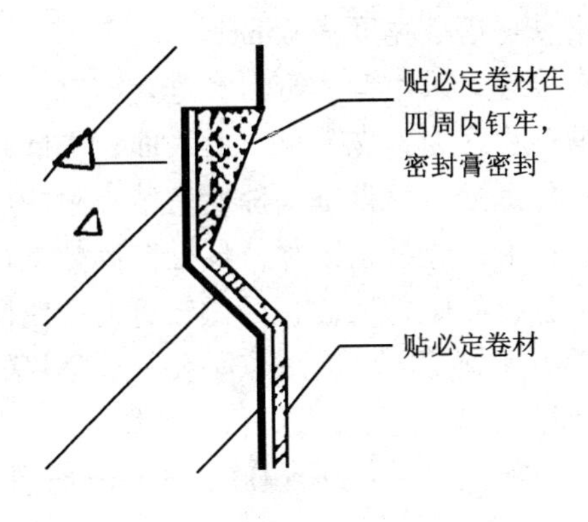

图 4.4.15　卷材收头处理

（11）蓄水试验。全面检查和修补后封堵落水口，蓄水 24h。未见渗漏方可隐蔽签证，并进入下道施工。

5. 注意事项

（1）贴必定卷材防水层采用冷粘法施工，材料进入工作面后不得以任何形式动用明火，施工现场及材料仓库均严禁吸烟。

（2）各类材料的堆放、标志和使用过程必须严格区分和控制，避免混放误用。

（3）贴必定（Bondsure）自粘卷材及其配套产品应贮存于阴凉干燥、通风良好的室内，避免阳光直射，避免受潮，且应配备必要的消防设备。贮存期 12 个月。

（4）卷材应为卧式码放，其下架空防潮，码放层次最多不超过五层。

（5）变形缝、女儿墙泛水、阴阳转角、管根、落水口等部位必须按规范、设计图纸以及防水构造图要求增加贴必定附加层。附加层宽度通常为每侧 150mm。

（6）相邻两排卷材的短边接头应相互错开 300mm 以上，以免多层接头重叠而使得卷材粘贴不平服。

（7）贴必定卷材搭接宽度为 65mm。

（8）卷材搭接缝，采用专用密封膏进行密封。

（9）卷材铺贴程序为：先节点，后大面；先低处，后高处，先高跨，后低跨；先远处，后近处。即所有节点附加层铺贴好后，方可铺贴大面卷材；大面卷材粘铺须从低处向高处进行；先做高跨部分，再做低跨部分；先做较远的，后做较近的，使操作人员不过多踩踏已完工的卷材。施工区域应采取必要的、醒目的围护措施（周围提供必要的通道），禁止无关人员行走践踏。

（10）防水面积很大，必须分阶段施工时，中间过程中临时收头很多，必须做好临时封闭。

（11）基层处理剂要用力薄涂，使其渗透到基层毛细孔中，待溶剂挥发后，基层表面形成一层很薄的薄膜牢固粘附在基层表面，不可漏涂。

(12）在施工中如卷材搭接部位受到污染，可用基层处理剂进行清洁，然后可正常使用。具体办法见后文关于基层处理剂的专项说明。

6. 验收标准

（1）卷材必须符合设计要求和规范规定。出厂合格证、现场抽样送检报告等合乎要求。

（2）防水层严禁有渗漏现象。屋面等蓄水 24h 要求不渗漏。

（3）卷材防水层及其变形缝、预埋管件等细部做法必须符合设计要求和规范规定。

（4）基层质量。基层坚固、平整，表面光滑、洁净、转角处呈钝角（边长 50mm）或圆弧（半径 50mm），基层处理剂涂刷均匀，检查隐蔽工程记录。

(5)铺贴质量。铺贴方法和塔接、收头符合设计要求、规范和防水构造图,粘结牢固紧密,接缝严密,无破损、断裂、刻痕、砂眼、异状粘结及明显的皱皮、气泡、异状起伏等缺陷。

（6）节点质量。泛水、转角、管根、落水口等特殊部位的防水层粘结牢固，封盖严密；附加层、泛水立面收头等做法符合设计和规范规定。

（7）卷材的铺贴搭接宽度允许偏差 - 10mm。

（三）主要配套系统材料简介

1. 系统产品包括：

（1）贴必定（Bondsure）自粘卷材专用基层处理剂

（2）贴必定（Bondsure）双面自粘胶带

（3）贴必定（Bondsure）自粘卷材专用密封膏

2. 贴必定（Bondsure）自粘卷材专用基层处理剂

（1）产品性能与用途：

①基层处理剂与贴必定（Bondsure）系列自粘防水卷材配套使用，可加强卷材与基层的粘结性能，以及封闭、固结基层表面。

②基层处理剂使用前，必须先清扫干净基层，去除表面浮浆、残渣、油污及灰尘。参考用量为 0.13L/M^2，视乎基层粗糙程度有

所增减。

③基层处理剂作为卷材清洁剂使用,可改盖粘污卷材的粘结性能。贴必定(Bondsure)系列自粘防水卷材表面粘染灰尘时,以干净不掉毛的毛刷沾基层处理剂涂刷擦拭,晾放约一小时后即可使用。

(2) 注意事项:

①基层处理剂为冷施工，有少量溶剂挥发，贮存及使用现场严禁烟火。

②基层处理剂在开封后应尽快用完，未用完者应立即密封，以免挥发失效。

(3) 包装储运:

①独立桶式包装，每桶 20L，通常情况下可涂刷约 140m^2。

②基层处理剂应储存在阴凉、通风的仓库内，避免阳光直射，严禁烟火。

③在未开封状态下基层处理剂可安全储存 12 个月。

④堆放不得超过四层，不宜倒置。

⑤长途运输时为保安全，以浓缩状态包装，每桶 20L。现场施工时可自行加二甲苯稀释（浓缩料:二甲苯 = 1:3），搅拌均匀。每桶浓缩料经稀释后可涂刷约 500m^2。

3. 贴必定（Bondsure）双面自粘胶带

(1) 产品性能与用途:

①双面自粘胶带即为有胎体无膜贴必定Ⅱ型自粘卷材，与贴必定（Bondsure）系列自粘防水卷材配套使用，专用于卷材搭接铺助及节点部位的附加增强处理。

②双面自粘胶带使用前，对基层的清理要求与前述贴必定(Bondsure) 系列自粘卷材相同。

(2) 注意事项:

①使用时注意事项与前述贴必定（Bondsure）系列自粘卷材相同。

②现场使用时须根据实际情况自行剪裁。

(3) 包装储运:

①宽度 1m，长度 15m，独立纸盒包装。

②双面自粘胶带应储存在阴凉、通风的仓库内，避免阳光直射，严禁烟火。

③在正常状态下双面自粘胶带可安全储存 12 个月。

④卧式码放，堆放不得超过四层。

4．贴必定（Bondsure）自粘卷材专用密封膏

（1）产品性能与用途：

①密封膏须与贴必定（Bondsure）系列自粘防水卷材配套使用，可加强卷材搭接部位及卷材收头部位的密封性能。

②贴必定（Bondsurc）系列自粘防水卷材搭接部位的外边缘应使用密封膏密封。密封宽度至少 50mm，密封层厚度 2mm。

③贴必定（Bondsure）系列自粘防水卷材收头原则上应伸入预留凹槽内贴牢，加金属压条钉牢，并使用密封膏密封卷材收头及压条与钢钉，建议密封层厚度 3mm。

（2）注意事项：

①密封膏为冷施工,有少量溶剂挥发,贮存及使用现场严禁烟火。

②密封膏在开封后应尽快用完，未用完者应立即密封，以免发挥失效。

（3）包装储运：

①独立桶式包装，每桶 20L，可密封约 200 延米的搭接缝。

②密封膏应储存在阴凉、通风的仓库内，避免阳光直射，严禁烟火。

③在未开封状态下密封膏可安全储存 12 个月。

④堆放不得超过四层，不宜倒置。

三、塑料板防水层施工

复合式衬砌是新奥法施工隧道的基本结构形式。它由一次支护、二次模注混凝土以及在一次支护与二次模注混凝土之间设塑料板防水层组成。由于塑料板防水层表面光滑，不仅起到防水作用，而且还起到减少喷射混凝土与二次衬砌模注混凝土之间约束应力的作用，能够避免模注混凝土产生裂缝。因此，此施工技术已在国内

外大量工程中得到应用。实践证明，复合式衬砌结构先进合理，防水可靠。随着“四新”技术的发展，本文在参考隧工法 90 - 06《地下工程铺设塑料防水板工法》、《铁道隧道施工规范》TBJ204 - 86 和《铁路隧道喷锚构筑法技术规则》TBJ108 - 92 的基础上，并通过北京地铁西单折返线工程、五洲大酒店地下通道工程、国家计委地下停车场工程、首钢地下廊道工程，以及京九铁路五指山隧道工程的施工经验体会所总结的一套无钉孔铺设复合式衬砌防水层施工细则，扼要介绍其工艺要点，以供有关施工人员参考。

（一）材料及工具

1．缓冲层采用厚度为 2.6 ~ 3.2mm 的无纺布，其抗张强度、伸长率、重量及渗水系数等性能指标应符合要求。

2．防水卷材采用 LDPE（低密度聚乙烯膜）、LLDPE、ECB（乙烯—醋酸乙烯与沥青共聚物）、EVA（乙烯—醋酸乙烯共聚物）等防水板，厚度宜为 1.0 ~ 1.5mm，其性能指标见表 4.4.5。

表 4.4.5　**防水卷材性能指标表**

性能指标	防水板名称							
	ECB		EVA		LLDPE		LDPE	
	纵向	横向	纵向	横向	纵向	横向	纵向	横向
比重（g/cm^3）	0.094 ± 0.05		> 0.925		> 0.925		> 0.915	
硬度（召氏）	82.4		75.6		88.8		82.4	
拉伸强度（MPa）	> 18	> 16	> 18.5	> 20.5	> 20.5	> 21.5	> 13	> 13.5
断裂伸长率（%）	> 710	> 725	> 645	> 690	> 630	> 815	> 520	> 570
直角撕裂强度（kN/m）	> 77	> 74	> 79	> 71	> 115	> 95	> 70	> 55
低温膜性温度（℃）	< - 30		< - 70		< - 76		< - 30	
收缩性（%）	< 1							
附着力（kg/25mm）	28.5							
不透水性（0.2MPa）	≥30min							

注：拉伸强度、断裂伸长测试条件为 250mm/min。

3．锚固材料包括：塑料胀管（ϕ8×35）、热融塑料垫圈（ϕ80）、钢垫圈及木螺丝钉等。

4．工具及仪器包括：水科院生产热塑自动焊接机和充气检测仪，以及冲击钻（JIEC—20型）、压焊器（220V/150W）和放大镜（放大10倍）、电烙铁、剪刀、螺刀等。

（二）基面要求

1．施工基面不能有严重漏水，如漏水严重必须经注浆封堵漏水后方可施工。

2．喷射混凝土层表面不得有锚杆头或钢筋断头外露。

3．喷射混凝土局部凹凸尺寸大于下述要求时，应进行处理。

墙：　$D/L=1/6$

拱部：$D/L=1/8$

式中　L——喷射混凝土相邻两凸面间的距离；

　　　D——喷射混凝土两凸面间凹进的深度。

4．在断面变化或转弯处的阴角，应用水泥砂浆抹成R≥15cm的圆弧；阳角抹成R≥5cm的圆弧。

（三）焊接机的操作使用及常见故障的排除

1．焊接机的操作使用。焊接前先将PE防水板欲焊部位擦拭干净，然后检查电源电压，焊接机电压（220V）符合要求时，方可给焊接机接通电。将“温度”旋钮旋至260℃，打开开关，预热升温。当红指示灯亮后，将“速度”旋钮旋至1.0m/s，打开开关，试运转；当运转正常时，关闭速度开关。此时可将防水板送入焊接机，摆正位置，用压轮压紧，随即开启“速度”开关，焊接机自动前进，开始焊接。在焊接过程中，红灯亮，应适当加快焊接速度；绿灯亮，表明焊接正常。待焊完一条焊缝后，松开压轮，关闭“温度”和“速度”开关。每焊完一个循环（8m）要清理焊接机电烙铁上的粘结物，以保证下一循环焊接质量。

2．焊接机常见故障及其排除。每次焊接工作完成后，应将焊接机擦拭干净，并对焊接机进行检查。焊接机在不正常情况下不得工作。温度指示灯不亮，可能是电源插头电线脱开，应重新接线。

焊接中间透明度不一致，有塑料本色体，可能压轮不紧，或因皮带轮长时间使用变松所致，应更换压轮旋卡片，或更换皮带轮。

（四）防水层的铺设施工

1．工艺流程见图 4.4.16。

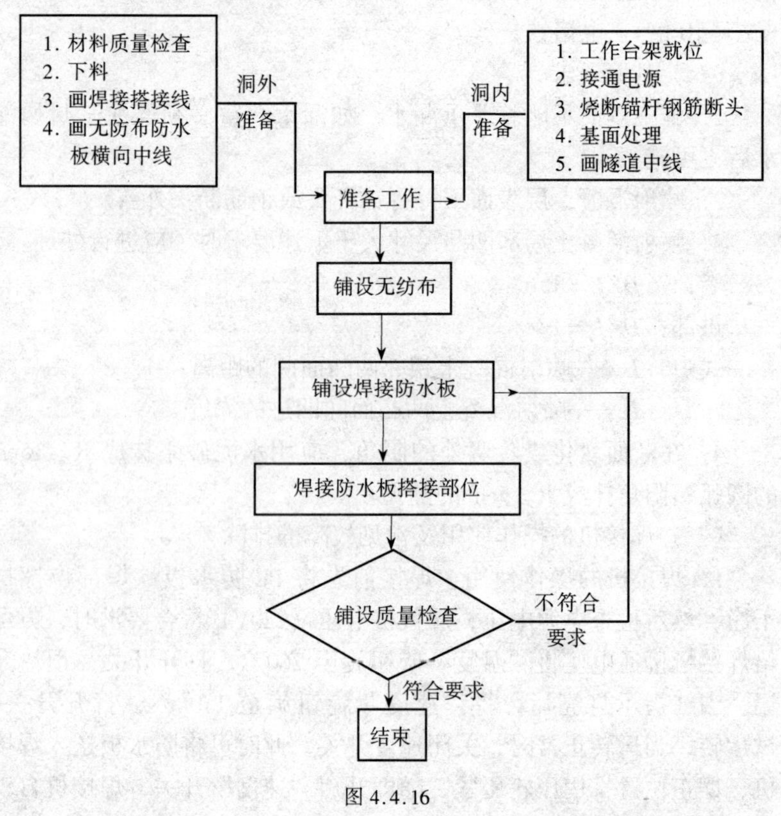

图 4.4.16

2．施工准备。为方便施工，无纺布、防水板均分拱部、边墙、底板四段铺设，按照施工断面尺寸下料。采用特种铅笔在防水板边缘离板边 10cm 处画接缝搭接线，并画出无纺布、防水板横向中线以及隧道中线。清理基面和布置工作面，铺设防水层地段距开挖工作面不应小于爆破安全距离。

3．铺设无纺布。先将无纺布横向中线同隧道中线对齐重合定位，再由拱顶向两侧墙进行铺设，最后铺设底板。

铺设时接缝搭接宽度为5cm，采用ϕ80专用塑料垫圈压在无纺布上，使用冲击钻钻孔，下塑料胀管，用木螺丝锚固，木螺钉应用螺丝刀上紧，不得用铁锤敲打，并不得超出圆垫片平面，以防止破坏防水板。

锚固点应垂直于基面，锚固点呈梅花状布置，其间距：拱部应为0.5~0.7m、边墙为1.0~1.2mm，在凹凸处应适当增加锚固点。

4．铺设防水板。先将防水板横向中线同无纺布中线对齐重合定位，再由拱顶向侧墙方向铺设，最后铺设底板。铺设时用压焊器将防水板热合于塑料垫圈上，防水板搭接宽度10cm，接缝采用热塑焊接机双焊缝焊接，焊缝宽度为1cm。

5．防水层铺设构造见图4.4.17。

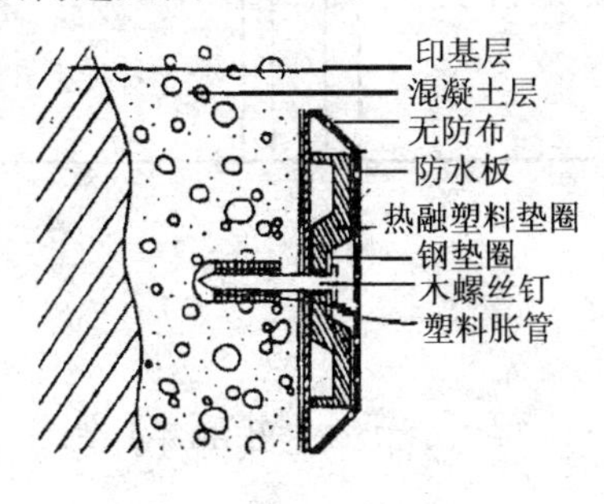

图4.4.17

6．铺设质量检查及处理。铺设后应采用放大镜观察，当两层经焊接在一起的防水板呈透明状，无气泡，即熔为一体，表明焊接严密。要确保无纺布和防水板的搭接宽度，并着重检测焊缝质量。检测内容包括：

（1）焊缝拉伸强度，应不小于防水板本身强度的70%；

（2）焊缝抗剥离强度，根据实验建议值≥7kg/cm；

（3）采用充气法检查，用5号注射用针头插入两条焊缝中间空腔，用人工气筒打气检查。当压力达到0.10~0.15MPa时，保持压力时间不少于1min，焊缝和材料都不发生破坏，表明焊接质量良好（美国 ASTM 试验方法）。

当出现图 4.4.18 所示形状焊缝，应用电烙铁做“封焊”处理。对漏焊部位用电烙铁补焊。防水板如有破损，则应用剪刀剪取小块防水板，将其放置于防水板上边，用电烙铁焊贴覆盖，并用放大镜检查焊接质量。

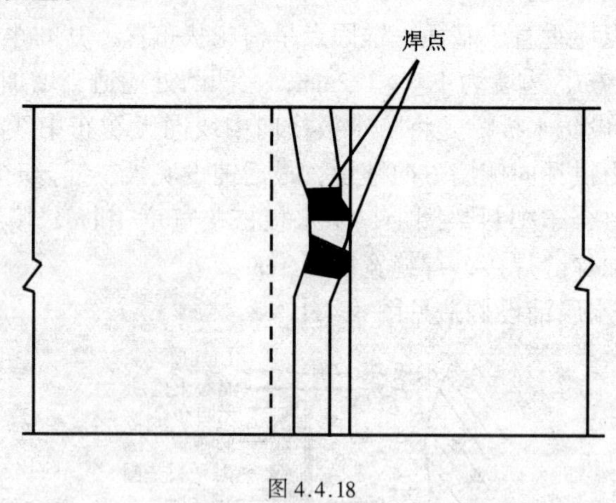

图 4.4.18

第五节　细部构造

一、细部构造在保证防水工程质量中的重要地位

地下工程的变形缝、穿墙管、埋设件、孔口、坑池等处是整个工程防水的薄弱环节，地下工程的渗漏水，除结构本身的缺陷外，大多是由于这些部位处理不当引起的，因此必须做好细部构造的设计和施工。

“变形缝”是细部构造的重点。地下工程防水混凝土结构为适应地震、温度变化及工艺的需要或适应构筑物的高低差、荷载不均等引起的沉降、伸缩，设计时就必须设置变形缝（伸缩缝、沉降缝、间隔缝等）。变形缝的合理构造形式、良好的加强材料是保证结构变形缝防水效果的重要因素。大量工程实例表明，变形缝部位是结构防水的薄弱环节。若工程设计不合理或现场施工不当，就会产生渗漏水。一旦发生渗漏，则难以修补，从而决定了变形缝部位，防水处理的复杂性和繁琐性。

二、变形缝施工缝渗漏水的原因

地下工程最令人头痛的渗漏部位是变形缝（伸缩缝、沉降缝、间隔缝等）和施工缝。

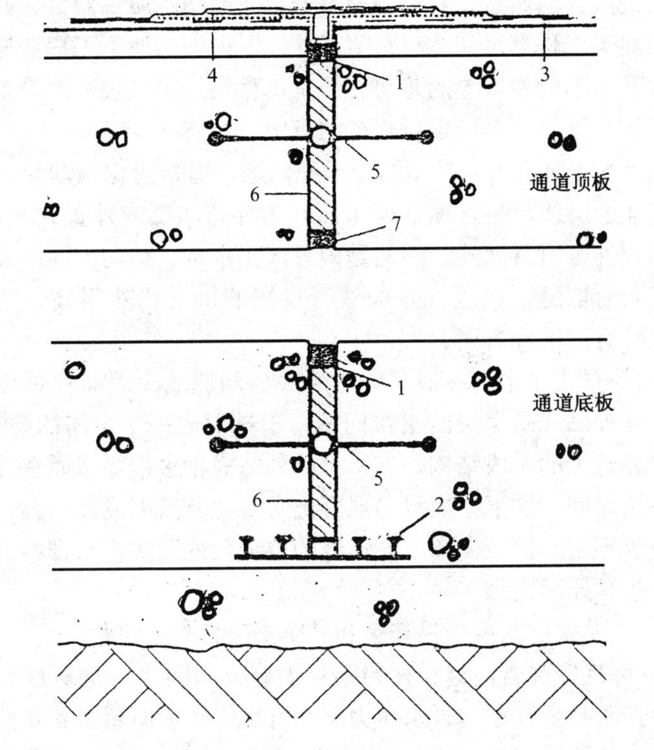

图 4.5.1 上海市地下铁道新客站站出入口变形缝

1—柔性嵌缝材料；2—外置式止水带；3—卷材防水层；4—隔离垫片；5—内置式止水带；6—变形缝垫板；7—防下垂嵌缝膏

施工缝和结构裂缝一样一旦出现渗漏，处理起来还比较容易一点。细微的结构本体裂缝一般会自愈，稍宽一点的用注浆（环氧或改性环氧）就可治理堵水。可是变形缝的渗漏就很难根治，用常见的注浆（聚氨脂）治理在短期内可以见效，但是时间久了，又故态复萌，究其原因，关键在于结构仍在温度和沉降等因素的变化下产生相对运动，浆体不能适应，所以堵水不能耐久。

变形缝渗漏不但较难治理，而且出现的频率甚高，以致有十缝九漏的说法，当然这是针对当前普遍存在的施工质量而言，并不是所有的地下工程都是如此。有鉴于此，国内外的地下工程普遍存在着减少乃至不设变形缝的趋势，但是也存在过多、过密的设置变形缝的实例，这可能是受现行规范的束缚。

图 4.5.1 所示为一典型的变形缝构造。通常为保险起见，变形缝设有 4 道防线，最外面（迎水面）为外防水层或外置式止水带，其内为弹性密封膏嵌缝，中间是内置式止水带，结构内面则又是一弹性密封膏嵌缝。设了 4 道防线，渗漏的机会仍然很高，究其原因，大致有以下几方面：

1. 外置式止水带一般只能用于底板和侧墙，因而在顶板上存在一个和外贴式防水层的搭接问题，不易形成一个封闭的防水圈。此外，先施工的一段结构，有一半的外贴式止水带要暴露在外相当长的一段时间，在下一次浇捣混凝土常发现其破损或被污染，也有位置设置不正，以致偏离了变形缝的位置。外置式止水带本身的材质不佳也是原因之一。

2. 外贴式防水层极易产生和外防水层相同的问题。

3. 弹性密封膏嵌缝，普遍不易做好，原因之一是支承面不平整，弹性密封膏在承受外水压力下无可靠的支承而超出其弹性范围而失效。此外变形缝过宽，（有达到 50mm 者）使密封膏承受水压的面积增大。原因之二是粘结面没有处理好，密封膏没有和结构的槽面很好粘结，以致可以将其从槽中拉出。至于顶板下边的密封膏根本就很难操作。

4. 内置式止水带除了存在和外置式止水带同样问题外，还有因避让钢筋而有意割断的现象，见图 4.5.2，内置式止水带在变形缝附近极有可能和钢筋相碰，比较简单的处理方法是将相碰的钢筋移到止水带范围之外，既不影响结构受力又能保全止水带。事实上有的工程中却将止水带割断来让钢筋，这种做法是错误的。

内置式止水带失效的普遍问题是止水带周围的混凝土未能振捣密实，尤其是止水带的下侧常会疏松和积聚相当多的气泡以致形成水的通路。

合理设置施工缝，除了方便施工外，对减少乃至消除结构裂缝有十分明显的因果关系，因之凡有可能，宜少设变形缝，多设施工缝。工程实例中常有将每次浇灌混凝土的工作区段划分过长，甚至在大体积（面积）混凝土施工中不设施工缝的做法，但是结果往往导致裂缝数量增加。在长条形的地下工程施工中（如地铁工程）统计数字表明凡将施工缝的间距从 15m 左右增大到 30m 左右时，其裂缝出现的概率就会增加 2 倍。上海地铁某车站的顶板施工缝间距为 30m 左右，其顶板横向减少了裂缝出现，却增加了施工缝渗漏的概率。

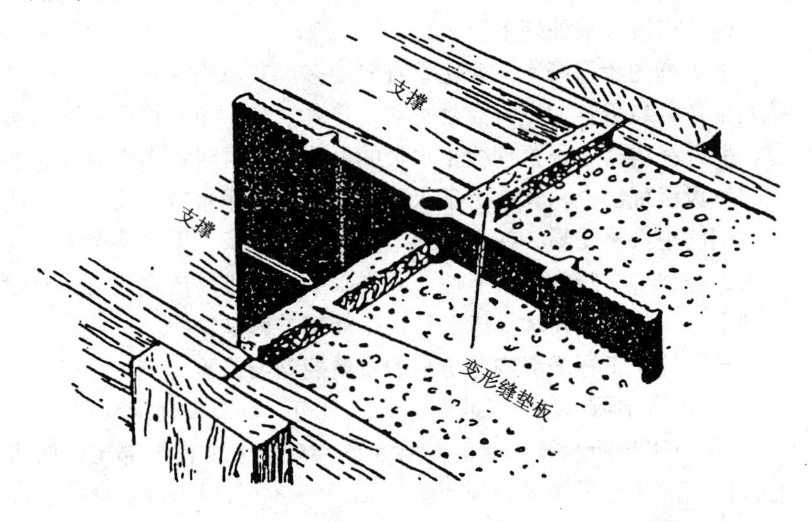

图 4.5.2 内置式止水带

施工缝的构造有简有繁，简单的施工缝构造，不设止水带（条），只要求旧混凝土表面凿毛，浇灌新混凝土前在接触面接浆。

这种做法，如果精心操作亦无渗漏之误。为了防止新老混凝土接触面处理不当而导致渗漏，于是近年来大多数的设计均在施工缝构造上引入止水带（条），希望能依靠它来防止渗漏。如用一般的止水带，它可能失效的原因和变形缝是一样的。有的设计采用内置式遇水膨胀橡胶条，甚至内外都加上弹性嵌缝。弹性嵌缝可能失效的原因前面已论述过，常见内置式遇水膨胀条往往也失效，其原因不外乎：

（1）由于遇水膨胀条没有经过缓膨胀处理，在实际操作时又甚难不受雨淋或清洗水或渗水的浸泡以致在浇捣新混凝土前就膨胀而脱出预留槽。

（2）施工缝预留槽不平整，在地下连续墙上的预留槽（人工凿出的槽）则更不易平整，致使膨胀条很难按设计位置服贴地粘附在老混凝土面上。

（3）膨胀条的断面过大，以致膨胀条刚度较大（不够柔软），不适应不太平整的基面。

（4）搭接接头处理不当。

水平缝的渗漏概率一般比垂直缝要多。其原因主要是水平缝容易积聚各种垃圾，如浇筑混凝土前不将其清理干净必将形成渗水通道。那种在内衬中设置钢板止水带的做法，更难将止水带与外衬之间的垃圾清理出去。其次由于水平缝上设置的止水带（条）在绑扎内衬钢筋中极易受损，在水平缝上设置的膨胀条，因水平缝上容易积水，增加了它膨胀的可能性。此外水平缝上极易产生漏浆而导致混凝土不够密实，在水平缝上易见露筋现象就是证明。

三、地下工程细部构造防水的质量控制与检验

1．认真学习《地下工程防水技术规范》的有关规定

《地下工程防水技术规范》第5章，对地下工程细部构造防水的材料、设计作了详细的规定。该章节有34幅图，对变形缝、施工缝等的设计均描述得较具体。

2．施工中的“过程控制”是保证质量的关键

3．地下防水工程质量验收规范对细部构造的防水材料品种、

性能、施工要求及质量检验等作了明确规定见汇总表4.5.1。

表4.5.1　　　　**细部构造防水汇总表**

细部构造名称	材料品种	材料性能规格	施工要点	质量检验
变形缝	橡胶止水带	GB18173.2—2000规定性能分B型S型J型	位置正确、固定牢靠、混凝土密实	材质、尺寸符合设计规定
施工缝	遇水膨胀胶条 遇水膨胀胶条缓膨剂	GB18173.3—2000规定性能分PN—150型、PN—220型、PN—300型 被涂材料膨胀到5%的时间≥5h	胶条粘接牢固	材质、尺寸符合设计规定 材料进场抽样试验报告
后浇带	遇水膨胀胶条 遇水膨胀胶条缓膨剂		后浇带·混凝土施工应在其两侧混凝土龄期达到42d后进行	符合设计要求、严禁渗漏水
穿墙管	1. 改性石油沥青密封材料 2. 合成高分子密封材料	分Ⅰ类Ⅱ类拉伸粘接性≥125% 分弹性体与塑性体粘接和内聚破坏面积≤25%	·穿墙管止水环和翼环应与主管连续满焊 ·密封膏密实封填	符合设计要求、严禁渗漏水
埋设件	设计要求制件		埋设件端部的混凝土厚度不得小于250mm	隐蔽工程验收重要项目

四、专业防水公司质量保证体系实例

一、某建筑防水补强有限公司建筑防水地下工程质量保证体系

(一) 公司质量保证体系简介

1. 培训体系：员工入职后的三级（三种）技术培训（分岗前培训、岗位培训、年度培训三种），并实行技术等级考试与升职升工资相挂勾，是质量保证的重要一环。

2. 专业防水设计体系：防水设计人员经仔细调查后，对每个

防水工程均实行两次专业设计，分初步设计及施工图深化设计两个阶段，必须经过核对、审核、审定三个步骤。

3．工程实施项目经理负责制，各工序的施工人员在项目经理统一指挥下，分成材料组、防水组、管理小组、安全小组等施工小组，建立协调会议制度及检查程序。

4．协调会议制度。

(1) 公司领导办公会议：

内容：①解决施工现场重大问题的决策协调；

②解决工地财务问题。

参加人员：公司有关领导项目组成员。

(2) 施工员每日例会：

内容：①现场工程进度的汇总与监控；

②施工工艺与质量监察总结；

③现场问题的汇总与解决；

④员工考勤。

参加人员：项目组成员、班组长。

时间：每日晚饭后。

(3) 甲方协调会：

内容：①协调甲方、业主对工作进度质量的监控的工作；

②协调业主工程进度的安排、准备工作；

③生活后勤问题的协调。

参加人员：甲方代表、项目负责人、施工员等。

5．质量检查程序。

班组长自检→施工员检查→质检员检查→项目经理抽查→监理人员抽查→试水检验→交工存档。

6．加强对施工员责任感的教育，施工人员必须按设计及规范要求施工，每一道工序完成后，自检认为满意合格时，再由质检员检查。最后做好资料交甲方验收。合格后，方可进行下一道防水层的施工。

7．对涂膜防水涂膜厚度检验可用针刺或切片检测。每 100m^2

防水面积不应少于一点，每项工程至少检验三点。

8．现场施工管理与班组长的收入与质量如何挂勾也是质量的保证。

9．公司无条件接受业主委托的工程监理公司、质量监督管理部门的质量检查和管理，共同把好质量关。

10．公司施工过程中所有工程记录和技术资料及各种文件均为原始验收有效文件。

11．施工验收。

（1）工程验竣工后，不得有渗漏和积水现象。

（2）防水卷材（涂料等）及主要辅助材料，必须符合实际要求的品种规格和质量标准。

（3）防水层结构，必须符合设计要求。

（4）防水卷材铺贴方向和搭接顺序，搭接宽度均符合规定，粘结点必须牢固、严密、不得有皱折，边和封口不严缺陷。

（5）各部位节点做法应符合设计要求，水落口及突出屋面设施与屋面的连接处，卷材末端收点处，须粘结牢固，密封严密。

12．防水材料生产及检验体系：对公司自行研制生产的防水材料在出厂前均预先进行检验，符合国家有关标准后方可出厂，在施工中还须进行抽检，不合格的进行更换。

管理流程图（略）

（二）特点

该公司对建筑防水地下工程质量保证体系的特点是：实行地下防水工程的两次专业防水设计。通常综合设计院只是简单提一下地下防水工程的设防要求及选用哪种材料，很少有人能设计出详细的防水工程施工图。为了保证地下防水工程的质量，该公司对承接的工程均需进行两次专业的防水设计，把地下防水工程施工中的各个防水节点施工大样图逐个设计好再交给施工部门去执行，这就从根本上保证了工程质量。在地下防水工程中，节点施工（变形缝、螺杆头、坑道等）是很重要的，而该公司正是利用了专业防水设计这一优势，来保证了地下防水工程的质量。

第五章　特殊施工法防水工程

第一节　复合式衬砌

一、基本概念

（一）适用范围

1．复合式衬砌是指外层用锚喷作初期支护，内层用模筑混凝土作二次衬砌的永久结构，两层间可根据需要设置防水层。复合式衬砌可用于各种围岩，主要用于Ⅳ类及以下软弱围岩。其经济效益显著；在浅埋或土砂、流变和膨胀性围岩中，当采取地层加固等辅助措施时，也可采用复合式衬砌。

2．锚喷衬砌是指以锚喷支护作永久衬砌的通称，包括喷混凝土衬砌、锚杆喷混凝土衬砌和锚杆钢筋网喷混凝土衬砌等。锚喷衬砌可用于地下水不发育的Ⅳ类及以上围岩的短隧道。Ⅳ类以下的软弱围岩能否采用锚喷衬砌，应通过现场试验决定。震烈度 8 度及以上地震区的隧道，一般不宜采用锚喷衬砌。

（二）设计要求

1．以往对地下结构进行设计，通常认为围岩只产生松动压力，而视衬砌为承载结构。为了更好地发挥和利用围岩的自承作用。应将围岩、支护以及衬砌视为统一的承载结构。为此，初期支护应做到及时，柔性、密贴，并能与围岩共同变形。隧道开挖后，支护承受围岩初期形变压力，二次衬砌施作后，他与支护共同承受后期围岩形变压力。

2．支护与衬砌应按破损阶段检算强度，但两者应按不同的安全度设计。初期支护变形大，允许出现不影响整体稳定的裂缝。从强度与防水要求出发，二次衬砌不允许产生有害裂缝。在流变、膨胀性围岩，或有地下水作用的环境以及根据工程要求，围岩变形未达到基本稳定前施作二次衬砌时，则二次衬砌应有更大的安全度。

3．复合式衬砌应分层施作，二次衬砌一般在初期支护变形基本稳定后施作。支护、衬砌的承载能力是相互依赖、相互影响的，初期支护过强，则二次衬砌可薄；所以，支护、衬砌的强度和刚度应综合考虑，要求安全，经济、便于施工。

4．支护、衬砌间应密贴，不留空隙。

5．支护与衬砌间宜设隔离层或低标号砂浆层，以避免由于初期支护对二次衬砌约束作用而产生裂缝。

6．为了保证复合式衬砌和锚喷衬砌设计、施工达到经济、安全的要求，施工时应做好施工监测和信息反馈。

（三）浅埋隧道

1．浅埋隧道的条件

通常在Ⅰ~Ⅳ类围岩中才考虑浅埋隧道的设计。其条件见表5.1.1。

表 5.1.1　浅埋隧道的条件

围岩类别	覆盖层厚度
Ⅳ	≤0.5~1.0B
Ⅲ	≤1.0~2.0B
Ⅱ	≤2.0~3.0B

注：1．本表适用于少水或无水情况；

2．隧道上部为两种以上岩层时应综合考虑（其覆盖层厚度不宜包括第四系地层）；

3．表中 B 为隧道洞身开挖宽度；

4．本表摘自《铁路隧道新奥法指南》。

2．浅埋隧道设计要点

（1）软岩、土砂地层浅埋隧道，围岩自承能力有限，且早期压力大、变形快，易产生坍塌。因此，应加强初期支护，尤应采用早期强度高，刚度大的初期支护，控制围岩早期变形。如加大喷混凝土厚度，采用早强喷混凝土、早强砂浆锚杆，必要时采用粗钢筋网或加设钢架支撑等。

（2）及时施作仰拱，使衬砌形成闭合结构，增加支护结构的整体稳定，有效地减少围岩变形，提高围岩稳定性。软岩浅埋隧道，仰拱距开挖面的距离不宜大于1～1.5B（隧道开挖宽度）。为使仰拱及时发挥作用，并减少对开挖、装碴运输的干扰，仰拱宜采用早强混凝土。

当采用正台阶法施工开挖上台阶时，围岩自稳性差，当加强初期支护仍不能促使围岩稳定、变形速率有增长趋势时，可在上台阶底部纵向连续或间隔地设置临时仰拱，亦可采用预制拼装式钢筋混凝土仰拱或钢架支撑喷早强混凝土仰拱。预制拼装式仰拱具有安装迅速、承载及时、拆卸方便等特点，并可多次使用，节省材料。

（3）软弱破碎围岩地段的浅埋隧道，在加强初期支护和施作仰拱后，围岩变形仍未能趋向稳定时，应提前施作二次衬砌，但不宜过大地增加二次衬砌厚度，宜采用钢筋混凝土结构，以减薄二次衬砌厚度。

（4）当开挖面围岩不稳时，可向开挖面喷3～5cm厚混凝土的临时支护，采用环形槽开挖，留核心土堆以保持开挖面的稳定，必要时可施行超前锚杆或管棚，以支护开挖面前方围岩。

（5）松散地层的浅埋隧道，可采用地表竖直砂浆锚杆，亦可从地表注浆或沿隧道开挖周边用导管超前注浆等措施加固地层，以提高地层的强度和稳定性，减少围岩变形。设计支护衬砌时，不考虑加固后地层强度的提高，只作提高安全度考虑。

二、二次衬砌

（一）二次衬砌的主要作用

1．Ⅴ类及其以上围岩

因围岩和初期支护的变形很小，且很快趋于稳定，故二次衬砌不承受围岩压力，其主要作用是防水、利于通风和修饰面层。

2．Ⅳ类围岩

虽热围岩和初期支护变形小，二次衬砌承受不大的围岩压力，但考虑运营后锚杆钢筋锈蚀、围岩松驰区逐渐压密、初期支护质量不稳定等原因，故施作二次衬砌以提高支护衬砌的安全度。

3．Ⅰ~Ⅲ类围岩

由于岩体流变、膨胀压力；地下水和列车震动等作用，或由于浅埋、偏压及施工等原因，围岩变形未趋于基本稳定而提前施作二次衬砌，此时，二次衬砌是承载结构，要承受较大的后期围岩形变压力。

（二）二次衬砌结构设计

1．基本要求

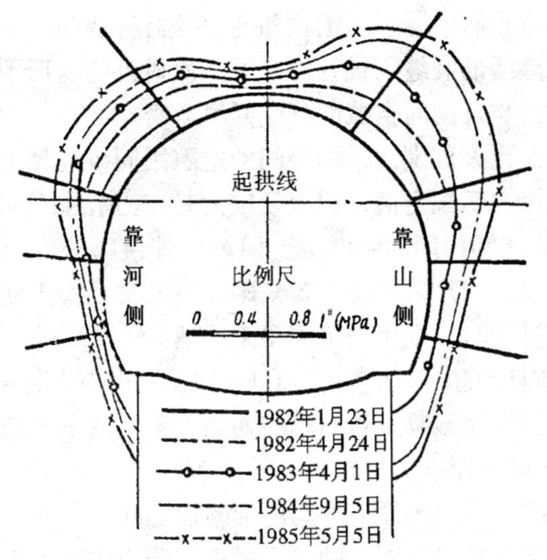

图 5.1.1 复合式衬砌围岩压力分布图

拱部：喷层与二次衬砌间

边墙：围岩与模筑衬砌间

（1）初期支护与二次衬砌之间的密贴程度，对复合式衬砌受力状态会产生影响。当支护与衬砌间有空隙，尤其拱顶灌注混凝土不密实时，会使拱部围岩压力呈马鞍形分布，即拱顶小而拱腰大，甚至在拱顶附近出现衬砌外侧受拉。

陇海线西段吴庄双线黄土隧道，锚喷初期支护厚15cm，二次衬砌厚40cm，由于施工期间拱顶发生宽4m、高1.5～2m、长近10m的坍方，在喷层与衬砌间用浆砌片石回填，因回填不密实，使拱部围岩压力形成马鞍形分布，围岩压力实测值见图5.1.1。

（2）支护与衬砌两层紧密粘结在一起时，两层间能传递径向力和切向力，可按整体结构验算。两层间设有防水层时，按组合结构验算，只传递径向力。通过模型对比试验可知，在其他条件相同情况下，两层紧密粘结在一起的复合式衬砌承载能力高于两层间有防水层者。

（3）为防止洞内漏水、钢轨和通信等器材锈蚀，二次衬砌不允许出现可能渗漏的裂缝。设计时应对二次衬砌的变形予以控制。

（4）支护与衬砌间空隙部分应回填紧密。

①超挖在允许范围内，两层间的空隙用同级混凝土回填。

②当超挖大于规定值，回填量较大时，为节省水泥，在拱脚和墙基以上1m范围内用同级混凝土回填，其余部分可根据超挖量和材料供应情况，用片石混凝土、浆砌片石或贫混凝土回填。当用混凝土泵灌筑衬砌时，则用同级混凝土回填。

若拱顶附近回填不密实，应在施作二次衬砌时预留注浆孔，向衬砌背后压注水泥砂浆，将衬砌与初期支护间的空隙填满。

2．二次衬砌厚度的拟定

二次衬砌宜采用等厚薄形马蹄形断面，在圆、弧、直线间应圆顺连接。Ⅳ类及其以上围岩的二次衬砌不受力或受力不大，根据施工和构造要求确定衬砌厚度，通常采用二次衬砌的最小厚度，单线隧道为25cm，双线隧道为30cm；Ⅰ～Ⅲ类围岩复合式衬砌按承载结构设计，为发挥围岩自承作用，允许围岩与支护衬砌有一定变形，故二次衬砌不宜太厚，单线隧道不宜大于40cm，双线隧道不宜大于45cm。

3．二次衬砌计算

由于复合式初砌分层施作，应考虑时间效应。但是，运用弹塑性理论或特征曲线法计算时，难以反映时间效应；按粘弹塑性有限元法计算时，又很复杂，且岩层物理力学参数不易准确拟定。因此，为满足设计要求，建议二次衬砌按荷载—结构模型计算。当荷载确定后，衬砌断面可按《隧规》有关规定进行验算。

根据我国复合式衬砌围岩压力现场量测数据和模型试验，并参考国内、外有关资料，建议Ⅰ~Ⅳ类围岩二次衬砌承受30%~50%的围岩压力，压力值可见表5.1.2或按现场实测值确定。

表5.1.2　　**围岩压力**（MPa）

围岩类别	围岩压力	
	单线隧道	双线隧道
Ⅳ	0.054	0.085
Ⅲ	0.09	0.14
Ⅱ	0.15	0.24
Ⅰ	0.25	0.38

4．二次衬砌施作时间的确定

(1) 二次衬砌，一般采用模筑混凝土；应在围岩和初期支护变形基本稳定后方可施作，并应具备下述条件：

①隧道周边位移速率有明显减缓趋势。

②在拱脚以上1m和边墙中部附近的位移速度小于0.1~0.2mm/d，或拱顶下沉速度小于0.07~0.15mm/d。

③施作二次衬砌前的位移值，应达到总位移值的80%~90%。

④初期支护表面裂缝不再继续发展。

⑤当采取一定措施仍难以符合上列条件时，可提前施作二次衬砌，且应予加强。

(2) 当隧道较短且围岩自稳性能好时，为减少各工序间的干扰，可在整个隧道贯通后再作二次衬砌。

5．加强二次衬砌的措施

当围岩和初期支护尚未基本稳定而提前施作的二次衬砌，或在浅埋、偏压、膨胀性围岩和不良地质地段施作的二次衬砌，均要承受较大的围岩压力，故要求采取如下措施加强二次衬砌。

(1) 改变衬砌形状，以适应外荷情况，减少衬砌弯矩，使衬砌断面基本受压。

(2) 提高混凝土标号强度等级 C30～C40，或采用钢筋混凝土、钢纤维混凝土等能提高抗弯曲强度的材料。

(3) 修建仰拱使衬砌形成封闭结构，以提高结构的整体刚度，减少围岩变形。

(4) 采用超前支护、注浆加固地层等措施，以增加岩体强度，提高围岩整体稳定性。

6．仰拱设计

Ⅰ～Ⅲ类围岩、浅埋和膨胀压力隧道应设置仰拱。为控制变形、避免墙基应力集中而尽早形成闭合结构，一般情况下，施作仰拱距开挖面的距离不宜超过 1～1.5B（隧道开挖宽度）。为减少施工仰拱对装碴运输的干扰，宜采用早强混凝土。如枫林隧道通过软弱破碎薄层页岩，有地下水，属Ⅱ类围岩，实测底压力较拱部垂直压力大 1.2 倍。为此，仰拱与拱部、边墙应按整体结构计算；加大仰拱曲率并采用钢筋混凝土仰拱，加长和加密底部锚杆等措施，借以加强仰拱。

三、二次衬砌产生裂缝的原因和防止措施

(一) 产生裂缝的原因

在混凝土或钢筋混凝土结构中，由于多种因素可能产生各种形式的裂缝，按其原因可将裂缝分为两大类：一类是由于结构物承受荷载后产生的裂缝；另一类是由于混凝土收缩、温度应力、二次衬砌受围岩和初期支护的约束作用而变形，养护和拆模不当，施工工艺及施工质量等因素影响，导致二次衬砌产生裂缝。

(二) 防止和减少二次衬砌产生有害裂缝的主要措施

1．在混凝土中加减水剂、膨胀剂或采用膨胀混凝土，加强混凝土震捣和养护，减少由于水泥水化热、混凝土收缩等原因所产生的裂缝。

2．初期支护和二次衬砌间设厚度为1～2mm聚乙烯塑料板或喷涂乳化沥青等防水隔离层，或喷涂低强度水泥砂浆层，可减少初期支护对二次衬砌的约束。

3．采用光面爆破或掘进机开挖，尽量使围岩表面平整，减少由于围岩凹凸不平而产生的应力集中。

4．采用模板台车灌筑混凝土时，台车不宜过长，一般长6～12m；混凝土灌筑速度不宜过快，否则由于混凝土沉降不均而产生裂缝；减少水灰比，提高混凝土施工质量。

5．二次衬砌中可加适量钢筋，使混凝土裂缝分散，减小裂缝宽度，把裂缝宽度控制在允许范围（约0.05mm）内。

6．二次衬砌施工宜采用先墙后拱、自下向上连续灌筑混凝土，避免施工缝。

四、防水层设计要求

（一）复合式衬砌防水措施

为保证隧道衬砌、通信信号、供电线路和轨道等设备正常使用，隧道衬砌应根据要求采取防水措施。当有地下水时，初期支护和二次衬砌之间可设置塑料板防水层或采用喷涂防水层，亦可采用防水混凝土衬砌。

防水层一般采用全断面不封闭的无压式，有特殊要求时，也可用全断面封闭的有压式。

在非电化区段的隧道，当地下水小时，可仅在拱部设置防水层。沿隧道纵向每隔10～20m设横向盲沟一道，将水引至侧沟排除。

防水层应在初期支护变形基本稳定后、二次衬砌灌筑前施作。

（二）塑料板防水层

防水层材料应选用抗渗性能好，物化性能稳定，抗腐蚀及耐久性好，并具有足够柔性、延伸率、抗拉和抗剪强度的塑料制品，目前多采用厚1～2mm聚乙烯塑料板。

采用塑料板防水层时，塑料板背后可不设排水盲沟，模筑混凝土的施工缝可不作防水处理，在二次衬砌中预设孔眼或预埋杆件时，不得损坏塑料板。塑料板用电热器焊接，搭接宽度2~3cm，并应确保焊缝质量，在铺设前对初期支护表面凹凸不平处应予找平，尽量使塑料板与基面密贴，务使达到防水的目的。

（三）喷除防水层

防水层材料可采用沥青、水泥、橡胶和合成树脂等，防水层厚2~10mm。目前多采用阳离子乳化沥青氯丁胶乳作防水层，喷层厚3~5mm。

防水层以“多层、薄喷”为宜，每次喷层厚1~3mm，两次喷涂间隔时间，一般应大于4h。要求初期支护表面大致平顺，凹凸过大处应补喷，外露的钢筋和锚杆应予处理，以免损伤防水层；防水层喷涂顺序应由下向上进行，喷嘴距初期支护面一般为50~80mm，喷涂压力宜≥0.3MPa。喷涂前应采取堵漏引流措施使基面基本干燥，方能达到防水的目的。

（四）防水混凝土

防水混凝土的抗渗能力。根据GB108－87《地下工程防水技术规范》规定不应小于0.6MPa。设计时可根据水压情况选用相应防水混凝土等级。

有关防水混凝土、施工缝、伸缩缝设置、止水带的处理及其他防排水设施，可参见第十一章办理。

五、二次衬砌质量检验

一般应进行混凝土抗压强度和衬砌厚度的检查，当有特殊要求时，还需进行混凝土的抗拉强度、弹性模量、抗冻、抗渗等试验。

（一）试块制作方法和数量

1．采用边长为15cm的立方体试块，在温度为20℃±3℃和相对湿度为90%以上的标准条件下养护28d。

2．试块数量，每工作班不少于一组；每拌制100m^{3}混凝土不少于一组；每组至少有三个试块。

3．混凝土的抗压极限强度是对养护28d的试块加载试验确定的。

（二）混凝土抗压强度的验收条件与喷射混凝土抗压强度验收条件相同。

当混凝土的试块强度不符合要求时，可以从衬砌中钻取混凝土或用非破损检验法进行检查。如仍不符合要求，应对已完成的衬砌，按实际条件验算结构的安全度，并采用必要的补强措施。

（三）二次衬砌厚度的检查

1. 在灌筑混凝土之前，对分段灌筑的中部和端部两个断面，检测衬砌厚度所需的空间（精确到1cm），测点间距2m。

2. 必要时亦可在灌筑混凝土之后，用凿孔或电测法检测。若衬砌背后设有塑料板防水层，不宜用钻孔法检查，以免钻穿防水层。

（四）开挖断面、喷层厚度、二次衬砌厚度及净空的检测

以上检测均可采用遥控、红外光自动扫描测距的“瑞士AMBERG恩柏A.MT.PROFILER2000断面仪”进行量测。其精度为5～10mm，最小有效计量单位为1mm。将搜集的资料输入台式微型电子计算机，资料成果及断面图示均可打印出来，并可按选定的比例尺绘出断面并经自动绘图仪输出；其精度高、省工、安全；能满足净空检查、锚喷、衬砌厚度等的检测要求。

第二节　喷射混凝土

一、喷射混凝土的特点

喷射混凝土是借助喷射机械，利用压缩空气或其他动力，将按一定比例配合的拌合料，通过管道输送并以高速喷射到受喷面（岩面、模板、旧建筑物）上凝结硬化而成的一种混凝土。

喷射混凝土不是依赖振动来捣实混凝土，而是在高速喷射时，由水泥与骨料的反复连续撞击而使混凝土压密，同时又可采用较小的水灰比（常为0.4～0.45），因而它具有较高的力学强度和良好的耐久性。特别是与混凝土、砖石、钢材有很高的粘结强度，可以在

结合面上传递拉应力和剪应力。喷射法施工还可在拌合料中加入各种外加剂和外掺料，大大改善喷射混凝土的性能。喷射法施工可将混凝土的运输、浇注和捣固结合为一道工序，不要或只要单面模板；可通过输料软管在高空、深坑或狭小的工作区间向任意方位施作薄壁的或复杂造型的结构，工序简单，机动灵活，具有广泛的适应性。

国内外对喷射混凝土标准化建设的加强，反映了喷射混凝土在土木建筑工程中地位的日益提高，也标志着喷射混凝土技术发展已进入新的阶段。

二、喷射混凝土的原材料及其配合比

(一) 水泥、骨料与水

1. 水泥

水泥品种和标号的选择主要应满足工程使用要求，当加入速凝剂时，还应考虑水泥与速凝剂的相容性。

喷射混凝土应优先选用不低于425号的硅酸盐水泥或普通硅酸盐水泥，因为这两种水泥的C_3S和C_3A含量较高，同速凝剂的相容性好，能速凝、快硬，后期强度也较高。矿渣硅酸盐水泥凝结硬化较慢，但对抗矿物水（硫酸盐、海水）腐蚀的性能比普通硅酸盐水泥好。

当喷射混凝土遇到含有较高可溶性硫酸盐的地层或地下水的地方，应使用抗硫酸盐类水泥。当结构物要求喷射混凝土早强时，可使用硫铝酸盐水泥或其他早强水泥。当集料与水泥中的碱可能发生反应时，应使用低碱水泥。当喷射混凝土用于耐火结构时，应使用高铝水泥，他同时对于酸性介质也有较大的抵抗能力。高铝水泥由于早期水化作用，发热较高，使用时需要采取一定的预防保护措施。

2. 骨料

砂：喷射混凝土用砂宜选择中粗砂，细度模数大于2.5。一般砂子颗粒级配应符合表5.2.1要求。砂子过细，会使干缩增大；砂子过粗，则会增加回弹。砂子中小于0.075mm的颗粒不应超过

20%，否则由于骨料周围粘有灰尘，会妨碍骨料与水泥的良好粘结。

表 5.2.1　　　　细骨料的级配限度

筛孔尺寸（mm）	通过百分数（以重量计）	筛孔尺寸（mm）	通过百分数（以重量计）
10	100	0.6	25 ~ 60
5	95 ~ 100	0.3	10 ~ 30
2.5	80 ~ 100	0.15	2 ~ 10
1.2	50 ~ 85		

表 5.2.2　　　　喷射混凝土石子级配限度

筛孔尺寸（mm）	通过每个筛子的重量百分比	
	级配 1	级配 2
20.0	—	100
15.0	100	90 ~ 100
10.0	85 ~ 100	40 ~ 70
5.0	10 ~ 30	0 ~ 15
2.5	0 ~ 10	0 ~ 5
1.2	0 ~ 5	—

石子：卵石或碎石均可，但以卵石为好。卵石对设备及管路磨蚀小，也不像碎石那样因针片状含量多而易引起管路堵塞。尽管目前国内生产的喷射机能使用最大粒径为 25mm 的骨料，但为了减少回弹，骨料的最大粒径不宜大于 20mm，粗细骨料的级配应符合表 5.2.2 的限度。骨料级配对喷射混凝土拌合料的可泵性、通过管道的流动性、在喷嘴处的水化、对受喷面的粘附以及最终产品的表观密度和经济性都有重要作用。为取得最大的表观密度，应避免使用

间断级配的骨料。经过筛选后应将所有超过尽寸的大块除掉。因为这些大块常常会引起管路堵塞。喷射混凝土需掺入速凝剂时，不得用含有活性二氧化硅的石材作粗骨料，以免碱骨料反应而使喷射混凝土开裂破坏。

水：喷射混凝土用水要求与普通混凝土相同，不得使用污水、pH 值小于 4 的酸性水、含硫酸盐量按 SO_4 计超过水重 1%的水及海水。

（二）外加剂

用于喷射混凝土的外加剂有速凝剂、引气剂、减水剂和增粘剂等。

1. 速凝剂

使用速凝剂的主要目的是使喷射混凝土速凝快硬，减少回弹损失，防止喷射混凝土因重力作用所引起的脱落，提高他在潮湿或含水岩层中使用的适应性能，以及可适当加大一次喷射厚度和缩短喷射层间的间隔时间。

喷射混凝土用的速凝剂同普通混凝土用的速凝剂在成分上有很大不同。普通混凝土常用的氯化钙不能满足喷射混凝土要求的速凝效果，而且在海水或其他硫酸盐物质浸蚀或与预应力钢筋接触的喷射混凝土中根本就不能使用氯化钙。

喷射混凝土用的速凝剂一般含有下列可溶盐：碳酸钠、铝酸钠和氢氧化钙。速凝剂一般为粉状。国内常见的速凝剂见表 5.2.3。

（1）某一品种速凝剂对某一品种水泥认为可以采纳时，应符合下列条件：

①初凝在 3min 以内；

②终凝在 12min 以内；

③8h 后的强度不小于 0.3MPa；

④极限强度（28d 强度）不应低于不加速凝剂的试件强度的 70%。

（2）速凝剂在水泥凝结硬化过程中的作用

在水泥中掺入速凝剂，遇水混合后立即水化，速凝剂的反应物

NaOH与水泥中的石膏（$CaSO_4$）生成 Na_2SO_4，使石膏失去缓凝作用：$2NaOH + CaSO_4 = Na_4SO_4 + Ca(OH)_2$

表 5.2.3　　常用速凝剂的种类

种　类	主要成分	常用掺量（占水泥重%）	生　产　单　位
红星一型	铝氧熟料 碳酸钠 生石灰	2.5~4	黑龙江鸡西水泥速凝剂厂
711型	矾土 纯碱 石灰 无水石膏	2.5~3.5	上海硅酸盐制品厂
782型	矾泥 矾土 石灰石 碳酸钠	6~7	湖南冷水江市水泥速凝剂厂
尧山型	铝矾土 土碱 石灰石	3.5	陕西蒲白矿务局水泥厂

由于溶液中石膏的浓度降低，C_3A 迅速进入溶液，析出水化物，导致水泥浆迅速凝固，水泥石形成疏松的铝酸盐结构。同时沉淀下来的铝酸盐水化物，如 $C_3A \cdot Ca(OH)_2 \cdot 12H_2O$、$C_3A \cdot CaSO_4 \cdot 12H_2O$ 的固溶体决定了水泥石结构。$NaSO_4$ 和 NaOH 也起着加速硅酸盐矿物特别是 C_3S 水化的作用。随着龄期的延长，C_3S 水化物不断地析出，填充加固疏松的铝酸盐结构；随着溶液中 $Ca(OH)_2$ 浓度逐渐增高，使 $NaSO_4$ 和 $Ca(OH)_2$ 发生可逆反应重新生成 $CaSO_4$，从而在液相中形成针状的 $C_3A.3CaSO_4.31H_2O$ 晶体，这对疏松的铝酸盐结构的加固、致密作用是有利的。

但是，掺速凝剂的喷射混凝土，后期强度往往偏低，与不掺者相比，后期强度损失可达30%。这是因为，掺速凝剂的水泥石中，先期形成了疏松的铝酸盐水化物结构，以后虽有 C_3S 和 C_2S 水化物填充加固，但已使硅酸盐颗粒分离，妨碍硅酸盐水化物在单位面积内达到最大附着和凝聚所必须的紧密接触。

速凝剂不仅加速硅酸盐矿物 C_3S、C_2S 的水化，同时也加速了 C_4AF 的水化。由于水泥中 C_4AF 的含量高达 10%以上，水化时析出的 CFH 胶体包围在 C_3S 表面，从而阻碍了 C_3S、C_2S 后期的水化。

在凝结硬化的后期，$C_3A \cdot Ca(OH)_2 \cdot 12H_2O$ 和 $C_3A \cdot CaSO_4 \cdot 12H_2O$ 因溶体的连生体被破坏成疏松的条状晶体；在水化硫铝酸盐固体表面和基质中，小颗的固相表面生成极小的针状水化硫铝酸盐晶体；基质中，早期形成的胶体填充物的结晶及次微晶的再结晶，造成了裂隙和空穴。这些内部缺陷，导致了后期强度的损失。

(3) 影响速凝剂使用效果的因素

①水泥品种。红星一型速凝剂的掺量为水泥重量的 2.5% ~ 4%时，对各厂的普通硅酸盐水泥的凝结时间都很快，即在 1 ~ 3min 内初凝，2 ~ 10min 内终凝，能满足喷射混凝土的速凝要求。红星一型速凝剂对抗硫酸盐水泥和火山灰质硅酸盐水泥的速凝效果也很显著，但对矿渣硅酸盐水泥效果较差，当掺量为水泥重量的 4%时，终凝在 10min 以上。

②速凝剂掺量。速凝剂对普通硅酸盐水泥的最佳掺量为 2.5% ~ 4%，若掺量超过 4%，凝结时间反而增长。速凝剂掺量对水泥速凝效果的影响见表 5.2.4。

表 5.2.4　　**速凝剂掺量对水泥速凝效果的影响**

掺量（占水泥重的%）	掺入方式	水灰比	室温（℃）	湿度（%）	凝结时间	
					初凝	终凝
0	干拌	0.4	23 ~ 26	75	4h51min	6h53min
2	干拌	0.4	23 ~ 26	75	1min18s	7min12s
4	干拌	0.4	23 ~ 26	75	2min12s	3min9s
6	干拌	0.4	23 ~ 26	75	2min11s	5min
8	干拌	0.4	23 ~ 26	75	2min54s	8min29s

注：速凝剂为红星一型，水泥为唐山东方红水泥厂 425 号普通硅酸盐水泥。

2. 早强剂

喷射混凝土的早强剂也不同于普通混凝土，一般同时要求速凝和早强，而且速凝效果应当与其他速凝剂相当。

TS 早强速凝剂由工业废渣加工制得，其主要化学成分是硅酸钙、铝酸钙及部分水化产物，还有少量活性物质，在硫铝酸盐水泥中掺入 6%TS 剂，既能使水泥在 5min 内初凝，8min 内终凝，而且有明显的早强作用。加入硫铝酸盐水泥中，8h 后的试件强度达 12.1MPa 见表 5.2.5。

表 5.2.5　TS 早强剂对硫铝酸盐水泥强度发展的影响

编号	水泥	气温（℃）	TS 早强剂	抗压强度（MPa）						
				1h	2h	3h	6h	8h	1d	3d
1	硫铝酸盐水泥	16	0	0	0	0	0	0.29	20.4	23.5
2	硫铝酸盐水泥	16	6%	0.196	0.39	0.59	6.2	12.1	—	24.5

3. 增粘剂

在喷射混凝土拌合料中，加入增粘剂，可明显地减少施工粉尘和回弹损失。

（1）8604 型增粘剂

8604 型增粘剂是采用两种具有粘性的工业废料经过适当处理后，配以天然粘性矿物和少量水溶性无毒有机物，经过一定的工艺配制而成。其外观为灰褐色粉末状固体，无异味，遇水后有粘性，其水溶液的 pH 值为 7，呈中性，对人体无腐蚀作用。

8604 型增粘剂具有良好的综合性能：

①掺入水泥重量 5% 的增粘剂后，水泥浆粘度显著提高见图 5.2.1，从而增加了混凝土的胶粘性。使混凝土凝结在粘稠状态下进行。能起到抑制粉尘和减少回弹的作用。喷射混凝土的回弹率降低 28% ~ 51%，喷射作业面的粉尘抑制率为 22% ~ 37%，一次喷

层厚度也有所增加。

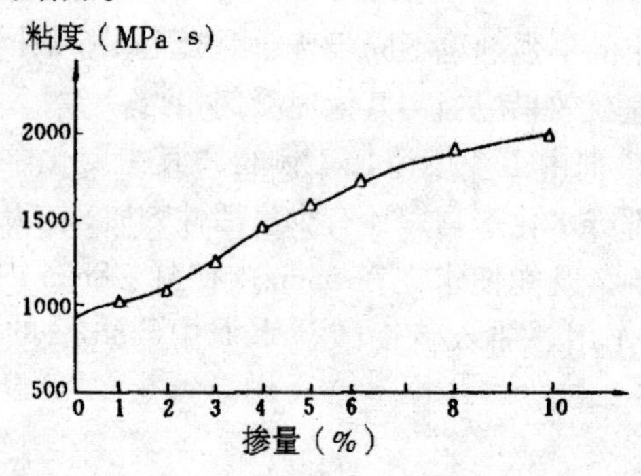

图 5.2.1 增粘剂掺量对水泥浆粘度的影响

②掺入增粘剂后，混凝土不同龄期的抗压强度有不同程度的提高。在浇注成型时，28d 龄期混凝土强度提高 3%～24%；在喷射成型时，混凝土抗压强度提高 3%～20%。

③增粘剂对钢筋无锈蚀作用，改善了混凝土的抗渗性能和收缩性能。

（2）Silipon SPR6 型增粘剂

该增粘剂由德国杜塞尔多夫 Henkel 厂生产，具有良好的减少粉尘浓度的效果。对于干法喷射在拌合料中加入水泥重量 3‰的 Silipon SPR6 型增粘剂，可以使粉尘浓度分别减少 85%（在喷嘴处加水）或 95%（骨料预湿），见图 6.2.1。因为增粘剂与水反应需要时间，所以采用骨料预湿润是很适宜的。

对于湿法喷射，在水灰比为 0.36 和 0.4 的条件下，掺入 Silipon SPR6 型增粘剂，其掺量为水泥重的 3‰，可以降低粉尘浓度 90% 以上。

Silipon SPR6 型增粘剂还可使回弹损失降低 1/4。但是必须指出，他往往使喷射混凝土的早期强度降低，8h 的抗压强度约降低 10%～20%，28d 的抗压强度约降低 15%。

4. 防水剂

喷射混凝土的高效防水剂的配制原则是减少混凝土用水量，减少或消除混凝土的收缩裂缝，增强混凝土的密实性。

采用明矾石膨胀剂、三乙醇胺和减水剂三者复合的防水剂，可使喷射混凝土抗渗等级达 P30 以上见表 5.2.6，比普通喷射混凝土提高 1 倍；抗压强度达到 40MPa，比普通喷射混凝土提高 20% ~ 80%。

表 5.2.6　　加入防水剂的喷射混凝土抗渗试验结果

编号	喷射混凝土配合比（水泥:砂:石）	水灰比	外加剂（占水泥重%）					钻取试样的抗掺等级
			明矾石膨胀剂	三乙醇胺	UNF-2	FDN-S	782 速凝剂	
1	1:2:2	0.45	20	0.05				P12
2	1:2:2	0.45	20	0.05			5	P12
3	1:2:2	0.45	20	0.05	0.3			> P30
4	1:2:2	0.45	20	0.05	0.3		5	> P30
5	12:2	0.45	20	0.05		0.3		> P30
6	1:2:2	0.45	20	0.05		0.3		> P30

5. 引气剂

对湿法喷射混凝土，可在拌合料中加入适时的引气剂。

引气剂是一种表面活性剂，通过表面活性作用，降低水溶液的表面张力，引入大量微细气泡，这些微细气泡可增大固体颗粒间的润滑作用，改善混凝土的塑性与和易性。气泡还对水转化成冰所产生的体积膨胀起缓冲作用，因而显著地提高其抗冻融性和不透水性，同时还增加一定的抵抗化学侵蚀的能力。

我国使用最普遍的引气剂是松香皂类的松香热聚物和松香酸钠，其次是合成洗涤剂类的烷基苯磺酸钠、烷基磺酸钠或洗衣粉。上述两类引气剂的技术性能基本相同，合成洗涤剂是石油化工产品，料源比较广泛。

需要指出，铝粉和双氧水（过氧化氢）与水泥作用，也能产生直径为 0.25mm 左右的气泡，但不能形成提高混凝土抗冻性的气孔体系，只能作为生产多孔混凝土的加气剂使用，不能作为湿喷混凝土的引气剂。

三、喷射混凝土的渗透性

喷射混凝土的渗透性

渗透性是水工及其他构筑物所用混凝土的重要性能。他在一定程度上对材料的抗冻性及抵抗各种大气因素及腐蚀介质影响起决定作用。

喷射混凝土的抗渗性主要取决于孔隙率和孔隙结构。喷射混凝土的水泥用量大，水灰比小，砂率高，并采用较小尺寸的粗骨料，这些基本配置特征有利于在粗骨料周边形成足够数量和良好质量的砂浆包裹层，使粗骨料彼此隔离，有助于阻隔沿粗骨料互相连通的渗水孔网；也可以减少混凝土中多余水分蒸发后形成的毛细孔渗水通路。因而国内外一般认为，喷射混凝土具有较高的抗渗性。国内某些喷射混凝土的抗渗性的实测值见表 5.2.7。由表可以看出，喷射混凝土的抗渗等级一般均在 P7 以上。表中所列抗渗性有较大的离散，这同采用在标准铁模内喷射成型试件有很大关系。若今后改用钻取芯样做抗渗试件，对于较真实地反映喷射混凝土工程的实际抗渗性，缩小抗渗指标的离散都是有利的。

应当指出，级配良好的坚硬骨料，密实度高和空隙率低均可增进材料的防渗性能。任何能造成蜂窝、回弹裹入、分层、孔隙等不良情况的喷射条件都会恶化喷射混凝土的抗渗性。

表 5.2.7　　**喷射混凝土的抗渗性**

测定单位	抗渗等级
水电部第一工程局	P8 ~ P15
水电部第十二工程局	P10 ~ P20
西北水利科学研究所	P7
冶金部建筑研究总院	P5 ~ P20
铁道部三局四处	P15 ~ P32
第十五冶金建设公司	P22
山西中条山有色公司	P10

四、喷射机具

喷射机结构见图5.2.2。

喷射机的主要类型及技术性能见表5.2.8。

表5.2.8　　国产喷射机的主要类型及技术性能

指标	喷射机类型					
	HP30－74	PZ－5B	ZP－V	ZP－VII	HPZ－308	冶建－65
生产能力（干混合料）（m³/h）	2～6	5～5.5	5～6	5～6	3～5	4
工作风压（MPa）	0.1～0.5	0.2～0.4	0.2～0.4	0.12～0.14	0.1～0.6	0.12～0.6
耗风量（m³/min）	6～10	7～8	5～8	5～8	7～10	7～8
骨料最大粒径（mm）	25	20	20	20	25	25
输料管内径（mm）	50	50	50	50	50	50
输送距离 水平（m）	250	200	200	120	200	200
输送距离 垂直（m）	100		40	50	80	70
电机功率（kW）	7.5	5.5	5.5	5.5	4	3
外形尺寸 长（mm）	1500	1520	1480	1225	1430	1600
外形尺寸 宽（mm）	1000	820	750	770	868	850
外形尺寸 高（mm）	1600	1280	1280	1170	1375	1630
重量（kg）	800	700	800	820	700	1100
研制单位	扬州机械厂	郑州康达支护技术有限公司	江西煤矿机械厂	江西煤矿机械厂	长沙建筑机械研究所	冶金部建筑研究总院

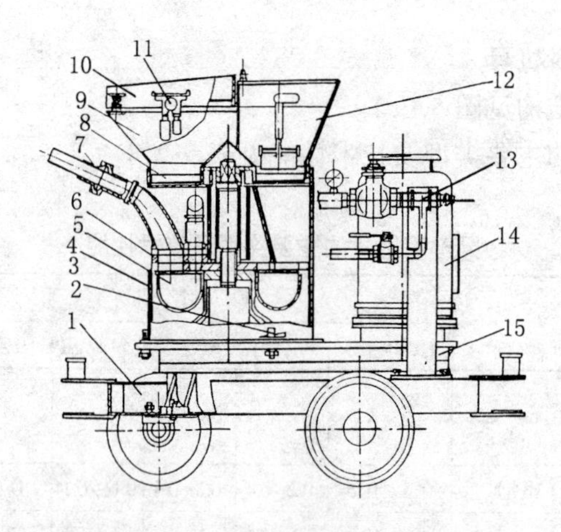

图 5.2.2 ZP－V 型喷射机结构图

1—行走机构；2—柱销；3—斜楔；4—直筒体；5—旋转体（料腔）；
6—橡胶板；7—喷射管；8—配料盘；9—料斗；10—筛网；11—振动器；
12—速凝剂添加装置；13—气路系统；14—电机；15—减速器

五、喷射混凝土的工程实例

（一）北京地铁西单车站

北京地铁西单车站位于繁华的西单路口以东 193m 处的西长安街下，地面车水马龙，地下管网密布。车站洞体通过的地层为第四纪冲洪积层，主要为粉细砾砂及可塑性粘土，部分为软塑至流塑状粘性土，潮湿至饱和状的粗中砂、圆砾砂，自稳能力差。地下水分为两层，即第一层为上层滞水，其水位一般在地面下 5～15m。第二层为潜水，位于地面以下 21～23m。该车站设计为三拱两柱双层结构，车站长 260m，最大跨度 26.14m，高 13.5m，最大开挖断面为 340m^2，车站覆盖层 6m，覆跨比 0.23，属超浅埋大跨度地下工程，图 5.2.3。该工程采用格栅——钢筋网喷射混凝土作初期支护，获得了满意的效果。

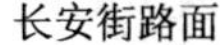

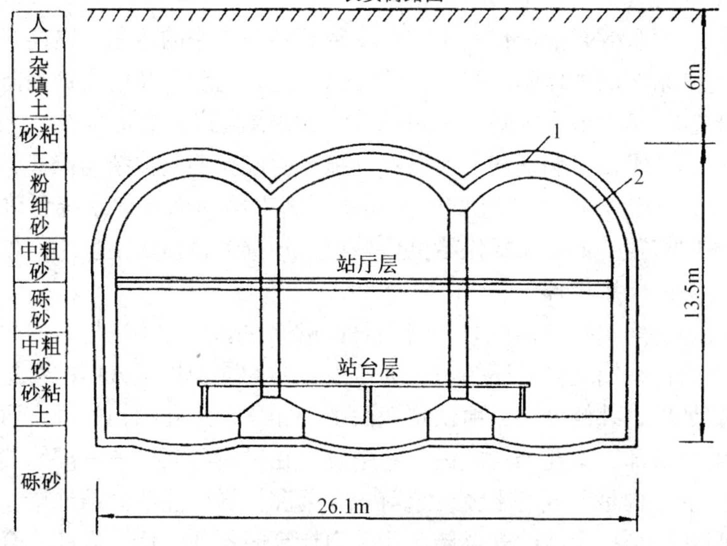

图 5.2.3　北京地铁西单车站结构示意图

1—喷射混凝土；2—混凝土衬砌

1. 初期支护的设计

西单车站的显著特点是埋深浅，覆盖薄，跨度大，土质松散、自稳能力差。设计的初期支护应能承受施工期间的全部荷载，即结构自重、竖直土压、水平土压及地面活荷载，但不考虑地下水回灌的影响及人防、地震荷载。初期支护综合体系中，应做好如下工作：

（1）检验初期支护系统的稳定性。

（2）了解施工过程中初期支护结构受力状态，评估支护效果及承载能力。

（3）监控施工馍阶段地面沉陷，验证初期支护系统刚度控制效果。

（4）了解马头门开口及两个立体交叉等重点施工部位力的平衡与转换过程，以验证调控措施、施工工艺的合理性。

最后，通过对施工过程中各分部开挖支护阶段所搜集到的量测数据处理分析，得出如下结论：

①大管棚超前护顶和小导管注浆等辅助工法的运用，提高了初期支护系统的整体刚度和土体的自稳能力，达到了超前支护和防沉目的，为确保地表沉陷量不超过30mm要求起到了重要作用。

②“眼镜”洞室和上弧拱部分施工阶段初期支护结构位移，大部分已达到分控参量的85%~95%，这表明初期支护系统允许了土体作有限变形，又提供给土体一定支护抗力，体现了初期支护刚柔并济的作用机理。

③初期支护结构应力量测表明：格栅主筋应力均在材料屈服强度以内；初期支护截面轴力均为压力；初期支护拱顶截面的弯矩为内侧受拉，外侧受压，而拱腰截面正好相反，边孔结构的最大弯矩发生在拱部，中孔结构的最大弯矩发生在拱脚截面。——配筋喷射混凝土结构是承载的主体，超前大管棚和小导管注浆固结地层仅为初期支护结构承载的安全储备，受力计算时不作考虑。因此，合理确定格栅及配筋喷射混凝土支护的各项参数，直接关系到施工阶段的结构安全和工程造价。该工程采用弹性有限元程序（ADINA程序和ND–D程序）计算初期支护强度、刚度和地表沉陷量。

(5) 初期支护的各项参数为：

①喷射混凝土：强度等级为C20，主要结构部分的厚度为30cm，各“眼镜”内侧的初期支护厚度为20cm。

②钢筋格栅：由四根ϕ22mm的主筋焊成矩形断面，其连接方式采用节点栓接，节点板有钢板及角钢两种形式，板厚不小于10mm。连接螺栓直径不小于24mm。

③钢筋格栅的纵向间距0.5~0.7m，格栅与格栅间用ø16mm钢筋连接成整体，连接钢筋环向间距为1.0m。

④锚杆：直径ϕ20~22mm，长度3m，间距1.0~1.2m，布置在边墙部位。

⑤钢筋网：直径ϕ4~6mm，编成间距为10cm的网块。

初期支护按“双眼镜法”的开挖顺序计算主要步骤的位移和内力。用ADINA程序算出的地面最大沉降为0.25mm，用NCAP–2D

程序计算出的地面最大沉陷值为 20mm，均满足地表沉陷最大不得超过 30mm 的要求。

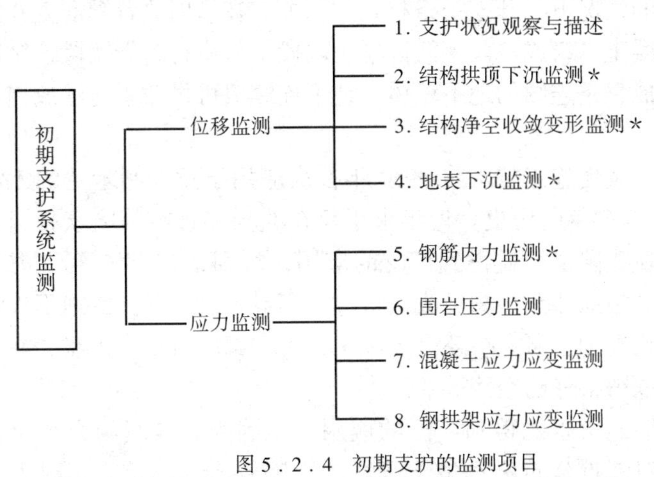

图 5.2.4 初期支护的监测项目

*:重点监测项目

2. 钢筋格栅 - 配筋喷射混凝土初期支护施工

初期支护体系是以刚度为主,刚柔结合,能够控制结构变形的钢筋格栅支撑加一定厚度的配筋喷射混凝土组成。因此对于初期支护的施工技术必须遵循短进尺、快封闭、强支护、勤量测的原则,掘进施工中的初期支护应在 2h 内完成一个工艺流程,并在 4h 内使喷射混凝土强度达到 70%的设计强度,以最大限度地控制地表下沉。

3. 初期支护监控量测与反馈

西单车站初期支护系统作为主要承载体，是站体结构的“中流砥柱”，是该工程成功建成的关键因素。为此，将初期支护作为监控量测的一个重点，其监测项目见图 5.2.4。

第三节 地下连续墙

一、概述

地下连续墙（曾又称为槽壁法）是区别于传统施工方法的一种

较为先进的地下工程结构形式和施工工艺。他是在地面上用特殊的挖槽设备，沿着深开挖工程的周边（例如地下结构物的边墙），在泥浆护壁的情况下，开挖一条狭长的深槽，在槽内放置钢筋笼并浇灌水下混凝土，筑成一段钢筋混凝土墙段。然后将若干墙段连接成整体，形成一条连续的地下墙体。地下连续墙可供截水防渗或挡土承重之用。

地下连续墙施工技术自 1950 年首次应用于意大利米兰的工程以来已有 40 多年的历史。近年来不仅在欧洲和日本等国家相当普及，而且在我国也日益得到广泛的应用，特别是在 1997 年上海试制成功了导板抓斗和多头钻成槽机等专用设备后，我国的地下连续墙技术无论在理论研究，还是在施工技术中都取得很大进步，在工程实践中取得很好的经济效益。

地下墙之所以能得到广泛的应用，是因为它具有两大突出优点，一是对邻近建筑物和地下管线的影响较小；二是施工时无噪声、无振动，属于低公害的施工方法。例如有的新建或扩建地下工程由于四周邻街或与现有建筑物紧相连接；有的工程由于地基比较松软，打桩会影响邻近建筑物的安全和产生噪声；还有的工程由于受环境条件的限制或由于水文地质和工程地质的复杂性，很难设置井点排水等。在这些场合，采用地下连续墙支护具有明显优越性。

（一）地下连续墙施工工艺与其他施工方法相比，有许多优点：

1. 适用于各地多种土质情况。目前在我国除岩溶地区和承压水头很高的砂砾层难以采用外，在其他各种土质中皆可应用地下连续墙技术。在一些复杂的条件下，他几乎成为唯一可采用的有效的施工方法。

2. 施工时振动小、噪声低，有利于城市建设中的环境保护。

3. 能在建筑物、构筑物密集地区施工。由于地下连续墙的刚度大，能承受较大的侧向压力，在基坑开挖时，变形小，周围地面的沉降少，因而不会影响或较少影响邻近的建筑物或构筑物。国外在距离已有建筑物基础几厘米处就可进行地下连续墙施工。我国的实践也已证明，距离现有建筑物基础 1m 左右就可以顺利进行施工。

4. 能兼作临时设施和永久的地下主体结构。由于地下连续墙具有强度高、刚度大的特点，不仅能用于深基础护壁的临时支护结构，而且在采取一定结构构造措施后可用作地面高层建筑基础或地下工程的部分结构。一定条件下可大幅度减少工程总造价，获得经济效益。

5. 可结合“逆作法”施工，缩短施工总工期。一种称为逆作法的新颖施工方法，是在地下室顶板完成后，同时进行多层地下室和地面高层房屋的施工。一改传统施工方法先地下后地上的施工步骤，大大压缩了施工总工期。然而，逆作法施工通常要采用地下连续墙的施工工艺和施工技术。

（二）地下连续墙施工方法也有一定的局限性和缺点

1. 对于岩溶地区含承压水头很高的砂砾层或很软的粘土（尤其当地下水位很高时），如不采用其他辅助措施，目前尚难以采用地下连续墙工法；

2. 如施工现场组织管理不善，可能会造成现场潮湿和泥泞，影响施工的条件，而且要增加对废弃泥浆的处理工作；

3. 如施工不当或土层条件特殊，容易出现不规则超挖和槽壁坍塌；

4. 现浇地下连续墙的墙面通常较粗糙，如果对墙面要求较高，墙面的平整处理增加了工期和造价；

5. 地下连续墙如仅用作施工期间的临时挡土结构，在基坑工程完成后就失去其使用价值，所以当基坑开挖不深，则不如采和用其他经济方法。

6. 需有一定数量的专用施工机具和具有一定技术水平的专业施工队伍，使该项技术推广受到一年限制。

经过多年的实践，地下连续墙已在我国得到广泛应用。如高层建筑的深大基坑、大型地下商场和地下停车场、地下铁道车站以及如地下泵站、地下变电站、地下油库等地下特殊构筑物。采用地下连续墙的基坑规模长宽已达几百米，基坑开挖深度已达 30m 以上，连续墙深度已超过50m。

（三）地下连续墙的选用：

由于通常情况下，地下连续墙的造价高于钻孔灌注桩和深层搅拌桩，因此，对其选用须经过认真的技术经济比较后才可决定采用。一般说来在以下几种情况宜采用地下连续墙：

1. 处于软弱地基的深大基坑，周围又有密集的建筑群或重要的地下管线，对基坑工程周围地面沉降和位移值有严格限制的地下工程。

2. 既作为土方开挖时的临时基坑围护结构，又可用作主体结构的一部分的地下工程。

3. 采用逆作法施工，地下连续墙同时作为挡土结构、地下室外墙、地面高层房屋基础的工程。

二、地下连续墙的施工工艺过程

（一）地下连续墙的分类

地下连续墙按其填筑的材料，分为土质墙，混凝土墙、钢筋混凝土墙（又有现浇和预制之分）和组合墙（预制钢筋混凝土墙板和现浇混凝土的组合，或预制钢筋混凝土墙板和自凝水泥膨润土泥浆的组合）；按其成墙方式，分为桩排式、壁板式、桩壁组合式；按其用途分为临时挡土墙、防渗墙、用作主体结构兼作临时挡土墙的地下连续墙、用作多边形基础兼作墙体的地下连续墙。

所谓桩排式地下连续墙，实际上就是把钻孔灌注桩并排连接所形成的地下墙。在上海地区的深基坑围护结构用得相当广泛。由于他可归类于钻孔灌注桩，此处不作讨论。

目前，我国建筑工程中应用最多的还是现浇钢筋混凝土壁板式连续墙，是本书讨论重点。壁板式地下墙既可作为临时性的挡土结构，也可兼作地下工程永久性结构的一部分。其构造型式又可分为四种，见图5.3.1。其中分离式、整体式、重壁式均是基坑开挖以后再浇筑一层内衬而成，内衬厚度可取20~40cm。

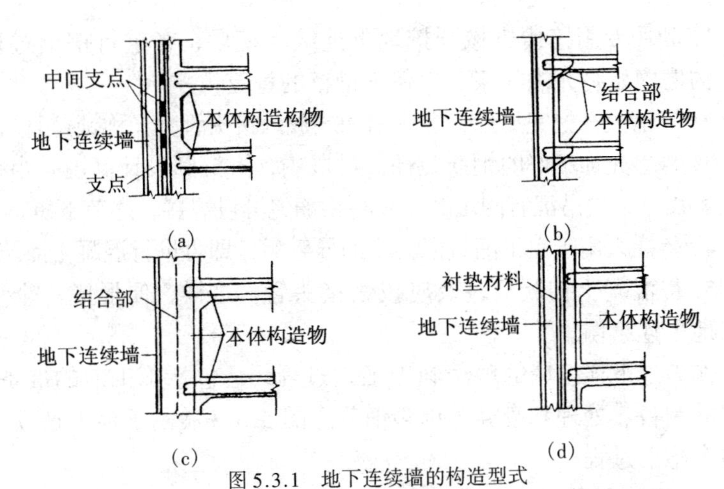

图 5.3.1 地下连续墙的构造型式

(a) 分离壁方式；(b) 单独壁方式；(c) 整体壁方式；(d) 重壁方式

（二）地下连续墙施工方法

地下连续墙采用逐段施工方法，且周而复始地进行。每段的施工过程，大致可分为五步见图 5.3.2。

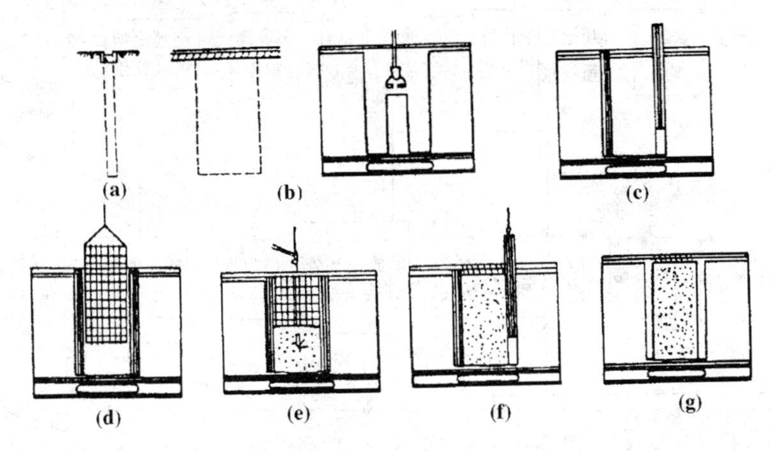

图 5.3.2 地下连续墙施工程序图

(a) 准备开挖的地下连续墙沟槽；(b) 用专用机械进行沟槽开挖；(c) 安放接头管；(d) 安放钢筋笼；(e) 水下混凝土灌筑；(f) 拔除接头管；(g) 已完工的槽段

1. 利用专用挖槽机械开挖地下连续墙槽段，在进行挖槽过程中，沟槽内始终充满泥浆，以保证槽壁的稳定；

2. 当槽段开挖完成后，在沟槽两端放入接头管（又称锁口管）；

3. 将事先加工好的钢筋笼插入槽段内，下沉到设计高度。当钢筋笼太长，一次吊沉有困难时，须将钢筋笼分段焊接，逐节下沉；

4. 待插入用于水下灌筑混凝土的导管后，即可进行混凝土灌筑；

5. 待混凝土初凝后，及时拔去接头管。这样，便形成一个单元的地下连续墙。

作为地下连续墙的整个施工工艺过程，还包括施工前的准备，泥浆的制备、处理和废弃等许多细节。图 5.3.3 展示了地下连续墙的整个施工过程。

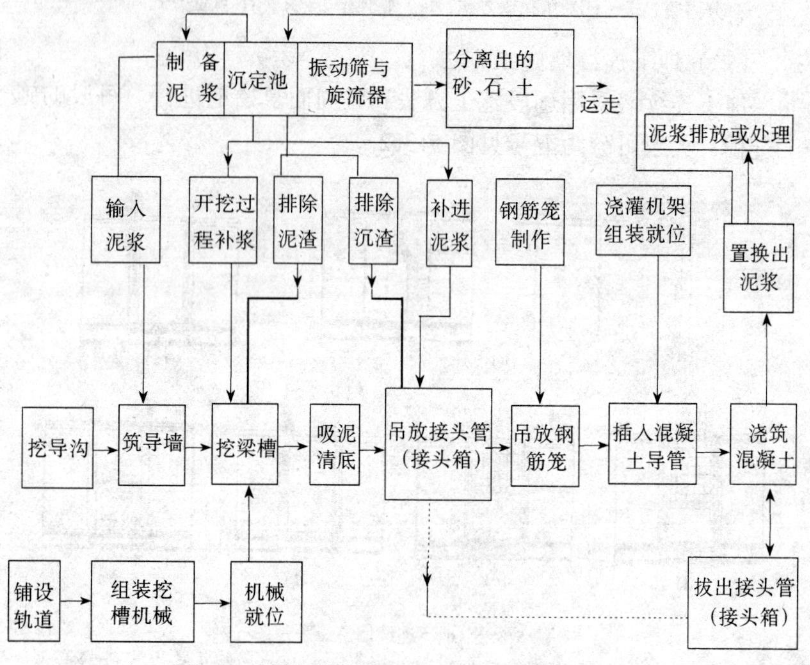

图 5.3.3 现浇钢筋混凝土地下连续墙的施工工艺过程

其中修筑导墙、泥浆制备与处理、深槽挖掘、钢筋笼制备与吊装以及混凝土浇筑是地下连续墙施工中主要的工序。

三、防水技术与工程质量检验

地下连续墙法施工地下结构的防水可划分为两部分：

第一部分为连续墙体及其接缝的防水，其内容包括混凝土的自防水性能、接缝防水的构造形式和施工工艺；

第二部分为后浇筑结构的防水，包括构造节点防水做法，施工缝、变形缝、诱导缝的防水处理，附加防水层，底板渗排水层等防水施工。

第一部分的防水处理，经过多年实践，经验已趋成熟。第二部分后浇筑结构，由于构造的多样性，其防水效果较难达理想状态，仍处于不断实践和提高过程见表5.3.1。

表5.3.1　　地下连续墙防水工程质量检验

检验项目	检验方法
主控项目－1. 防水混凝土所用原材料、配合比以及其他防水材料必须符合设计要求和本规范规定	检查出厂合格证、质量检验报告、配合比和现场抽样试验报告
主控项目－2. 地下连续墙混凝土抗压强度和抗渗压力必须符合设计要求和本规范规定	检查混凝土抗压、抗渗试验报告
一般项目－1. 地下连续墙的槽段接缝以及墙体与内衬结构接缝应符合设计要求	观察检查和检查隐蔽工程验收记录
一般项目－2. 地下连续墙墙面的露筋部分应小于1%墙面面积，且不得有露石和夹泥现象	观察检查
一般项目－3. 地下连续墙墙体结构平整度允许编差： ·临时支护墙体为50mm ·单一或复合墙体为30mm	尺量检查

第四节　盾构法隧道

一、盾构法基本概念

盾构法是在地面下暗挖隧道的一种施工方法。当代城市建筑、公用设施和各种交通日益繁杂，市区明挖隧道施工，对城市生活的干扰问题日趋严重，特别在市区中心遇到隧道埋深较大，地质复杂的情况，若用明挖法建造隧道则很难实现。在这种条件下采用盾构法对城市地下铁道、上下水道、电力通讯、市政公用设施等各种隧道建设具有明显优点。此外，在建造穿越水域、沼泽地和山地的公路和铁路隧道或水工隧道中，盾构法也往往因它在特定条件下的经济合理性而得到采用。

盾构法施工的概貌见图 5.4.1。

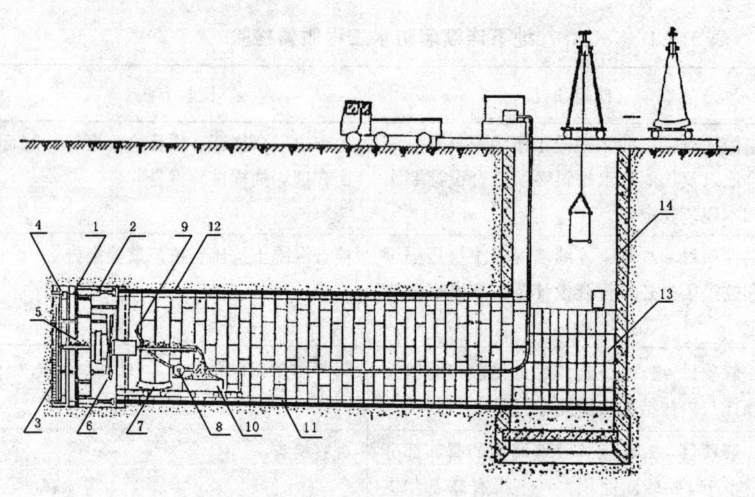

图 5.4.1　盾构法施工概貌

1—盾构；2—盾构千斤顶；3—盾构正面网格；4—出土转盘；5—出土皮带运输机；6—管片拼装机；7—管片；8—压浆泵；9—压浆孔；10—出土机；11—由管片组成的隧道衬砌结构；12—在盾尾空隙中的压浆；13—后盾管片；14—竖井

构成盾构法的主要内容是：先在隧道某段的一端建造竖井或基坑，以供盾构安装就位。盾构从竖井或基坑的墙壁开孔处出发，在地层中沿着设计轴线，向另一竖井或基坑的设计孔洞推进。盾构推进中所受到的地层阻力，通过盾构千斤顶传至盾构尾部已拼装的预制隧道衬砌结构，再传到竖井或基坑的后靠壁上。盾构是这种施工方法中最主要的独特的施工机具。它是一个能支承地层压力而又能在地层中推进的圆形或矩形或马蹄形等特殊形状的钢筒结构，在钢筒的前面设置各种类型的支撑和开挖土体的装置，在钢筒中段周圈内面安装顶进所需的千斤顶，钢筒尾部是具有一定空间的壳体，在盾尾内可以拼装一至二环预制的隧道衬砌环。盾构每推进一环距离，就在盾尾支护下拼装一环衬砌，并及时向紧靠盾尾后面的开挖坑道周边与衬砌环外周之间的空隙中压注足够的浆体，以防止隧道及地面下沉。在盾构推进过程中不断从开挖面排出适量的土方。

使用盾构法，往往需要根据穿越土层的工程水文地质特点辅以其他施工技术措施。主要有：

1. 疏干掘进土层中地下水的措施；
2. 稳定地层、防止隧道及地面沉陷的土壤加固措施；
3. 隧道衬砌的防水堵漏技术；
4. 配合施工的监测技术；
5. 气压施工中的劳动防护措施；
6. 开挖土方的运输及处理方法等。

二、上海地铁隧道盾构法施工的质量标准和质量控制实例

质量标准

1. 钢筋混凝土管片的质量标准

(1) 隧道管片的使用环境是常年被掩没在含水饱和的软土地质环境中；

(2) 要满足在盾构拼装推进过程中的质量要求；

(3) 要满足地铁机车运营时的荷载要求；

(4) 要防止地下的水土侵入；

(5) 要有可靠的耐久性。

其管片外观：混凝土面外光内实，不得有裂缝、色差均匀或缺棱掉角。

外形尺寸允差：宽度：±0.5mm

厚度：+3mm，-2mm

螺孔间距：1mm

混凝土保护层厚度：≮50mm

管片成品抗渗：不大于厚度1/5高度/0.6MPa.2h。

2. 管片钢模的质量标准：

钢筋混凝土管片生产采用混凝土入模后使用插入式振动棒振动混凝土的方式，钢模用钢板电焊焊接，弧形板环面，端板板面分别用刨床及立车进行精加工。要求使用500次还能满足钢筋混凝土管片的外形尺寸精度。其加工制作精度：

内净宽度：±0.4mm，（+0.2mm，-0.4mm）

底座夹角（端面板夹角）：±60°

外弦长：±0.5mm

环、纵向芯棒中心距小于0.5mm

内腔高度（管片厚度）：±1mm

管片三环水平拼装在满足内径φ5500mm±2mm条件下：

环缝间隙小于1.4mm

纵缝间隙小于2.0mm

3. 隧道施工的质量标准：

地铁隧道工程大部分穿越在市街坊的建筑群及城市道路之下，地层中有纵横交叉的地下管线，为使盾构推进施工中不影响或少影响临近建筑物及地下管线（煤气、上、下水管道、电讯）的正常使用。设定了环境保护标准及隧道质量标准：

地表沉降及隆量为：-30mm，+20mm

隧道轴线平面高程偏差允许值：±100mm

（施工阶段控制在：±50mm）

隧道管片内径水平与垂直直径之差值：25mm

拱底块定位偏差：3mm

管片相邻环高差：≤4mm

防水标准：不允许有滴漏、线漏

渗水量：$<0.1kg/m^2.d$

$<20L/100m^2.d$

三、管片生产质量控制的方法和手段

为确保地铁隧道的工程质量，对钢筋混凝土管片生产和隧道施工的质量，都实行了社会监理制度，向政府质量监督部门申请质量报监，按照“企业自控，社会监理、政府监督”实施管理。

（一）钢模制作的质量控制

钢模实行三阶段验收制度

1. 出厂验收

钢模按设计图制作完成后，在制作厂内由厂家、业主、设计单位、监理人员及以后钢模使用方，共同进行出厂之前的验收，主要检验制作加工质量：焊接质量、精加工质量、使用功能及宽度、外弦长、环纵向芯棒中心距、内腔高度。

2. 三环水平试拼装验收

钢模经过钢筋混凝土管片三环试生产后，在专用平台上进行三环水平拼装。对圆环直径、环、纵缝缝隙进行检验及检验管片脱模情况。通过验收后，管片厂即可投入正式生产，钢模制作厂要对钢模进行100环生产的跟踪维修保养。

3. 三环试生产质量评估资料

（1）目的

①检验管片钢模的制作质量。

②检验管片生产制作质量及生产认可。

（2）质量保证资料

①管片生产工艺流程及工艺线布置，需经地铁总公司总师办、质安处认可。

②质量保证体系（网络图）及管理制度。

③地铁管片设计图纸及交底文件。

④原材料及半成品出厂质保单（包括钢筋、水泥、外加剂、粉

煤灰、砂石、脱模剂)。

⑤原材料取样复测报告(同上)。

⑥混凝土配合比。

⑦混凝土搅拌称量记录及检验记录。

⑧隐蔽工程验收单(钢筋验收在三环试拼装中由设计单位签证)。

⑨钢模合格证及复测记录。

⑩管片混凝土试块抗压、抗渗强度报告。

⑪管片单片抗渗试验。

⑫管片养护(蒸气、水养)记录。

⑬管片质量自检评定表。

⑭三环混凝土管片试拼装检测表。

⑮试生产施工技术总结。

4. 管片生产100环后第二次三环水平拼装验收

主要检验钢模变形情况及耐久性。待验收通过后钢模制作厂对钢模的维修保养可终止。

第二次三环水平拼装验收通过后,进入钢筋混凝土管片的正常生产,以后每生产100环都进行一次三环水平拼装的检验。

(二)钢筋混凝土管片的质量控制

1. 首先对投标的混凝土构件厂进行资质的审核认定

(1)具有市一级混凝土预制构件的生产资质及年检许可证。

(2)具有市二级以上的土建试验室资质证明。

(3)具有市二级以上的计量资质证书。

(4)完善的质量保证体系及制度。

(5)企业生产业绩。

2. 生产条件(硬件设施)的配置要求

(1)具备能抗风雨能力,满足生产能力的管片生产车间。

(2)能满足大于7天生产管片容量的水养护池。

(3)有资质的混凝土拌台。

(4)原材料硬地分仓堆放场地。

(5) 能满足储存600环管片成品的硬地堆放场地。

(6) 能满足混凝土管片蒸气养护的设施。

(7) 能满足生产用的起重，运输条件。

(8) 能遮风雨的管片抗渗检漏棚。

(9) 管片脱模架。

(10) 平整度 < 0.25mm 的钢筋混凝土管片整环水平拼装平台。

3. 其他

要求原材料采购能定点、定厂、定品牌的合格产品。

四、盾构法隧道的质量控制

盾构法隧道施工质量控制要素：

1. 主要施工机具设备的静、动态检验、验收。
2. 对盾构进出洞口，穿越重要地下管道线的专项施工方案审定。
3. 人员培训、持证上岗。
4. 对各种原材料、半成品、成品检验合格后使用。
5. 施工推进100m作质量认定。

由于地铁工程是一个新兴行业，在尚无国家、地方、行业标准的依据下，上海地铁总公司在一号线工程中，作了尝试，部分标准、指标还需在不断实践中作出更符合上海环境的调整。希望本文在国家建设部制订盾构法建造隧道标准时，能作出贡献。

五、盾构法隧道工程质量检验

盾构法隧道工程质量检验见表5.4.1。

在规范编制和征求意见过程中，对盾构法隧道工程质量检验，引以关注的是5.4.5条。即“钢筋混凝土管片同一配合比每生产5环应制作抗压强度试块一组，每10环制作抗渗试件一组；管片每生产一环应抽查一块做检漏测试，检验方法按设计抗渗压力保持时间不小于2h，渗水深度不超过管片厚度的1/5为合格。若检验管片中有25%不合格时，应按当天生产管片逐块检漏。”

表 5.4.1　　盾构法隧道工程质量检验一览表

检验项目	检验方法
主控项目－1. 盾构法隧道采用防水材料的品种、规格、材质必须符合设计要求和本规范规定	·检验出厂合格证、质量检验报告 ·现场抽样试验报告
主控项目－2. 钢筋混凝土管片的抗压强度和抗渗压力必须符合设计要求	·检查混凝土抗压、抗渗试验报告 ·单块管片检漏测试报告
一般项目－1. 隧道的渗漏水量应控制在设计的防水等级要求范围内。衬砌接缝不得有线流和漏泥砂现象	·观察检查 ·渗漏水量测
一般项目－2. 管片拼接接缝防水应符合设计要求和本规范规定	·检查隐蔽工程验收记录
一般项目－3. 环向及纵向螺栓应全部穿进并拧紧，衬砌内表面的外露铁件防腐处理应符合设计要求	·观察检查

这一较为严格的检验规定，在编制本规范时，系引用《地下铁道工程施工及验收规范》GB50299－1999“8.11 钢筋混凝土管片制作”一节。

目前执行这一检验条款的“焦点”是：

1. 随着各城市盾构工程的扩展，业主持有管片集中生产的趋势。在一个大批量生产管片的工厂内，必须增添多台管片检漏设备。承包商在实施过程中有困难；工程监理坚持按“国家规范”行事；形成一对“难以协调的矛盾”。

2. 从国家质量检验部门的“执法”角度，存在一个“宽”与“严”如何才算适度的问题。在怎样的具体指标算合理，也就是“技术立法”的合理性，难确立一个诸多方面都能统一的“合理数值”。

本规范的编制，仅做到这一条款不列入“强制性条文”。期望在这一领域，尽早完成“过程控制”的“钢筋混凝土管片生产施工指南”。

第六章　排水工程

第一节　概述及相关规范标准

本书的“排水工程”是专指工业与民用建筑地下室、隧道、坑道的构造排水，即指设计采用各种排水措施，使地下水能顺着预设的各种管沟被排到工程外，以降低地下水位，减少地下工程中的渗漏水。

关于排水坡度、水流速度的设计，可参照下列相关的规范：

1.《室外排水设计规范》

2.《国防工程设计规范》

3.《铁路隧道设计规范》TB10003－99

第二节　工业与民用建筑地下室

排水法是用疏导的方法将地下水有组织地经过排水系统排走，以削弱水对地下结构的压力，减小水对结构的渗透作用，从而辅助地下工程达到防水目的。

对于重要的、防水要求较高的大型工业与民用建筑的地下工程，在制定防水方案时，可以结合排水法一并考虑。

一、渗排水

适用于地下水为上层滞水且防水要求较高的地下建筑。

(一) 材料要求

1. 砂、石必须洁净，含泥量不应大于2%；

2. 地下水中游离碳酸含量过大时，不得采用碳酸钙石料；

3. 石料粒径分别为5～15mm及20～40mm；

4. 砂宜选用中粗砂。

（二）构造与排水系统

1. 构造

（1）砂滤水层：选用粗砂；

（2）碎石或砾石渗水层：粒径 20～40mm；

（3）渗排水管：一般为 150～250mm 的铸铁管、硬塑料管或钢筋混凝土管；

（4）隔浆层：为 1∶3 水泥砂浆；

（5）渗排水墙；

（6）渗排水沟；

（7）保护墙；

（8）混凝土散水坡。

渗排水构造见图 6.2.1。

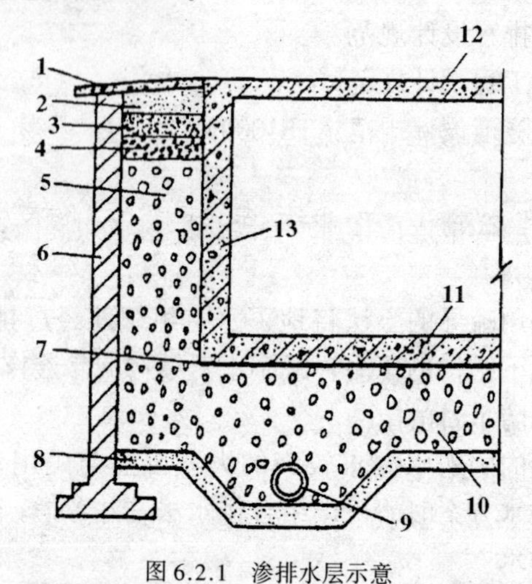

图 6.2.1 渗排水层示意

1—混凝土保护层；2—300 厚细砂层；3—300 厚粗砂层；4—300 厚小砾石或碎石；5—渗排水墙石子滤水层；6—保护墙；7—隔浆层；8—砂滤水层；9—渗排水管；10—渗排水层石子滤水层；11—防水结构底板；12—防水结构顶板；13—防水结构侧壁

2. 排水系统

（1）渗排水层系统　即基底下满铺砾石渗水层，渗水层下按一定间距设置渗水沟，沟内安设渗排水管，沿基底外围有渗水墙，地下水经过渗水墙、渗排水层流入渗水沟，进入渗排水管，沿管流入集水井，而后汇集于吸水泵房排出。

（2）渗排水沟系统　基底下每隔 20m 左右设置渗水沟，与基底四周的渗水墙或渗排水沟相连通，形成外部渗排水系统。地下水从易透水的砂质土层中流入渗排水沟，经由渗排水管流人与其相连的若干集水井，而后汇集于吸水泵房排出。

（三）施工

1. 基坑挖土，应依据结构底面积、渗水墙和保护墙的厚度以及施工工作面，综合考虑确定基坑挖土面积。

2. 按放线尺寸砌筑结构周围的保护墙。

3. 凡与基坑土层接触处，宜用 5～15mm 的豆石或粗砂作滤水层，其总厚度一般为 100～150mm。

4. 沿渗水沟安放渗排水管，管与管相互对接之处应留出 10～15mm 的间隙（打孔管或无孔管均如此），在做渗排水层时将管埋实固定。渗排水管的坡度应不小于 1%，严禁出现倒流现象。

5. 分层铺设渗排水层（即 20～40mm 碎石层）至结构底面。渗排水层总厚度一般不小于 300mm，分层铺设每层厚度不应大于 300mm。

渗排水层施工时每层应轻振压实，要求分层厚度及密实度均匀一致，与基坑周围土接触处，均应设粗砂滤水层。

6. 铺抹隔浆层，以防结构底板混凝土在浇筑时，水泥砂浆填入渗排水层而降低结构底板混凝土质量和影响渗排水层的水流畅通。

隔浆层可铺油毡或抹 30～50mm 厚的 1∶3 水泥砂浆。水泥砂浆应控制拌合水量，砂浆不要太稀，铺设时可抹实压平，但不要使用振动器。隔浆层可铺抹至保护墙边。

7. 隔浆层养护凝固后，即可施工需防水结构，此时应注意不要破坏隔浆层，也不要扰动已做好的渗排水层。

8. 结构墙体外侧模板拆除后，将结构至保护墙之间（即渗水墙部分）的隔浆层除净，再分层施工渗水墙部分的排水层和砂滤水层。

9. 最后施工渗水墙顶部的混凝土保护层或混凝土散水坡。散水坡应超过渗排水层外缘不小于400mm。

二、盲沟排水

盲沟排水尽可能利用自流排水条件，使水排走；当不具备自流排水条件时，水可经管道流于集水井，以水泵抽水排走或流入雨水管。

盲沟排水适用于地基为弱透水性土层、地下水量不大、排水面积较小、常年地下水位在地下建筑底板以下或在丰水期地下水位高于地下建筑底板的地下防水工程。

盲沟排水可以降低地表渗透水和地下水对基础、地下室或地下构筑物的侵蚀，对基础的坚固、稳定，以及地下室或地下构筑物的正常使用，起到有利作用。

盲沟构造有埋管盲沟和无管盲沟。

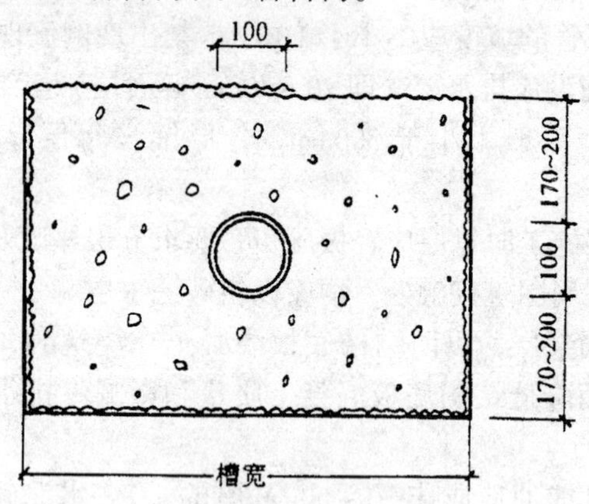

图6.2.2　有管盲沟剖面示意

（一）埋管盲沟

1. 材料

（1）滤水层选用 10～30mm 的洗净碎石（或卵石）；

（2）分隔层选用玻璃丝布，规格长 250cm，幅宽 90cm；

（3）排水管选用内径为 100mm 的硬塑料管，壁厚 6mm。跌落井用无孔管；盲沟用有孔管，沿管周六等分，间隔 150mm 打 φ12 孔眼，隔行交错。

（4）管材零件为弯头、三通、四通等。

2. 构造形式

排水管放置在石子滤水层中央，石子滤水层周边包裹玻璃丝布见图 6.2.2；基底标高相差较大时，上、下层盲沟以跌落井连系。

3. 施工

（1）在基底上按盲沟位置、尺寸放线，然后回填土，盲沟底回填灰土，盲沟壁两侧回填素土至沟顶标高；沟底填灰土应找好坡度；

（2）按盲沟宽度对回填土切磋，按盲沟尺寸成型，并沿盲沟壁底铺设玻璃丝布。玻璃丝布在两侧沟壁上口留置长度应根据盲沟宽度尺寸并考虑相互搭接不小于 10cm 确定。玻璃丝布的预留部分应临时固定在沟上口两侧，并注意保护，不要损坏；

（3）在铺好玻璃丝布的盲沟内铺 17～20cm 厚的石子，这层石子铺设时必须按照排水管的坡度进行找坡，此工序必须按坡度要求做好，严防倒流；必要时应以仪器施测每段管底标高；

（4）铺设排水管，接头处先用砖垫起，再用 0.2mm 厚铁皮包裹，以铅丝绑牢，并用沥青胶和玻璃丝布涂裹两层，撤去砖，安好管见图 6.2.3。

拐弯用弯头连接见图 6.2.4。

跌落井应先砌井壁再安装管件见图 6.2.5；

（5）排水管安好后，经测量管道标高符合设计坡度，即可继续铺设石子滤水层至盲沟沟顶。石子铺设应使厚度、密实度均匀一致，施工时不得损坏排水管；

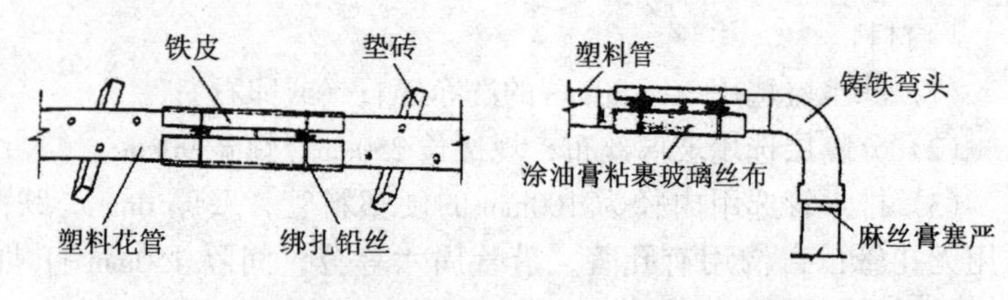

图 6.2.3　塑料花管接头做法　　图 6.2.4　弯头做法

(6) 石子铺至沟顶即可覆盖玻璃丝布，将预先留置的玻璃丝布沿石子表面覆盖搭接，搭接宽度不应小于 10cm，并顺水流方向搭接；

(7) 最后进行回填土，注意不要损坏玻璃丝布。

(二) 无管盲沟

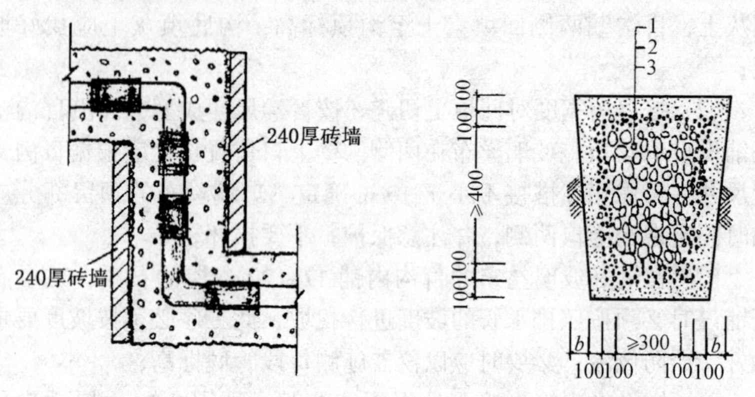

图 6.2.5　竖井做法

图 6.2.6　无管盲沟构造示意
1—粗砂滤水层；2—小石子滤水层；
3—石子滤水层

1. 材料

石子滤水层选用 60 ~ 100mm 的砾石或碎石；

小石子滤水层选用 5 ~ 10mm 的小石子；

砂滤水层选用粗砂。

2. 构造

见图 6.2.6。

3. 施工

(1) 按盲沟位置、尺寸放线，挖土，沟底应按设计坡度找坡，严禁倒坡；

(2) 沟底审底、两壁拍平，铺设滤水层。底部开始先铺粗砂滤水层（厚 100mm）；再铺小石子滤水层（厚 100mm），要同时将小石子滤水层外边缘与土之间的粗砂滤水层铺好；在铺设中间的石子滤水层时，应按分层铺设的方法同时将两侧的小石子滤水层和粗砂滤水层铺好。

(3) 铺设各层滤水层要保持厚度和密实度均匀一致；注意勿使污物、泥土混入滤水层；铺设应按构造层次分明，靠近土的四周应为粗砂滤水层，再向内四周为小石子滤水层，中间为石子滤水层。

(4) 盲沟出水口应设置滤水篦子。

第三节　隧道坑道洞内排水

一、一般规定

(一) 隧道应设计配套的排水系统

1. 洞内纵向排水沟、横向排水坡（沟）。

2. 隧道及辅助坑道口设置截水沟、排水沟和其他防排水设施。

3. 必要时，衬砌背后设置各种盲沟、集水钻孔及衬砌背后或衬砌内排水管（槽）等。

4. 当地下水特别发育，含水层深，又有长期补给来源并影响隧道安全时，可采用泄水洞。

5. 当洞内涌水量大，设置有平行导坑和横洞施工的隧道，可利用辅助坑道排水。

(二) 隧道内一般均应设置排水沟。隧道全长在 100m 及以下（干旱地区 300m 及以下），且常年干燥，可不设洞内排水沟，但应整平隧底，做好纵、横向排水坡。

洞内排水沟一般按下列规定设置：

1. 水沟坡度应与线路坡度一致。在隧道中的分坡平段范围内和车站内的隧道，排水沟底部应有不小于1‰的坡度。

2. 水沟断面应根据水量大小确定，要保证有足够的过水能力，且便于清理和检查。单线隧道水沟断面不应小于25cm×40cm（高×宽），双线隧道断面一般应不小于30cm×40cm（高×宽）。

3. 水沟应设在地下水来源一侧。当地下水来源不明时，曲线隧道水沟设在曲线内侧、直线隧道水沟可设在任意一侧；当地下水较多或采用混凝土宽枕道床、整体道床的隧道，宜设双侧水沟，以免大量水流流经道床而导致道床基底发生病害。

双线隧道可设置双侧或中心水沟。

4. 洞内水沟均应铺设盖板。

5. 根据地下水情况，于衬砌墙脚紧靠盖板底面高程处，每隔一定距离设置一个10cm×10cm泄水孔。墙背泄水孔进口高程以下超挖部分应用同级圬工回填密实，以利泄水。

（三）为便于隧道底排水，不设仰拱的隧道应做铺底，其厚度一般为10cm。当围岩干燥无水、岩层坚硬不易风化时，可不铺底，但应整平隧底。对超挖的炮坑必须用混凝土填平。

（四）隧道底部应有不小于2%的流向排水沟的横向排水坡度。水沟应适当设置横向进水孔。

（五）衬砌背后设置的纵向盲沟的排水坡度一般不小于5%，在两泄水孔间呈人字形坡向两端排水。

（六）洞口仰坡范围的水，可由洞门墙顶水沟排泄，亦可引入路堑侧沟排除。

洞外路堑的水不宜流入隧道。当出洞方向路堑为上坡时,宜将洞外侧沟做成与线路坡度相反,且一般不小于2‰的坡度;当隧道全长小于300m,路堑水量较小,且含泥量少,不易淤积,修建反向侧沟将增加大量土石方和圬工时,路堑侧沟的水可经隧道流出。但应验算隧道水沟断面,不够时应予扩大,并在高端洞口设置沉淀井。

二、洞内排水沟

（一）洞内排水沟式样及适用条件见表 6.3.1。

表 6.3.1　　洞内排水沟式样及适用条件

编号	名　称	式　样	适 用 条 件	说　明
Ⅰ	单侧明沟	Ⅰ	长度短，石质坚硬少水的隧道	隧道建成后再做水沟较困难，宜少用。应整平隧底，做好横向排水坡
Ⅱ	高式侧沟	Ⅱ－1	直墙无仰拱衬砌隧道	便于养护维修，比Ⅲ式水沟圬工稍多
		Ⅱ－2	直墙有仰拱衬砌隧道	一般情况应采用此式
		Ⅱ－3	曲墙有仰拱衬砌隧道	
Ⅲ	低式侧沟	Ⅲ－1	直墙无仰拱衬砌隧道	道碴掩埋盖灰，养护维修不便，宜少用
		Ⅲ－2	直墙有仰拱衬砌隧道	
		Ⅲ－3	曲墙有仰拱衬砌隧道	
Ⅳ	中式侧沟	Ⅳ－1	无仰拱衬砌隧道	抽换枕木较高式测沟方便，设双侧水沟时可用此式。挡碴墙高度 H 应根据道床类型、道床边坡、线路平面条件由计算决定
		Ⅳ－2	有仰拱衬砌隧道	
Ⅴ	双线中心水沟	Ⅴ－1	双线无仰拱隧道	
		Ⅴ－2	双线有仰拱隧道	
Ⅵ	整式道床水沟	Ⅵ－1	无仰拱时采用	水量大时宜做双侧水沟
		Ⅵ－2	有仰拱时采用	
Ⅶ	轨枕板道床水沟	Ⅶ	轨枕板道床隧道	

注：图中尺寸单位：cm

（二）排水沟水力计算

1. 计算公式

洞内排水沟的水力计算公式与洞外天沟相同。都采用明渠无压等速流计算公式。

2. 两种常用矩形截面水沟的水力资料见表6.3.2。

表6.3.2　　　　矩形截面水沟的水力资料

过水断面积	0.23×0.40（高×宽）$\omega=0.092m^2$		0.28×0.40（高×宽）$\omega=0.112m^2$		过水断面积	0.23×0.40（高×宽）$\omega=0.092m^2$		0.28×0.40（高×宽）$\omega=0.112m^2$	
坡度 i（‰）	υ（m/s）	Q（m^3/d）	υ（m/s）	Q（m^3/d）	坡度 i（‰）	υ（m/s）	Q（m^3/d）	υ（m/s）	Q（m^3/d）
1	0.58	4584	0.60	5815	16	2.32	18422	2.42	23371
2	0.82	6485	0.85	8227	17	2.37	18857	2.47	23923
3	1.00	7949	1.04	10085	18	2.45	19438	2.55	24660
4	1.15	9168	1.20	11630	19	2.52	20018	2.63	25397
5	1.29	10255	1.35	13010	20	2.57	20453	2.68	25949
6	1.41	11242	1.47	14263	21	2.65	21034	2.76	26686
7	1.53	12142	1.59	15403	22	2.70	21468	2.82	27238
8	1.63	12967	1.70	16452	23	2.77	22049	2.89	27942
9	1.73	13766	1.81	17465	24	2.83	22483	2.95	28524
10	1.83	14506	1.90	18403	25	2.88	22918	3.01	29076
11	1.92	15230	2.00	19322	26	2.94	23354	3.06	29623
12	1.99	15811	2.07	20059	27	2.99	23789	3.12	30180
13	2.08	16536	2.17	20931	28	3.05	24223	3.18	30734
14	2.15	17117	2.24	21715	29	3.10	24660	3.23	31286
15	2.23	17698	2.32	22452	30	3.16	25094	3.29	31838

注：1. 表中　Q——断面的最大容许流量；

　　　　　　υ——相应于Q的流速。

　　2. 沟壁粗糙系数采用 $n=0.013$。

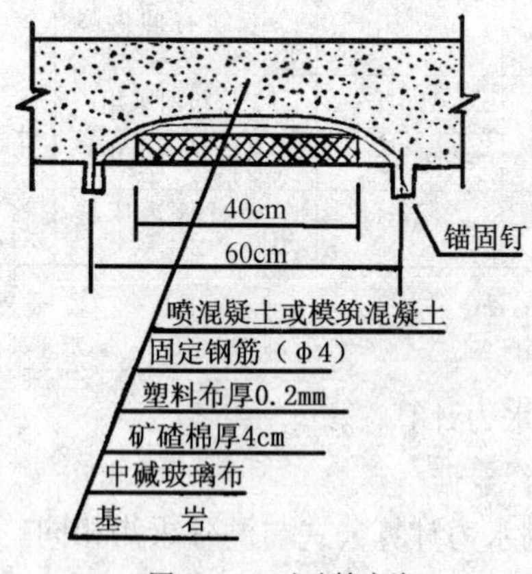

图6.3.1　矿碴棉盲沟

三、隧道衬砌背后的排水设施

(一) 盲沟

为了疏导和防止衬砌背后积水，减少静水压力和避免洞内漏水，可在衬砌背后设置盲沟。常用的盲沟形式有捆扎矿碴棉盲沟、表贴式盲沟、片石盲沟。

1. 矿碴棉盲沟

矿碴棉盲沟见图 6.3.1 可以配合片石盲沟使用，拱部设置矿碴棉盲沟延伸至边墙部位后与片石盲沟接通。盲沟设置间距 5～10m，含少量裂隙水地段，则可每隔 10～20m 设一道。

2. 表贴式盲沟

表贴式盲沟是采用橡塑类材料敷设而成的，表面呈凹凸形的条

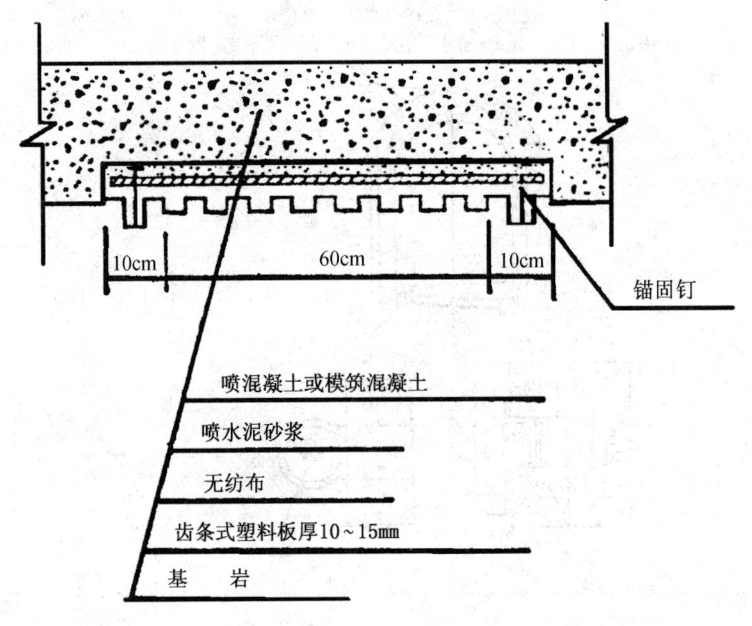

图 6.3.2 表贴式盲沟

状沟槽见图 6.3.2。根据水量大小和出水部位，可敷设一条或多条重叠使用。施工时，先将两侧固定在岩面上，然后喷上一层水泥砂浆或用其他方法防止灌筑混凝土时堵塞盲沟通道。优点是安装方

便，造价低、效果好，适宜泵送混凝土施工。

3. 片石盲沟

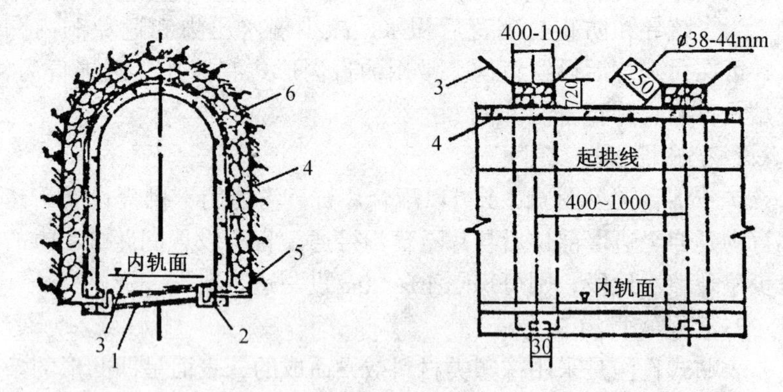

图 6.3.3 环向盲沟（单位：cm）

1—横沟；2—沉淀井；3—集水钻孔；4—干砌片石；5—泄水孔；6—防水层

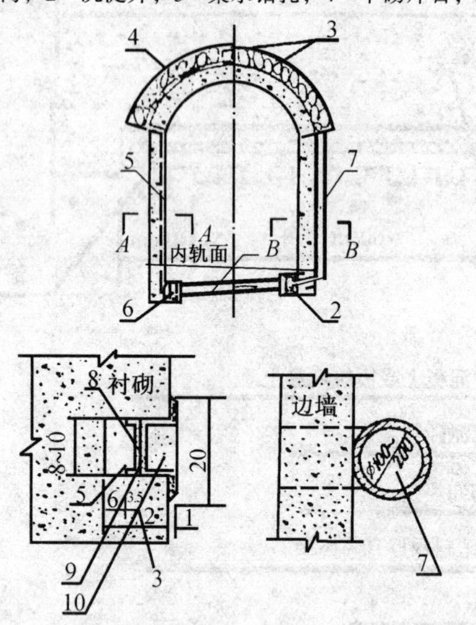

图 6.3.4 拱部盲沟

（单位：除水管 为 mm 外，其余为 cm）

1—横沟；2—沉淀井；3—拱部盲沟；

4—防水层；5—排水暗槽；6—排水沟；

7—水管（铸铁管或钢管）；8—盖板；

9—净浆层；10—1∶2 砂浆水灰比 0.4

在地下水较多地段，于衬砌背后开槽以干砌片石填充成盲沟见图 6.3.3。仅拱部有水时可只做拱部盲沟，并视水量大小采用引水槽或引水管经边墙泄水孔排至洞内水沟见图 6.3.4；仅边墙部分地

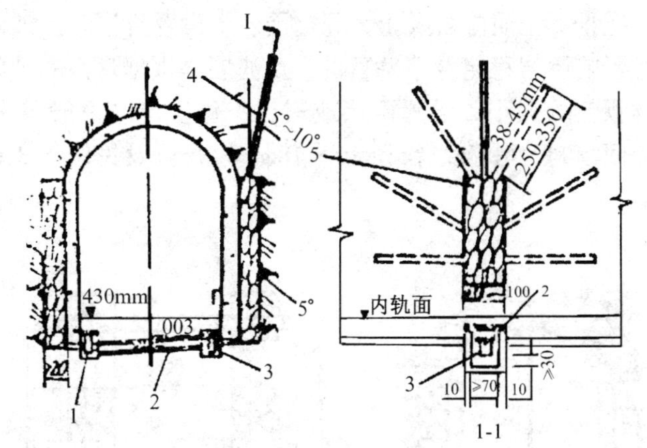

图 6.3.5　竖向盲沟（单位：cm）
1—洞内水沟；2—横沟；3—沉淀井；
4—集水钻孔；5—竖向盲沟

下水较多时，可做竖向盲沟见图 6.3.5，竖向盲沟亦可只做单侧。

4. 盲沟设置要求

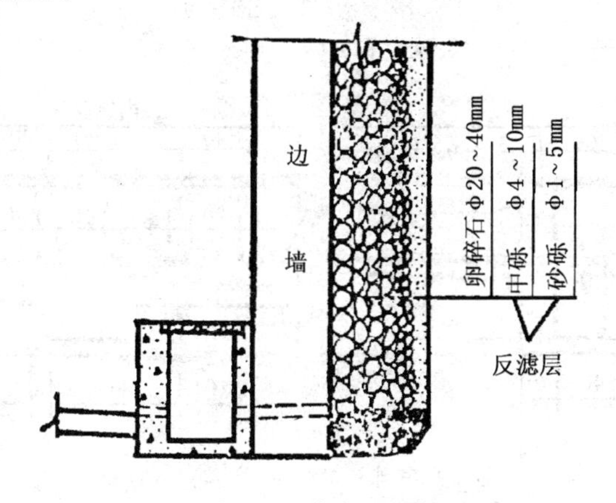

图 6.3.6　盲沟反滤层

（1）盲沟断面尺寸应根据地下水量及超挖情况决定。矿碴棉盲沟、表贴式盲沟的断面厚度不得超过设置部位衬砌厚度的1/5，片石盲沟的断面厚度一般不小于20cm，宽度为40～100cm。

（2）在Ⅲ类土质围岩及Ⅰ、Ⅱ类围岩中设置盲沟时应加做反滤层，以免影响围岩稳定及堵塞盲沟。反滤层是根据盲沟的填料和地层组成物颗粒的大小，设置两层或三层，每层厚度一般采用10～20cm。当回填料为片石，粒径10～18cm时，可设见图6.3.6所示三层反滤。

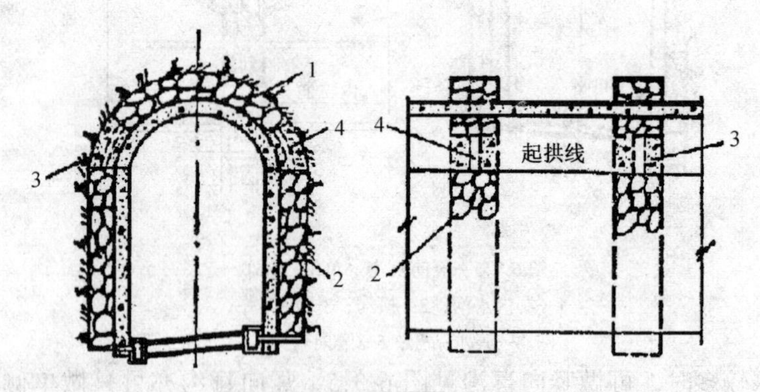

图6.3.7　拱脚回填处预留过水通路

1—拱部盲沟；2—竖向盲沟；

3—拱脚超挖同级圬工回填；4—水管

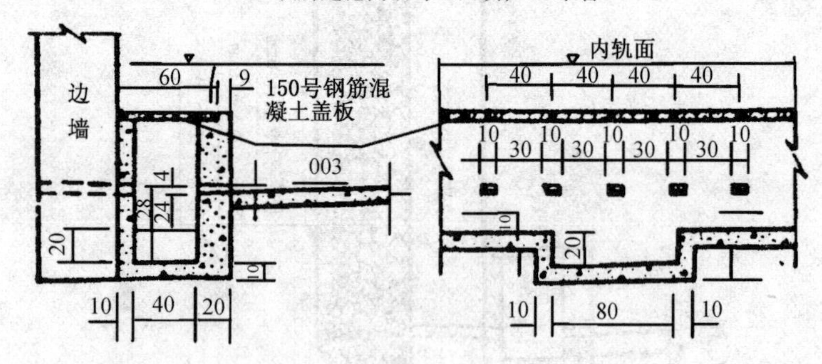

图6.3.8　水沟沉淀井（单位：cm）

（3）拱部采用矿碴棉或表贴式盲沟时，须与墙背后竖向盲沟或引水管。槽连通，水流经边墙下部之泄水孔排入洞内侧沟。泄水孔底部超挖部分应用边墙同级圬工墙基同时灌筑。

(4) 当采用先拱后墙法施工时，拱脚以上1m范围内超挖部分用与拱圈同级圬工回填，在设置盲沟位置回填时应预埋水管或预留过水通路，以使拱部盲沟与竖向盲沟或引水管、槽沟通见6.3.7。

(5) 为防止洞内水沟淤塞，应在边墙泄水孔出水处或水沟适当位置设置沉淀井见图6.3.8。

(6) 盲沟应与衬砌同时施工，在衬砌施工时应有防护措施，以防水泥浆液流失而影响衬砌质量或堵塞盲沟。

(二) 集水钻孔

1. 集水钻孔见图6.2.9是利用钻孔在隧道周围形成渗水幕，集引地下水，并将其引入洞内水沟排除。适用于Ⅵ～Ⅳ类及Ⅲ类石质围岩。

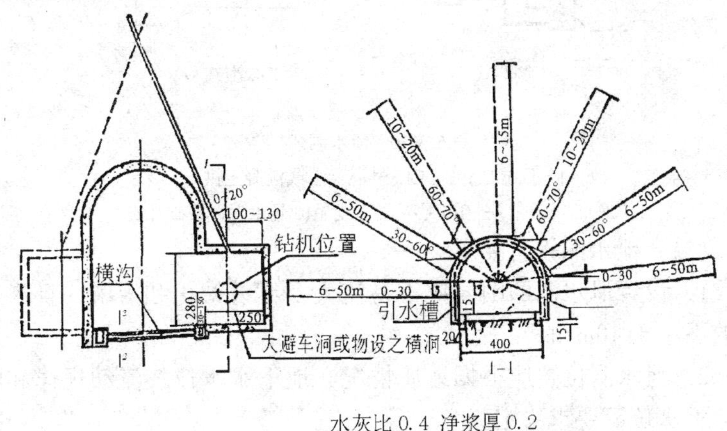

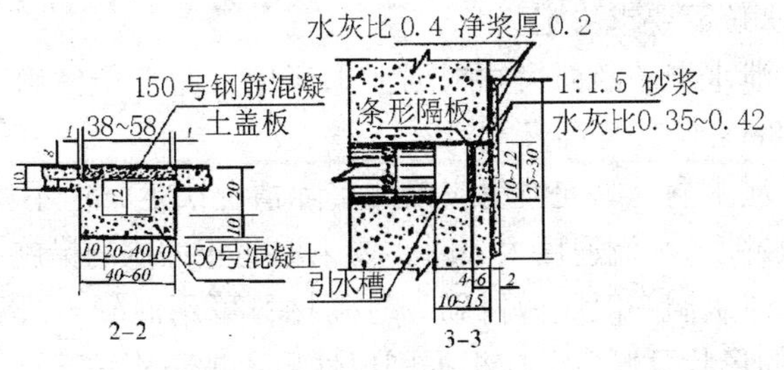

图 6.3.9　集水钻孔（单位：cm）

2．钻孔深度、角度、位置应根据地下水及围岩的具体情况确定。其顶部钻孔宜向隧道中线倾斜，以利拦截、排出洞顶地下水。

3．钻孔可在地下水出露处进行，或在盲沟处向周围地层钻进，并配设其他排水设施，以利引水排泄。

4．钻孔可用 YQ－100A 型潜孔凿岩机或其他凿岩机施工。

四、泄水洞

（一）泄水洞式样

泄水洞式样见图 6.3.10。

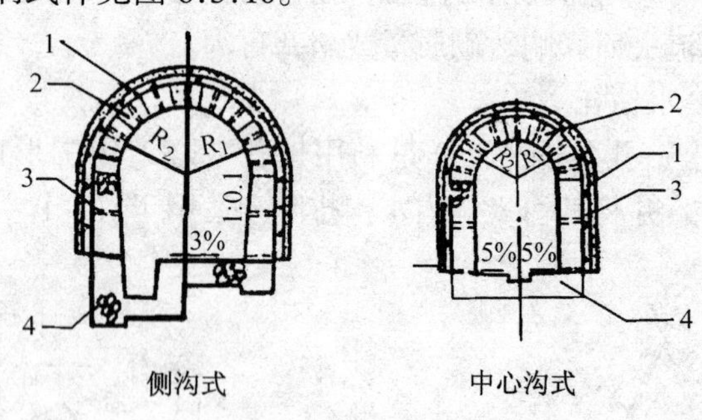

图 6.3.10　泄水洞式样

1—反滤层；2—C15 号混凝土或混凝土拱砖；

3—泄水孔；4—C15 号混凝土或 M10 号水泥砂浆砌片石

（二）泄水洞设置要求

1．设置泄水洞的围岩应不易流失，不易碱化和溶解，且渗透系数不小于 10m/d。

2．泄水洞位置应根据地质情况、地下水水位、流动规律和降低地下水位等要求决定。

3．泄水洞的断面尺寸根据泄水流量及施工条件确定，一般不小于 1.8m×1.2m（高×宽）。

4．泄水洞的纵向坡度应根据实际情况决定，但不应小于 3‰，当坡度较陡，水流速度太大时，要采取防止冲刷的措施。

5．泄水洞一般应做衬砌。衬砌材料可用混凝土或石砌体，衬砌断面的形状及厚度，应根据围岩性质、地下水情况由工程类比或计算确定。计算方法与隧道相同。

6．泄水洞衬砌上应有足够的泄水孔以引入地下水。围岩中有细小颗粒可能流失时，应于衬砌背后设置反滤层。

7．泄水洞洞口一般应设置洞门及出水口沟渠。有条件时应考虑将泄水洞排出的水引作灌溉。

第四节　渗排水工程材料

一、土工合成材料

（一）土工合成材料的划分，宜符合下列要求：

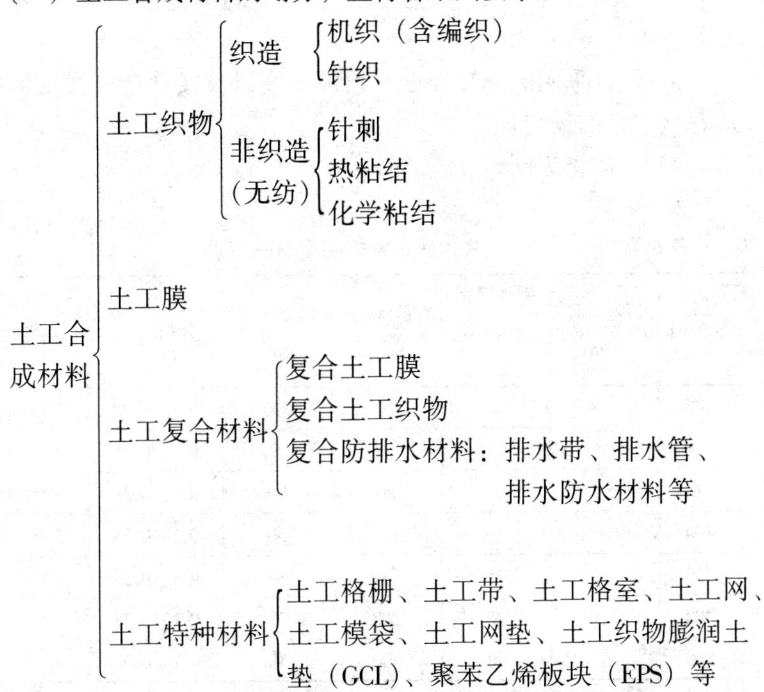

（二）土工合成材料的性能指标应包括下列内容，并应按工程设计需要确定试验项目：

1．物理性能：单位面积质量、厚度（及其与法向压力的关系）、材料比重、孔径等。

2．力学性能：条带拉伸、握持拉伸、撕裂、顶破、CBR顶破、刺破、直剪摩擦、拉拔摩擦、蠕变等。

3.水力学性能:垂直渗透系数、平面渗透系数、淤堵、防水性等。

4．耐久性能：抗紫外线能力、化学稳定性和生物稳定性等。

（三）设计要求

1．设计指标的测试宜模拟工程实际条件进行，并应分析工程实际环境对指标测定值的影响。

2．铺设时机械破坏影响系数、材料蠕变影响系数、化学剂破坏影响系数、生物破坏影响系数应按实际经验确定；无经验时，其乘积宜采用2.5~5.0；当施工条件差、材料蠕变性大时，其乘积应采用大值。

3．设计采用的撕裂强度、顶破强度以及接缝连接强度的确定应符合规范的规定。

（四）质量控制

表6.4.1　　软式透水管规格型号一览表

规　格	钢丝直径（mm）	钢丝筒距（卷数/米）-3以上	内径（mm）-2以上	标准长度（m）	过滤土工布	丙纶线D
30	1.8	50	30	300	0.1~0.38	300~1500
50	1.8	50	50	150	0.1~0.38	300~1500
80	2.5	40	80	70	0.1~0.38	300~1500
100	3	34	100	50	0.1~0.38	300~1500
150	3.5	25	150	36	0.1~0.38	300~1500
200	4.5	20	200	30	0.1~0.38	300~1500
300	5	20	300	18	0.1~0.38	300~1500

1．土工合成材料应具有经国家或部门认可的测试单位的测试报告。材料进场时，应进行抽检。

2.材料应有标志牌,并应注明商标、产品名称、代号、等级、规格、执行标准、生产厂名、生产日期、毛重、净重等。外包装宜为黑色。

3．材料运送过程中应有封盖，在现场存放时应通风干燥，不得受日光照射，并应远离火源。

二、软式透水管

钢丝由 PVC 过塑构成框架结构的软式透水管其规格见表 6.4.1。见结构示意图 6.4.1－1 和断面图 6.4.1－2，他们具有通过整体的周身全方位过滤并快速有效地排除地下水，渗透率高，排水量大，取代传统的聚氯乙烯打孔管排渗水。使用方便、工效高等优点。

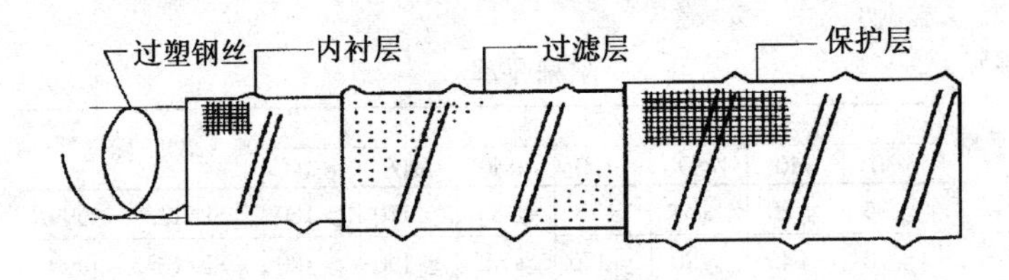

图 6.4.1－1　结构示意图

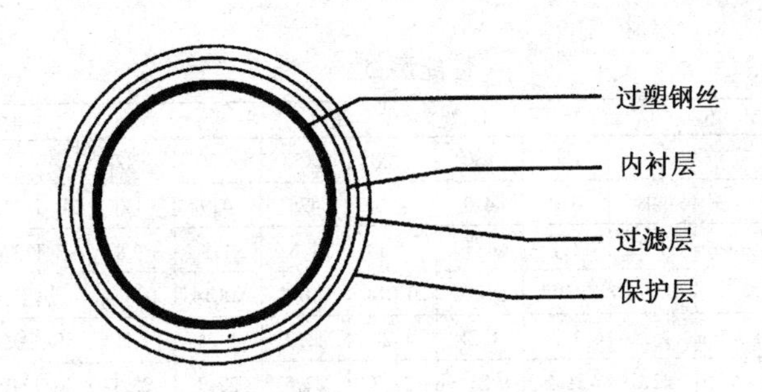

图 6.4.1－2　断面图

（一）使用范围：

1．机场、铁路、公路、运动场、公园绿地排水；

2．矿山尾坝、火电厂灰坝、垃圾填埋场排渗系统；

3．隧道、挡土墙、路基、路面排水；

4．农田低洼潮湿地、屋顶花园灌溉等地的排水。

（二）耐酸碱性试验

软式透水管采用特多龙纱及钢线外覆 PVC，具有很强的耐酸碱性，对于水质与土质中的有机或无机化学成份，试验结果如下：（室温 72h）

10% HCl 溶液　无外观异状

10% NaOH 溶液　无外观异状

耐扁平率见表 6.4.2 和性能测试见表 6.4.3。

表 6.4.2　　耐扁平率

扁平率	规格							参照标准
	ø30	ø50	ø80	ø100	ø150	ø200	ø300	
2%	≥35	≥20	≥44	≥78	≥85	≥110	≥160	SL/T235 - 1999
3%	≥70	≥45	≥90	≥175	≥140	≥190	≥180	SL/T235 - 1999
4%	≥110	≥78	≥165	≥290	≥200	≥250	≥220	SL/T235 - 1999
5%	≥198	≥125	≥238	≥400	≥260	≥330	≥300	SL/T235 - 1999
10%	≥470	≥450	≥490	≥640	≥530	≥470	≥430	SL/T235 - 1999

表 6.4.3　　性能测试

项　目	单　位	规格							参照标准
软式透水管		ø30	ø50	ø80	ø100	ø150	ø200	ø300	
单位面积质量	g/m^2	408	410	420	416	425	420	430	GB/T13762 - 92
厚度	mm	1.1	1.1	1.1	1.1	1.8	1.8	1.8	GB/T13761 - 92
糙率		0.014	0.014	0.014	0.014	0.014	0.014	0.014	满宁公式
纵向抗拉强度	KN/5cm	1.25	1.2	1.21	1.24	1.23	1.24	1.28	GB/T3923.1 - 97
纵向伸长率	%	22.6	21.5	23	22.7	22.5	22.9	23.1	GB/T3923.1 - 97
横向抗拉强度	KN/5cm	3.2	3.1	3.2	3.0	2.9	3.1	3.1	GB/T3923.1 - 97
横向伸长率	cm^3/s	20.1	20.4	20.2	20.4	19.9	20.3	20.4	GB/T3923.1 - 97
CBR 顶破强度	KN	5.7	5.7	5.6	5.8	6.4	6.3	6.5	GB/T14800 - 93
通水量	cm^3/s	15.1	44.9	170.9	313.3	930	1993	5020	J = 1/250
渗透系数	cm/s	1.8×10^{-1} ~ 3.2×10^{-1}	1.8×10^{-1} ~ 3.2×10^{-1}	1.8×10^{-1} ~ 3.2×10^{-1}	1.8×10^{-1} ~ 3.2×10^{-1}	1.8×10^{-1} ~ 3.2×10^{-1}	1.8×10^{-1} ~ 3.2×10^{-1}	1.8×10^{-1} ~ 3.2×10^{-1}	GB/T15789 - 95
等效孔径	mm	0.1~0.2	0.1~0.2	0.1~0.2	0.1~0.2	0.1~0.2	0.1~0.2	0.1~0.2	GB/T14799 - 93

（三）施工方法

1．末端处理见图 6.4.2。

图 6.4.2

2．直线接头接续法见图 6.4.3。

图 6.4.3

3．十字接头见图 6.4.4。

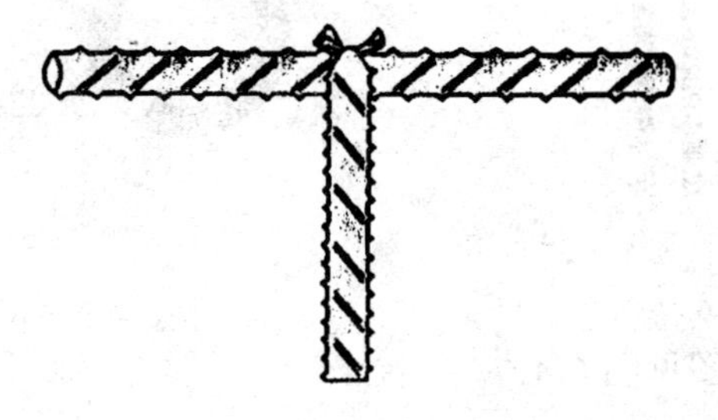

图 6.4.4

三、塑料排水盲沟材（塑笼式透水管）

是由改性聚丙烯的乱丝相互搭结而形成的框架结构。外包裹一层针刺土工布。泥水通过外敷的土工布过滤成清水进入乱丝的框架内，排放出去。透水管的断面可以根据工程的要求做成各种形状。主要有长方形和圆形两种。它的主要优点：整体全塑结构，埋入土中，在不受紫外光的照射下不腐烂，形状变化多等特点。由于受本身性能和运输条件的限制。在施工过程中接头比较多，每根的长度一般为 2～6m。

1．接头方法及结构图

（1）直线接头接续法见图 6.4.5。

图 6.4.5

（2）丁字接头接续法见图 6.4.6。

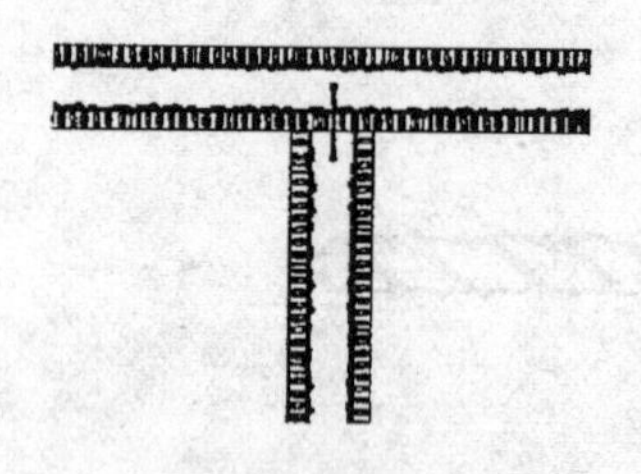

图 6.4.6

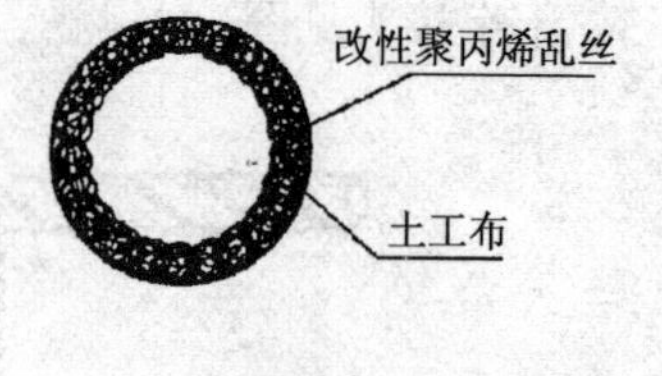

图 6.4.7

（3）结构图见图 6.4.7。

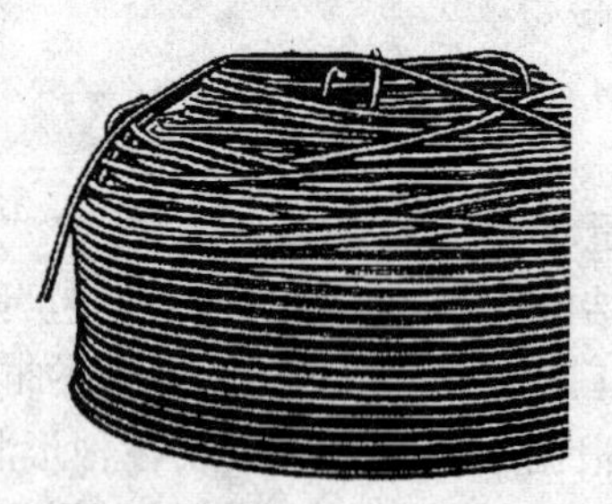

图 6.4.9 软式透水管

图 6.4.8 塑笼式透水管

(4) 塑笼式透水管见图 6.4.8。

(5) 软式透水管见图 6.4.9。

2. 塑笼式透水管的性能指标见表 6.4.4。

表 6.4.4 PS 系列塑笼式透水管（沟）型号规格及性能指标一览表

项目＼型号		长方形断面			圆管形断面				
		PSF 0703K	PSF 1435K	PSF 1235	PSY - 60K	PSY - 80K	PSY - 100K	PSY - 150K	PSY - 200DK
外型尺寸（宽×厚 mm）		70×30	140×35	120×35	Φ60	Φ80	Φ100	Φ150	Φ200
中空尺寸（宽×厚 mm）		30×10	(40×10)×2	／	Φ20	Φ45	Φ45	Φ70	多孔
重量（g/m）≥		380	670	1000	450	810	1120	2000	3000
空隙率（%）≥		82	82	80	82	82	85	85	85
抗压强度（MPa）	扁平率 5%≥	210	85	100	50	170	100	50	50
	扁平率 10%≥	390	125	150	85	260	180	80	70
	扁平率 15%≥	480	175	205	140	350	230	100	90
	扁平率 20%≥	550	215	265	180	430	280	130	120

备注：其他截面形状、尺寸规格、特殊技术要求可专门订制。

外覆滤布：90g/m^2 无纺土工布或 100～300g/m^2 针刺土工布，滤布技术指标均符合国家标准。

第五节　工程实例

一、土工布及塑料波纹滤水管在倒滤层中的应用

被誉为工程材料中又一次新的革命——土工合成材料。利用无纺布的良好过滤性，因其在工厂中生产，质量较有保证，并能使原来砂滤层厚度减小，因而基坑挖深相应减少，周围的围护结构可缩短。例如地铁车站四周地下墙能缩短 0.5m 造价可节约数万元。所以已在上海地铁牵出线的矩形断面隧道底板下采用土工布与黄砂混合组成倒滤层见图 6.5.1。

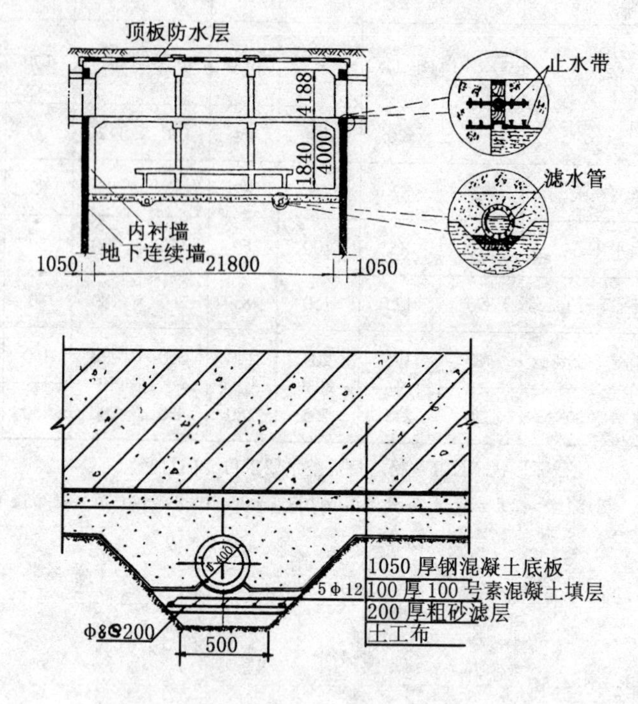

图 6.5.1 地铁衡山路站应用土工布倒滤层布置

由于土工布推广应用到上海软土地层中作为倒滤层材料尚是一

个新的开始，参考各有关单位最新试验研究成果，再结合塑料波纹管综合使用，进一步把倒滤层改进为图 6.5.2 所示的布置，改进的理由作如下说明。

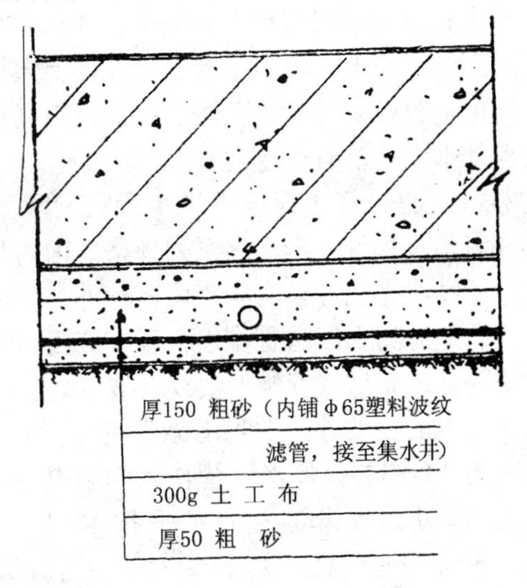

图 6.5.2 改进后的倒滤层方案

1. 土工布本身具有良好的渗透和过滤性能，但与黄砂结合使用在工程中性能如何？为此上勘院曾选用针刺涤纶无纺布与长江口床砂（砂的平均粒径 $d_{50}=0.128mm$）进行组合试验。尽管土工布平均孔径和砂粒径不同，但结果仍然是渗透系数基本都接近于砂的渗透系数。渗透性能稳定，是一种理想的反滤材料。

具体设计按照构筑物所处土层的地质、水文资料、主要获得土的级配曲线、垂直渗透系数 K_v、水平渗透系数 K_H，地层内是否有承压水或有暗浜相通。再按土工织物滤层设计准则，采用吉劳德（J.P.Girond）的计算公式验算。但要充分考虑最新一系列新的试验成果例如：

（1）土工布与砂（$D_{50}=0.128$）组合后试样实测 $K_{布+砂}=7.82\times10^{-3}$。

（2）土工布滤层在受到垂直压力情况下实际渗透系数会下降，

经试验实测自 0.05MPa 增加至 0.2MPa，K 值自 1.31×10^{-2}降至 2.90×10^{-3}。

（3）上海软土地层中水平渗透系数比垂直渗透系数大。根据土层内夹粉砂层多少和厚度不同而异，一般 $K_H\approx10\sim100K_v$。

（4）查阅国内外有关土工织物滤层试验资料绝大部分是对非粘性土，而对粘性土资料极少，针对上海浅层的特点（粘土、粉质粘土夹粉砂）资料几乎没有，有待今后补充。

2. 采用塑料波纹滤水管作为地下排水管在国际上已经是一项成熟的经验，许多国家都订有自己的系列规格。国内开发较晚但发展速度较快，除了已经完成许多实验室内试验外，已经在北京、天津、山东、新疆、上海的农田暗管排水工程中应用。它是直接埋在土中，内径 ϕ65mm，表面呈双螺旋形波纹、波谷处有许多小孔，每米管开孔面积在 3.3cm^2，波谷外壁缠有双股丙纶丝覆盖进水孔眼，每米管缠丝量约为 13～15g。曾将该管作为辐射井的水平集水管，埋设于地下 10m 深处，敷设该管的水平孔 10 个，管子总长度 370m，单管长达 50m 的有两根，其余在 30m 左右。每只井内都有一段粉砂层，其余为泥层。该井运行了一年，流量是测量管口射出水的距离，根据距离推算流速流量。

表 6.5.1　　集水进内Ⅰ、Ⅲ、Ⅴ水平孔渗水砂测定

水平孔水样号	敷设波纹管长度（m）	波纹管在粉砂层中长度（m）	机械缠丝或手工缠丝	开节后多长取一样（min）	取样时的流速（m/s）	取样时的流量（m³/h）	含砂量重量比（%）	运用年限（年）	备　注
I_1	47	31	机械（2股）	5	5	69.3	0.027	0	每米管缠丝量13～14g
I_2	〃	〃	〃	10	5	〃	0.025	0	
I_3	〃	〃	〃	9小时	5.5	76.2	0.005	0	
Ⅲ$_1$	27	6.4	手工（2股）	5	3	41.5	0.06	0.5	每米管缠丝量17g
Ⅲ$_2$	〃		〃	15	3	〃	0.037	0.5	
Ⅴ$_1$	36.34		〃	5	6	83.1	0.01	0.5	
Ⅴ$_2$	〃		〃	15	6.6	83.1	0.005	0.5	

集水井内测量结果列于表 6.5.1 看出：

（1）防砂过滤性能好。当出管流速 3～6m/s 时，经过 12h 抽水后取的水样。含砂量为 5/10 万。运行一年，集水井底未见明显淤砂。

（2）透水性能亦好。测得最高水位期，每根约 30m 长的水平滤水管，单独排水量达 40～80m^3/h。6 孔同时开放时，每根管的排水量达 30m^3/h 以上。而在低水位期，6 孔同时排水，每根管的排水流量在 14～20m^3/h，表明它的渗水情况也是良好的。

从这些试验数据中明显看出，上海倒滤层中最大排水量仅 200～350t/昼夜。使用这种塑料波纹滤水管代替过去 φ400mm 无砂混凝土滤管流量上绝对没有问题的。

3. 土工布的淤堵特性，经过国内外专家研究后，对此专题有了较进一步认识。特别是上勘院和河北省水利水电勘测设计院都发现，对于细颗粒较多的粘土或粉质粘土，当它处于原状时都有一定的结构强度，本身具有较高的抗渗流破坏能力，这时出现淤堵可能性是极少的。但当土被扰动、或者在超过临界梯度的冲刷作用下会出现泥浆（但是在粘性土层中出现破坏梯度条件很少的），其中部分泥浆进入土工布内，部分滞留在布面上形成泥饼，造成部分淤堵。为了安全，在改进方案中使土工布避免与原状土体直接接触，并在土工布外做 5cm 中粗砂隔层。从图 6.5.2 看出，水流途径经过四次过滤（地下水源→中粗砂→土工布→中粗砂→塑料波纹滤管→集水井），应该说改进后倒滤层设计有足够安全性。因此只要反滤设计准确是不会淤堵的。

4. 土工织物的老化特性，应该承认土工布是由高分子聚合材料加工制成的，因此必然具有易老化的特性。然而影响土工布老化的因素很多，也很复杂，但其中主要是紫外线辐射，使高分子聚合物发生降解作用，不过现在把土工布应用在地下结构的底板下，还经常处于地下水位次下，完全避免太阳光直接照射，肯定大大推迟老化速度，另外还可根据需要掺入防老化剂，延长土工布使用寿命。

二、倒滤层排水造成地面沉降问题

首先明确只要倒滤层排水不涉及承压水，虽对地面沉降有影响，但问题不大。第一，可以参考井点降水情况进行理论上估算，第二，已经有许多防治解决的具体措施。

1. 沉降的估算，首先明确是在倒滤层设计、施工、运行比较正常的情况下，无大量细颗粒随同排水被带走的情况下，周围地面所产生的沉降量可用分层总和法估算：

$$S_{\infty} = \sum_{1}^{n} \frac{a_{i(1-2)}}{1 + e_{0i}} \triangle P_i \cdot \triangle h_i$$

式中 S_{∞}—— 地面最终沉降量；

$ai(1-2)$ —— 各层土压缩系数；

e_{0i}—— 各层土起始孔隙比；

$\triangle Pi$—— 各层土因倒滤排水产生的附加应力；

$\triangle hi$—— 各层土厚度。

由于倒滤层排水引起的降水面以下土层通常不可能产生较明显的固结沉降量，而降水面至原始地下水面之间土层因排水条件较好，会在所增加的自重应力条件下很快产生沉降，通常排水所引起的地面沉降即以这一部分沉降量为主。因此可以简易估算沉降值。

$S = \triangle P \cdot \triangle H / E_{1-2}$

式中 $\triangle H$——降水深度，为降水面和原始地下水面的深度差；

$\triangle P$——降水后产生自重压力；

$\triangle P = \frac{\triangle \bar{H} \cdot rw}{2}$可取$\triangle \bar{H} = \frac{1}{2} \triangle H$进行计算；

E_{1-2}——降水深度范围内土层的压缩模量，可根据钻探试验资料，或查上海地基基础规范。

2. 减少和防范因沉降对环境的不良影响

(1) 认真做好周围环境的调研工作。查清工程地质及水文地质；查清地下贮水源与防水倒滤层是否与之穿通；查清各种地下管线分布，考虑是否需要事先采取加固措施；查清周围地面和地下构筑物情况等等。

(2) 对重要构筑物可在其周围采取回灌水措施，本市已有多起成功的实例。

(3) 设置隔水帷幕，例如深层搅拌桩隔水墙，砂浆防渗板桩、树根桩隔水帷幕，以及固化泥浆隔水帷幕等等。

第七章　注浆工程

第一节　概述

一、定义

灌浆法的实质是用气压、液压或电化学原理，把某些能固化的浆液注入天然的和人为的裂缝或孔隙，以改善各种介质的物理力学性质。

二、目的

灌浆的主要目的如下：

（1）防渗：降低渗透性，减少渗流量，提高抗渗能力，降低孔隙压力。

（2）堵漏：封填孔洞，堵截流水。

（3）加固：提高岩土的力学强度和变形模量，恢复混凝土结构及圬工建筑物的整体性。

（4）纠正建筑物偏斜：使已发生不均匀沉降的建筑物恢复原位或减少其偏斜度。

三、对象

灌浆的对象很多，本章主要阐述由下述几类材料组成的地基灌浆问题：

（1）砂、砂砾石及粉细砂。

（2）软粘土、杂填土及淤泥。

（3）湿陷性黄土。

四、应用范围

灌浆法适用于土木工程中的各个领域，例如：

（1）坝基：砂基、砂砾石地基、喀斯特溶洞及断层软弱夹层等。

(2) 房基：一般地基及震动基础等，包括对已有建筑物的修补。

(3) 道路基础：公路、铁道和飞机场跑道等。

(4) 地下建筑：输水隧洞、矿井巷道、地下铁道和地下厂房等。

(5) 其他：预填骨料灌浆、后拉锚杆灌浆及灌注桩后灌浆等。

五、近期发展

(1) 灌浆法的应用领域越来越扩大，除坝基防渗加固外，在其他土木工程如道桥、矿井、文物、市政、地铁和地下厂房等，灌浆法也占有十分重要的地位。

(2) 浆材品种越来越多，浆材性能和应用问题的研究更加系统和深入，各具特色的浆材已能充分满足各类建筑工程和不同地基条件的需要。

(3) 劈裂灌浆技术已取得明显的发展，尤其在软弱地基中，这种技术被越来越多地用作提高地基承载力和消除建筑物沉降的手段。

第二节　注浆材料

一、悬浊型浆液

这里讲的悬浊型浆液是指由一种或几种隋性细颗粒状材料（如水泥、粘土、膨润土、粉灰、硅粉等）悬浮在水中形成的浆液。这种浆液也可称为粒状浆液或非化学类浆液。

就悬浊型浆液而言，据浆液中水灰比（即水的重量与主剂的重量之比）的差异，悬浊型液可分为稳定型悬浊浆液和非稳定型悬浊液两种。当水灰比大时，主剂与水的混合物的匀悬浮是靠搅拌作用实现的，停止搅拌悬浮的主剂颗粒会迅速沉淀，这种浆液即为非稳定悬浊浆液。反之若减小水灰比，即增加主剂用量；或者在主剂浆液中加入有阻止沉淀作用物质，则停止搅拌时出现沉淀缓慢或者无沉淀的浆液称为稳定型悬浊浆液。例如在水泥液中加入膨润土；或者在水泥和水泥+粘土的浆液中添加水玻璃，均可获得稳定的悬浊液。其稳定性完全取决于主剂成分的剂量和搅拌的时间，当然停止搅拌时，沉淀有快有慢也就是说稳定性也是相对的。

悬浊型浆液的分类状况见图7.2.1所示。

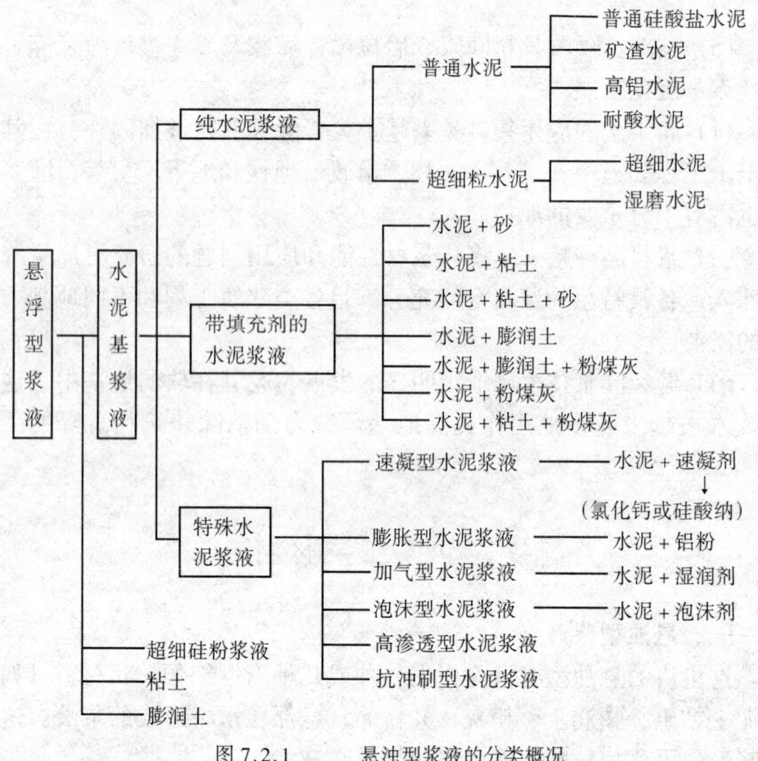

图7.2.1　悬浊型浆液的分类概况

二、高分子类浆液

因多数高分子浆液含剧毒物质，故目前被一些国家列为禁用浆液。但因这类浆液的渗透性极好、凝胶时间易于控制、注后土层的抗压强度、抗渗性均较理想等优点，故这类浆液是注入水泥浆液、水玻璃浆液无法解决工程疑难问题时的必不可少的主要材料，所以一些国家仍在继续使用。就高分子浆液的种类而言，大致如图7.2.2所示。

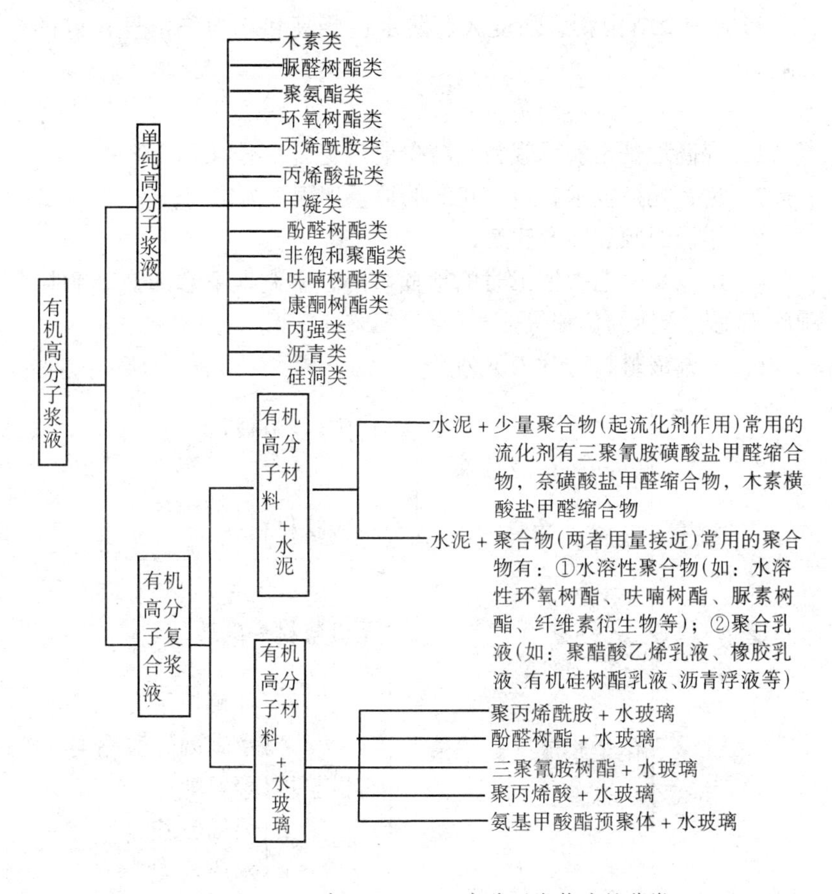

表 7.2.2　　高分子类浆液的分类

第三节　注浆方法

一、概述

注浆法（grouting）亦称灌浆法，是指利用液压、气压或电化学原理，通过注浆管把浆液均匀地注入地层中，浆液以填充、渗透和挤密等方式，将土颗粒或岩石裂隙中的水分和空气排除后占据其位置，经一定时间后，浆液将原来松散的土粒或裂隙胶结成一个整体，形成一个结构新、强度大、防水性能高和化学稳定性良好的“结石体”。

（一）注浆法的应用范围有：

1. 提高地基土的承载力、减少地基变形和不均匀沉降；

2. 进行托换技术，对古建筑的地基加固更为常用；

3. 用以纠倾和回升建筑；

4. 用以减少地铁施工时的地面沉降，限制地下水的流动和控制施工现场土体的位移等。

（二）浆液材料可分为下列几类：

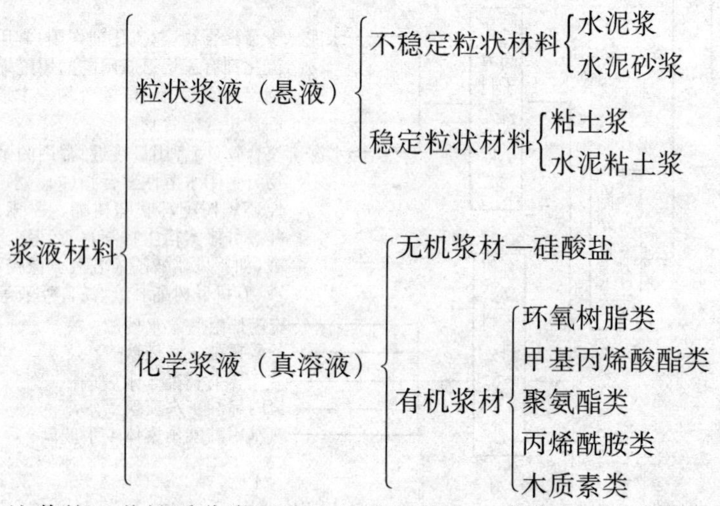

注浆按工艺性质分类可分为单液注浆和双液注浆。在有地下水流动的情况下，不应采用单液水泥浆，而应采用双液注浆，及时凝结，以免流失。

初凝时间是指在一定温度条件下，浆液混合剂到丧失流动性的这一段时间。在调整初凝时间时必须考虑气温、水温和液温的影响。单液注浆适合于凝固时间长；双液注浆适合于凝固时间短。

假定软土的孔隙率 $n=50\%$，充填率 $a=40\%$，故浆液注入率约为20%。

若注浆点上的覆盖土厚度小于2m，则较难避免在注浆初期产生“冒浆”现象。

按浆液在土中流动的方式，可将注浆法分为三类：

1．渗透注浆

浆液在很小的压力下，克服地下水压、土粒孔隙间的沿程阻力和本身流动的阻力，渗入土体的天然孔隙，并与土粒骨架产生固化反应，在土层结构基本不受扰动和破坏的情况下达到加固的目的。

渗透注浆适用于渗透系数 $k > 10^{-4}$cm/s 的砂性土。

2．劈裂注浆

当土的渗透系数 $k < 10^{-4}$cm/s，就得采用劈裂注浆，在劈裂注浆中，注浆管出口的浆液对周围地层施加了附加压应力，使土体发生剪切裂缝，而浆液则沿裂缝面劈裂。当周围土体是非匀质体时，浆液首先劈入强度最低的部分土体。当浆液的劈裂压力增大到一定程度时，再劈入另一部分强度较高的部分土体，这样劈入土体中的浆液便形成了加固土体的网络或骨架。

从实际加固地基开挖情况看，浆液的劈裂途径有竖向的、斜向的和水平向的。竖向劈裂是由土体受到扰动而产生的竖向裂缝；斜向的和水平向的劈裂是浆液沿软弱的或夹砂的土层劈裂而形成的。

3．压密注浆

压密注浆是指通过钻孔在土中灌入极浓的浆液，在注浆点使土体压密，在注浆管端部附近形成“浆泡”，当浆泡的直径较小时，灌浆压力基本上沿钻孔的径向扩展。随着浆泡尺寸的逐渐增大，便产生较大的上抬力而使地面抬动。浆泡的形状一般为球形或圆柱形。浆泡的最后尺寸取决于土的密度、湿度、力学条件、地表约束条件、灌浆压力和注浆速率等因素。离浆泡界面 0.3～2.0m 内的土体都能受到明显的加密。评价浆液稠度的指标通常是浆液的坍落度。如采用水泥砂浆浆液，则坍落度一般为 25～75mm，注浆压力为 1～7MPa。当坍落度较小时，注浆压力可取上限值。

渗透、劈裂和压密一般都会在注浆过程中同时出现，只是以何种形式为主的差别，单一的流动方式是难以产生的。

“注浆压力”是指浆液在注浆孔口的压力，注浆压力的大小取决于以上三种注浆方式的不同、土性的不同和加固设计要求的不同。

由于土层的上部压力小，下部压力大，浆液就有向上抬高的趋势。灌注深度大，上抬不明显，而灌注深度浅，则上抬较多，甚至溢到地面上来，此时可用多孔间歇注浆法，亦即让一定数量的浆液灌注入上层孔隙大的土中后，暂停工作让浆液凝固，这样就可把上抬的通道堵死；或者加快浆液的凝固时间，使浆液（双液）出注浆管就凝固。

二、注浆压力和流量

（一）注浆工艺

注浆压力和流量是施工中的两个重要参数，任何注浆方式均应有压力和流量的记录。自动流量和压力记录仪能随时记录并打印出注浆过程中的流量和压力值。

在注浆过程中，对注浆的流量、压力和注浆总流量中，可分析地层的空隙、确定注浆的结束条件、预测注浆的效果。

注浆施工方法较多，以上海地区而论最为常用的是花管注浆和单向阀管注浆两种施工方法。对一般工程的注浆加固，还是以花管注浆作为注浆工艺的主体。

花管注浆的注浆管在头部1~2m范围内侧壁开孔，孔眼为梅花形布置，孔眼直径一般为3~4mm。注浆管的直径一般比锥尖的直径小1~2mm。有时为防止孔眼堵塞，可在开口的孔眼外再包一圈橡皮环。

为防止浆液沿管壁上冒，可加一些速凝剂或压浆后间歇数小时，使在加固层表面形成一层封闭层。如在地表有混凝土之类的硬壳覆盖的情况，也可将注浆管一次压到设计深度，再由下而上分段施工。

（二）注浆工艺的不足

花管注浆工艺虽简单，成本低廉，但其存在的缺点是：（1）遇卵石或块石层时沉管困难；（2）不能进行二次注浆；（3）注浆时易于冒浆；（4）注浆深度不及塑料单向阀管。

（三）注浆时可掺用粉煤灰代替部分水泥的原因是：

1．粉煤灰颗粒的细度比水泥还细，及其占优势的球形颗粒，使比仅含有水泥和砂的浆液更容易泵送，用粉煤灰代替部分水泥或砂，可保持浆体的悬浮状态，以免发生离析和减少沉积来改善可泵性和可灌性。

2．粉煤灰具有火山灰活性，当加入到水泥中可增加胶结性，这种反应产生的粘结力比水泥砂浆间的粘结更为坚固。

3．粉煤灰含有一定量的水溶性硫酸盐，增强了水泥浆的抗硫酸盐性。

4．粉煤灰惨入水泥的浆液比一般水泥浆液用的水少，而通常浆液的强度与水灰比有关，他随水的减少而增加。

5．使用粉煤灰可达到变废为宝，具有社会效益，并节约工程成本。

每段注浆的终止条件为吸浆量小于 1～2L/min。当某段注浆量超过设计值的 1～1.5 倍时，应停止注浆，间歇数小时后再注，以防浆液扩到加固段以外。

为防止邻孔串浆，注浆顺序应按跳孔间隔注浆方式进行，并宜采用先外围后内部的注浆施工方法，以防浆液流失。当地下水流速较大时，应考虑浆液在水流中的迁移效应，应从水头高的一端开始注浆。

在浆液进行劈裂的过程中，产生超孔隙水压力，孔隙水压力的消散使土体固结和劈裂浆体的凝结，从而提高土的强度和刚度。但土层的固结要引起土体的沉降和位移。因此，土体加固的效应与土体扰动的效应是同时发展的过程，其结果是导致加固土体的效应和某种程度土体的变形，这就是单液注浆的初期会产生地基附加沉降的原因。而多孔间隔注浆和缩短浆液凝固时间等措施，能尽量减少既有建筑基础因注浆而产生的附加沉降。

（四）注浆效果及检查

注浆施工质量高不等于注浆效果好，因此，在设计和施工中，除应明确规定某些质量指标外，还应规定所要达到的注浆效果及检查方法。

1．统计计算灌浆量，可利用注浆过程中的流量和压力自动曲线进行分析，从而判断注浆效果。

2．由于浆液注入地层的不均匀性，从理论上分析，应选用能从宏观上反映的检测手段，但采用地球物理检测方法，实际上存在难以定量和直接反映的缺点。标准贯入、轻型动力触探和静力触探的检测方法，虽然简单实用，但他的存在仅能反映调查一点的加固效果的特点，因而对地基注浆加固效果检查和评估，当前仍然还是个尚待进一步研究的课题。

检验点的数量和合格的标准应按规范条文执行外，对不足20孔的注浆工程，至少应检测3个点。

第四节　高压喷射注浆法

一、概述

高压喷射注浆法（Jet Grouting），在我国又称为“旋喷法”，是20世纪70年代初期开发的一种新型地基加固技术，迄今已得到广泛的应用。

众所周知，在地基加固方法中，有一种历史悠久的静压化学或水泥注浆法（Injection），它是将不同性质的硬化剂（化学药品或水泥），用压力注入到地基中，用以改良土的性质。这种方法主要适用于砂类土，也可应用于粘性土。但是，在很多情况下，由于土层和土性的关系，其加固效果常不为人们所控制，尤其是在沉积的分层地基和夹层多的地基中，注入剂往往沿着层面流动；在细颗粒的土中，注入剂难以渗透到颗粒的孔隙中。因此，经常出现加固效果不明显的情况。

高压喷射注浆克服了上述注入法缺点，将注入剂形成高压喷射流，借助高压喷射流的切削和混合，使硬化剂和土体混合，达到改良土质的目的。

见图7.4.1为高压喷射注浆法与化学注浆法、水泥注浆法在不

同土质条件下的适用范围。化学注浆法、水泥注浆法主要适用于砂

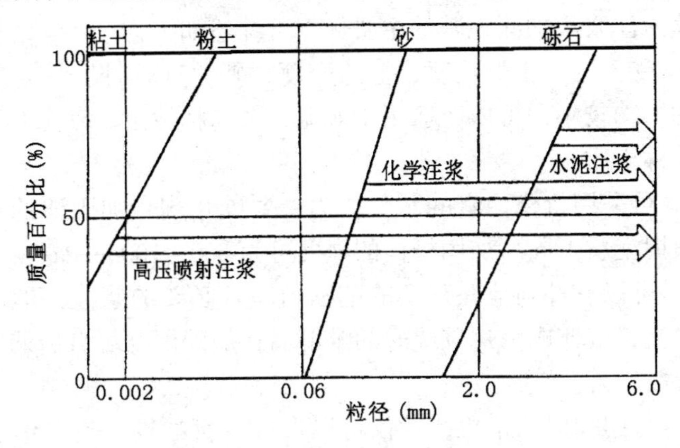

图 7.4.1 各种注浆法适用范围

土、砾石，而喷射注浆法几乎适用于所有的土。

70 年代初期，日本最先把高压喷射技术用于地基加固和防水帷幕，形成一种特殊的地基加固技术，即所谓 CCP 工法（Chemical Churning Pile）。此后，70 年代中期又开发了同时喷射高压浆液和压缩空气的二重管法（Jumbo Special Pile）以及同时喷射高压清水、压缩空气和低压浆液灌注的三重管法（Columu Jet Pile）。这些方法经过不断改进，已经成为实用化的方法，在许多国家和地区获得应用，我国自 70 年代中期开始进行试验和应用，目前已经形成成熟的地基加固工法，其中三重管法已被列为国家级工法。铁道部科学研究院，冶金部建筑研究总院，山东省水科所等为我国发展此项技术作出了积极的贡献。我国的工程应用在 90 年代进入了新的阶段，随着地下工程的发展，高压喷射注浆法已广泛用于工业与民用建筑、地铁、市政、水利，矿山建设中，其用途包括深基坑开挖中隔水、坑底加固、挡土、盾构工程起始和终端部位土体加固，原有建筑、桥梁基础补强，市政管线加固，水坝防渗等。

目前，我国建筑、冶金、铁路、煤炭、水利各个部门已分别在深基坑开挖、桥墩加固、水坝坝基防渗 、旧建筑物地基补强等方面广泛应用了这种方法。单管法的加固直径为 40 ~ 60cm，三重管

法加固的直径为0.8～2.0m，加固深度达20～30m。

喷射注浆法加固地基的主要优点可综述如下：

1．受土层、土的粒度、土的密度、硬化剂粘性、硬化剂硬化时间的影响较小，可广泛适用于淤泥、软弱粘性土、砂土甚至砂卵石等多种土质。

2．可采用价格便宜的水泥作为主要硬化剂，加固体的强度较高，根据土质不同，加固桩体的强度可为500～10000kPa。

3．可以有计划地在预定的范围内注入必要的浆液，形成一定间距的桩，或连成一片桩或薄的帷幕墙；加固深度可自由调节，连续或分段均可。

4．采用相应的钻机，不仅可以形成垂直的桩，也可形成水平的或倾斜的桩。

5．可以作为施工中的临时措施，也可作为永久建筑物的地基加固，尤其是在对已有建筑物地基补强和基坑开挖中需要对坑底加固，侧壁挡水，对邻近地铁及旧建筑物需加以保护时，这种方法能发挥其特殊作用。

二、基本概念

1．加固原理

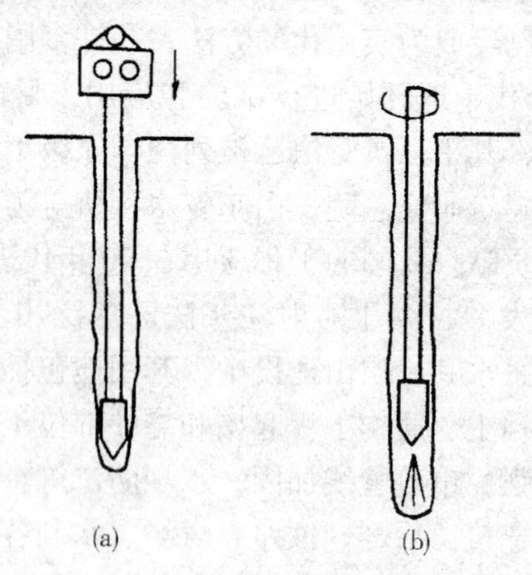

图7.4.2　喷射注浆法成孔

（a）振动法；（b）钻孔法

喷射注浆法加固地基通常分成两个阶段。第一阶段为成孔阶段，即采用普通的（或专用的）钻机预成孔或者驱动密封良好的喷射管和带有一个或两个横向喷嘴的特制喷射头进行成孔。成孔时采用钻孔或振动的方法，使喷射头达到预定的深度见图 7.4.2。

但是，喷射注浆尚存在着一些有待改进的问题：

(1) 施工质量控制受人为因素较多，尤其在我国质量控制尚不能全部用仪表控制。

(2) 设计计算不确定的因素较多，需要设计，施工人员有经验才能取得较好的结果。

(3) 质量检验方法有待进一步完善。

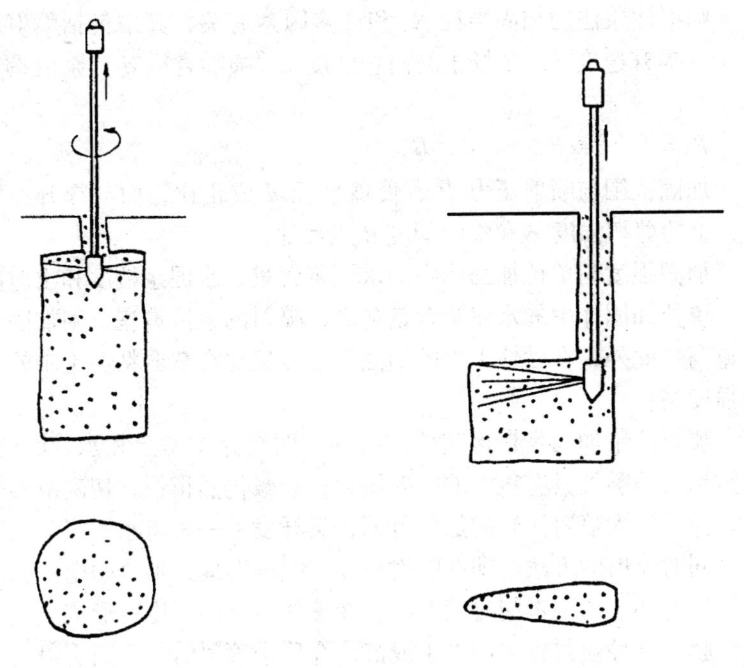

图 7.4.3　旋喷成桩　　　　图 7.4.4　定向喷射

第二阶段为喷射加固阶段，即用高压水泥浆（或其他硬化剂），以通常为 15MPa 以上的压力，通过喷射管由喷射头上的直径约为

2mm 的横向喷嘴向土中喷射。与此同时，钻杆一边旋转，一边向上提升。由于高压细喷射流有强大切削能力，因此喷射的水泥浆一边切削四周土体，一边与之搅拌混合，形成圆柱状的水泥与土混合的加固体，即是目前通常所说的“旋喷桩”见图 7.4.3。

有时，根据工程需要，也可形成“片状”加固体，例如隔水帷幕。此时，只要在喷射高压水泥浆时，钻杆只提升，而不旋转见图 7.4.4 即所谓定向喷射。这种情况下，常常采用一个喷嘴或两个喷嘴进行喷射。

此外，也可只在一个限定的角度范围内（如 120°）往复喷射，即所谓“摆喷”。

喷射注浆法的加固半径 R_a 和许多因素有关，其中包括喷射压力 P、提升速度 S、现场土的前切强度 τ、喷嘴直径 d 和浆液稠度 B。

$R_a = f(P, S, \tau, d, B)$

加固范围与喷射压力 P 、喷嘴直径 d 成正比，而与提升速度 S 、土的剪切强度 τ 和浆液稠度 B 成反比。

加固强度与单位加固体中的水泥浆含量、水泥浆稠度和土质有关。单位加固体中的水泥浆含量愈高，喷射的浆液愈稠，则加固强度愈高。此外，在砂性土中的加固强度显然比在软弱粘性土中的加固强度高。

喷射注浆加固是在地基中进行的，四周介质是土和水，因此，虽然钻机喷嘴处具有很大的喷射压力，衰减仍然很快，切削范围较小。为了扩大喷射注浆的加固范围，又开发了一种将水泥浆与压缩空气同时喷射的方法。即在喷射液体的喷嘴四周，形成一个环状的气体喷射环，当两者同时喷射时，在液体射流的周围就形成空气的保护膜。这种喷射方法用在土或液体介质中喷射时，可减少喷射压力的衰减，使之尽可能接近在空气中喷射时的压力衰减率，从而扩大喷射半径。

2. 加固方法

根据喷射方法的不同，喷射注浆法可分为单管喷射法、二重管法、三重管法见图 7.4.5 和 7.4.6。

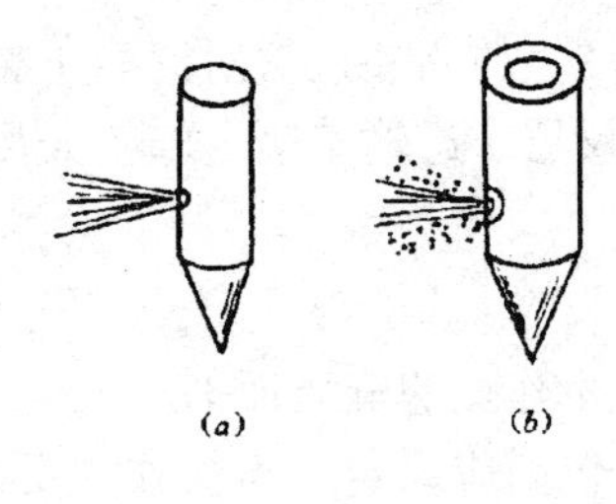

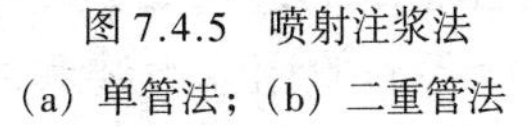
图 7.4.5　喷射注浆法
(a) 单管法；(b) 二重管法

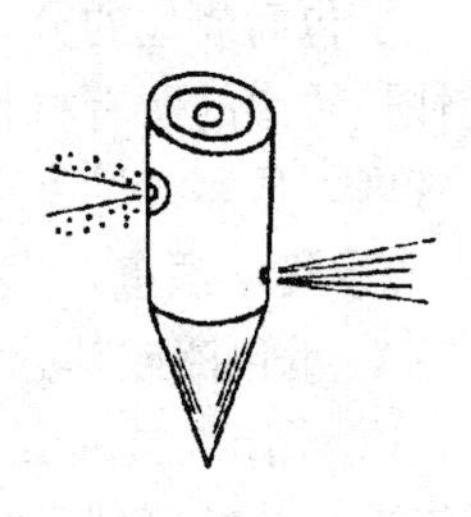
图 7.4.6　三重管喷射注浆法

二重管法又称浆液、气体喷射法，是用二层喷射管，将高压水泥浆和空气同时横向喷射见图 7.4.5 (b)。水泥浆在四周形成的空气膜的条件下喷射，加固范围较大，加固直径可达 100cm。

三重管法是一种水、气喷射，浆液灌注的方法。即用三层或三根喷射管使高压水和空气同时横向喷射，并切割地基土体，借空气的上升力把破碎的土由地表排出；与此同时，另一个喷射将水泥浆以较低压力喷射注入到被切割、搅拌的地基中，使水泥浆与土混合达到加固目的见图 7.4.6。其加固直径可达 0.8～2m。

二重管法和三重管法都是将水泥浆（或水）与压缩空气同时喷射，除可延长喷射距离外，也可促进废土的排除，增大切削能力，减轻加固单位体积的重量。

第五节　衬砌裂缝注浆

注浆工程质量控制的关键是施工作业的“过程控制”。本节介绍“混凝土裂缝注入环氧树脂粘结剂的操作指南”梗概，借以说明“衬砌裂缝注浆”的施工技术和施工过程中的质量控制。

一、概述

本技术文件，供从事注入环氧树脂对混凝土结构裂缝补强防渗的工程技术人员学习参考。

1．责任范围

承包商或他的分包商负责提供采用环氧树脂注入法对混凝土裂缝补强防渗的所有材料、工具、设备、仪器、运输车辆、施工人员和管理人员。

2．资格预审

A. 承包商或其分包商应具备本项技术作业的资质证书。

B. 操作人员的资格：承包商或其分包商应固定一组操作人员。事先进行技术培训；掌握施工工艺全过程和必要的理论知识（包括混凝土裂缝原因的分析）；掌握注浆机械设备的使用、组装和故障排除。操作人员的技术熟练程度和责任心是保证工程质量的关键。

二、材料和设备

1．注入用环氧树脂粘结剂

（由选定的材料供应商提供全套技术资料）

2．表面密封

（1）定义：表面密封是为防止环氧树脂在注浆过程和浆液固化过程中从裂缝向外流失的一道工序。

（2）性能：表面密封材料应具有足够的强度，承受注浆过程中的高压力和浆液未固化前的溢出压力。

3. 注入设备

（1）型号

（2）注入压力

（3）双液注浆的比例控制

（4）自动终止控制

三、现场施工

1．准备工作

（1）清除裂缝附近的浮灰、油污：粘贴表面密封体系。在表面清理过程中，不允许使用酸洗或其他腐蚀性化学物质处理。

（2）沿裂缝布设注入管的间距，不小于该部位的混凝土厚度。

（3）表面密封体系用于裂缝实施环氧树脂注浆的一面。若系贯穿性裂缝，还必须在另一面使用表面密封体系。

(4) 表面密封体系需要一定的养护时间；必须达到足够的强度方可注浆。

2．环氧树脂注浆

(1) 环氧树脂注浆从裂缝最下面的预埋注入管，起始注入：当上部紧邻的注入管溢浆时，停泵。

(2) 封闭注入口，将泵入管道移接到相邻溢浆注入管口中，继续作业。

(3) 按上述操作，不断循环，直到整个裂缝全部充填饱满。

(4) 在注入过程中，如果注入压力不变，从一个注入口到另一个注入口不产生溢浆的话，应立即停泵，报告专业工程师。

3．收尾工作

(1) 当裂缝完全充填；环氧树脂粘结剂得到足够时间的养护；确认注入材料不会从裂缝中溢出；方可清除表面密封体系。

(2) 彻底清除溢出在混凝土表面的固化材料和表面密封材料。

(3) 裂缝表面应适当抛光；不得在埋设注入管的位置遗留凹坑或突起物。

(4) 现场试验取芯孔的充填。该工序包括：试验双组份粘结剂；手工拌制原注入浆液；击入适当的塞子；表面使用与混凝土一色、纹理相当的涂料等。最终达到监理工程师满意的要求为止。

4．现场质量控制

(1) 取芯试验（取芯试验必须经过业主批准，不得擅自实施）

①起始芯：在第1个25延米注浆完成后，承包商或分包商将钻取直径5cm的起始芯。芯样由监理工程师指定位置钻取，其钻取深度为裂缝的深度。起始芯取样操作的费用由承包商或分包商负责，但不包括以下情况发生的费用：

a. 监理工程师指定的取样、操作、保管和运输；

b. 指定试件的储存箱、养护、运输；

c. 业主对试件附加的要求和测试内容。

②起始芯将测试环氧树脂渗透的程度和粘接强度。

③起始芯试件的测试由业主代表负责实施，并承担相应的费用。

④业主附加的取芯，由业主提供费用。

⑤起始芯和质量见证芯的试验方法

a. 渗透性：直观检验；

b. 粘接强度或抗压强度试验；混凝土常规法。

⑥试验要求

a. 渗透性：裂缝深度的90%充满环氧树脂浆液固结体；

b粘接强度：非粘接面破坏或达到450kg/cm^2。

⑦试验的评定和验收

a. 起始芯通过上述试验，达到标准数值，则说明这一区域的注浆作业得以验收。

b. 如果起始芯的渗透性和粘接强度，测试不合格。则必须分析原因，补充注浆，重新检测，直到符合要求为止。

c. 不合格起始芯区域，返工之后，由监理工程师指定的位置钻取“见证芯”，重新按5和6的规定检测。

⑧取芯孔的充填，在得到监理工程师的允许后，按上述规定技术要求进行充填。

(2) 注浆压力试验

①方法：拆去注浆设备的混合器。将双液输浆管连接到压力测试装置上。压力测试装置由两个独立的压力传感阀组成。关闭阀门，启动注浆泵；使压力表达5Bar；然后停泵；观测压力表，在2min内的压力降，不达到4Bar，为合格。

②压力试验频率：压力试验可在每次注浆前进行；交接班或停工用餐后进行；在进行裂缝表面清理的间歇时间进行。

(3) 进浆比例试验

试验方法：拆去注浆设备的混合器。将双液输浆管连接到比例测试装置上。比例测试装置由两个独立的阀件组成。可通过开启和关闭阀门，控制回流压力来调节。压力表可显示每个阀门的回流压力。关闭阀门，启泵，待压力升到5Bar，停泵。再开启阀门，将浆液放入有刻度的容器；观测两个容器内的浆液，是否符合设备的比例参数。

(4) 压力和进浆比例试验的见证

①在整个施工过程中，作业人员必须认真的按规定进行压力和进浆比例试验，作好记录，供监理抽查见证。

②监理工程师可在任何时间、在没有预先通知的情况下，光临现场对规定作的工序，进行检查。

四、工程量的确认与付款

1．工程量的确认可按下列方式计量工程量

(1) 一揽子承包价；

(2) 按每延米计价；

(3) 按每个部位计价；

(4) 按工作日数计价。

2．付款：按合同规定

第八章 子分部工程质量验收

第一节 地下建筑防水工程的质量要求

地下建筑防水工程的质量要求见表8.1.1。

表8.1.1 地下建筑防水工程的质量要求一览表

工序或分项	质量要求	施工质量检验批或检验内容
1. 防水混凝土质量	1. 抗压强度必须符合设计要求 2. 抗渗压力必须符合设计要求	1. 检查混凝土抗压、抗渗试验报告 2. 检查是否按本规范第4.1.6条规定留置抗渗试件及按时检测
2. 构筑物混凝土表面	1. 表面应平整，不得有露筋、蜂窝等缺陷 2. 防水混凝土结构的裂缝宽度，应符合本规范第4.1.2条规定的质量控制要求，即“裂缝宽度不得大于0.2mm，并不得贯通”	1. 防水混凝土的施工质量检验批，应按混凝土外露面积每$100m^2$抽查1处，每处$10m^2$，但不少于3处 2. 防水混凝土的细部构造应按全数检查
3. 水泥砂浆防水层	1. 密实、平整、粘接牢固 2. 不得有空鼓、裂纹、起砂、麻面等缺陷 3. 防水层厚度符合设计要求，最小厚度不得小于设计值85%	1. 水泥砂浆防水层工程的施工质量检验批，应按施工面积每$100m^2$抽查1处，每处$10m^2$，但不少于3处 2. 观察、敲击、尺量检查

续表

工序或分项	质量要求	施工质量检验批或检验内容
4. 卷材防水层	1. 粘接牢固、封闭严密 2. 不得有损伤、空鼓、皱折等缺陷	卷材防水层工程的施工质量检验批，应按铺贴面积每 $100m^2$ 抽查 1 处，每处 $10m^2$，但不少于 3 处
5. 涂料防水层	1. 粘接牢固 2. 不得有脱皮、流淌、鼓泡、露胎、皱折等缺陷 3. 涂层厚度应符合设计要求	1. 涂料防水层工程的施工质量检验批，应按涂层面积每 $100m^2$ 抽查 1 处，每处 $10m^2$，但不少于 3 处 2. 按本规范第 4.4.3 条规定检查防水涂料厚度
6. 塑料板防水层	1. 铺设牢固、平整 2. 搭接焊缝严密 3. 不得有焊穿、下垂、绷紧现象	1. 塑料板防水层工程的施工质量检验批，应按铺贴面积每 $100m^2$ 抽查 1 处，每处 $10m^2$，但不少于 3 处 2. 塑料板防水层焊缝的检验应按焊缝数量抽查 5%，每条焊缝为 1 处，但不少于 3 处
7. 金属板防水层	1. 焊缝不得有裂纹、未熔合、夹渣、焊瘤、咬边、烧穿、弧坑、针状气孔等缺陷 2. 防锈处理应符合设计要求	1. 金属板防水层工程的施工质量检验批，应按铺贴面积每 $10m^2$ 抽查 1 处，每处 $1m^2$，但不少于 3 处 2. 长度小于 500mm 的焊缝，每条检查 1 处 3. 长度 500 ~ 2000mm 的焊缝，每条检查 2 处 4. 长度大于 2000mm 的焊缝，每条检查 3 处

续表

工序或分项	质量要求	施工质量检验批或检验内容
8. 变形缝、施工缝、后浇带、穿墙管道等细部构造	应符合设计图纸要求	本规范第4.7.12条规定"防水混凝土结构细部构造的施工质量检验批应按全数检查

第二节 隧道防水工程的质量要求

隧道防水工程的质量要求见表8.2.1。

表8.2.1 隧道防水工程的质量要求一览表

工序或分项	质量要求	施工质量检验批或检验内容
1. 隧道渗漏水量调查与量测	应符合设计文件规定的本工程"防水等级"	1. 地下工程防水等级标准，见本规范第3.0.1条规定 2. 按本规范附录C"地下防水工程渗漏水调查与量测方法"操作、认真进行
2. 隧道内衬混凝土表面	1. 内衬混凝土表面应平整 2. 不得有孔洞、露筋、蜂窝等缺陷	复合式衬砌工程的施工质量检验批，应按区间或小于区间断面的结构，每20延米检查1处，车站每10延米检查1处，每处$10m^2$，但不少于3处
3. 盾构法隧道衬砌	1. 管片衬砌的自防水应符合设计要求 2. 管片接缝防水应符合设计要求	盾构法隧道工程的施工质量检验批，应按每连续20环抽查1处，但不少于3处

续表

工序或分项	质 量 要 求	施工质量检验批或检验内容
4. 喷锚支护的隧道衬砌内表面	喷射混凝土表面平整度的允许偏差应为30mm，且矢弦比不得大于1/6	喷锚支护工程的施工质量检验批，应按区间或小于区间断面的结构，每20延米检查1处，车站每10延米检查1处，每处$10m^2$，但不少于3处
5. 地下连续墙	地下连续墙墙体结构平整度允许偏差 临时支护墙体为50mm 单一墙体为30mm 复合墙体为30mm	地下连续墙工程的施工质量检验批，应按连续墙每10个槽段抽查1处，每处为1个槽段，但不少于3处

排水工程的质量要求见表8.2.2。

表8.2.2　　排水工程的质量要求一览表

工序或分项	质 量 要 求	施工质量检验批或检验内容
1. 渗排水、盲沟排水	排水系统不淤积、不堵塞，确保排水畅通。详见本规范第6.1.8条和第6.1.9条	渗排水、盲沟排水工程的施工质量检验批应按10%抽查，其中按两轴线间或10延米为1处，但不少于3处
2. 隧道、坑道排水	排水沟断面和坡度应符合设计要求。详见本规范第6.2.9条和第6.2.10条	隧道、坑道排水工程的施工质量检验批应按10%抽查，其中按两轴线间或10延米为1处，但不少于3处

注浆工程的质量要求见表8.2.3。

表 8.2.3　　　　**注浆工程的质量要求一览表**

工序或分项	质量要求	施工质量检验批或检验内容
1. 预注浆、后注浆	1. 注浆效果应符合设计要求 2. 地表沉降控制符合设计要求	注浆工程的施工质量检验批，应按注浆加固或堵漏面积每 100m² 抽查 1 处，每处 10m²，但不少于 3 处
2. 衬砌裂缝注浆	注浆效果应符合设计要求	衬砌裂缝注浆工程的施工质量检验批，应按裂缝条数的 10%抽查，每条裂缝为 1 处，但不少于 3 处

第三节　地下防水隐蔽工程验收记录的内容

地下防水工程隐蔽验收记录的内容见表 8.3.1。

表 8.3.1　　　　**地下防水工程隐蔽验收记录的内容**

工序或分项	隐蔽验收内容	隐蔽验收操作依据和技术要求
1. 卷材防水层	1. 基层的清洁度 2. 基面预处理的实施	本规范第 4.3.3 条
2. 涂料防水层	1. 基层的清洁度 2. 基面预处理的实施	本规范第 4.4.9 条
3. 防水混凝土结构	被防水层掩盖的防水混凝土结构	本规范第 4.1.7 条、第 4.1.8 条、第 4.1.9 条
4. 细部构造	1. 变形缝、施工缝等的防水构造和做法 2. 管道设备穿过防水层的封固部位	本规范 4.7 节“细部构造”有关条款

续表

工序或分项	隐蔽验收内容	隐蔽验收操作依据和技术要求
5. 排水工程	渗排水层、盲沟和坑槽	本规范6.1节和6.2节相关内容
6. 注浆工程	衬砌前围岩渗漏水处理	本规范7.1节相关内容
7. 地下建筑防水工程	基坑的超挖和回填	本规范第3.0.7条

第四节 地下防水工程验收资料

地下防水工程验收检查资料见表8.4.1。

表8.4.1 地下防水工程验收资料一览表

项　　目	资料名称或内容	责任单位
1. 防水设计	1. 设计图及会审记录 2. 设计变更通知单 3. 材料代用核定单	工程设计单位
2. 设计技术交底	施工操作要求及注意事项	工程设计单位
3. 防水作业承包	专业防水施工队资质证明复印件或分包的专业防水施工队资质证明复印件	业主或被委托的监理单位
4. 防水施工	1. 防水施工二次设计（包括必需的补充图纸） 2. 防水施工组织设计 3. 特殊技术措施及安全措施 4. 质量保证体系	1. 工程施工单位 2. 防水监理责任者

续表

项　　目	资料名称或内容	责任单位
5. 防水材料采购	1. 出厂合格证 2. 产品质量检验报告 3. 现场有监理见证抽样送样的测试报告	1. 业主 2. 防水施工单位 3. 防水监理责任者
6. 防水施工过程	施工日志	防水施工单位
7. 现场配制材料	1. 混凝土（包括商品防水混凝土）的配合比监控、规定的抗压、抗渗试验报告 2. 防水砂浆配合比及质量监控 3. 化学材料的配合比及质量监控	1. 防水施工单位 2. 防水监理责任者
8. 竣工资料	1. 竣工报告 2. 竣工图	防水施工单位
9. 其他有关资料	1. 事故处理报告 2. 业主或合同要求提供的技术资料	防水施工单位

附录一

中华人民共和国国家标准

地下防水工程质量验收规范

Code for Acceptance of Construction Quality

of Underground Waterproof

GB 50208 — 2002

主编部门：山 西 省 建 设 厅

批准部门：中华人民共和国建设部

施行日期：2 0 0 2 年 4 月 1 日

中国建筑工业出版社

2002 北京

关于发布国家标准《地下防水工程质量验收规范》的通知

建标［2002］61号

根据建设部《关于印发〈一九九八年工程建设国家标准制定、修订计划（第一批）〉的通知》（建标［1998］94号）的要求，山西省建设厅会同有关部门共同修订了《地下防水工程质量验收规范》。我部组织有关部门对该规范进行了审查，现批准为国家标准，编号为GB50208—2002，自2002年4月1日起施行。其中，3.0.6、4.1.8、4.1.9、4.2.8、4.5.5、5.1.10、6.1.8为强制性条文，必须严格执行。

规范由建设部负责管理和对强制性条文的解释，山西建筑工程（集团）总公司负责具体技术内容的解释，建设部标准定额研究所组织中国建筑工业出版社出版发行。

中华人民共和国建设部

2002年3月15日

前　言

根据建设部建标［1998］94号文《关于印发“一九九八年工程建设国家标准制定、修订计划（第一批）”的通知》的要求，由山西省建设厅为主编部门，具体由山西建筑工程（集团）总公司会同总参谋部工程兵科研三所等单位共同编制的《地下防水工程质量验收规范》GB 50208—2002，已于2000年12月经全国审查会议通过，并以建设部建标［2002］61号文批准，由建设部和国家质量监督检验检疫总局联合发布。

本规范的主要内容为：总则、术语、基本规定、地下建筑防水工程、特殊施工法防水工程、排水工程、注浆工程、子分部工程验收。

本规范以黑体标志的条文为强制性条文，必须严格执行。

本规范具体解释由山西建筑工程（集团）总公司负责。在规范执行过程中，请各单位结合工程实践，认真总结经验，如发现需要修改和补充之处，请将意见和建议交山西建筑工程（集团）总公司（地址：山西太原市新建路35号，邮政编码：030002），以供今后修订时参考。

本规范主编单位、参编单位和主要起草人：

主 编 单 位：山西建筑工程（集团）总公司

参 编 单 位：总参谋部工程兵科研三所

北京市建筑工程研究院

冶金建筑研究总院

上海隧道工程、轨道交通设计研究院

上海市地铁运营公司

浙江工业大学

哈尔滨雪佳集团有限公司

主要起草人：哈成德　朱忠厚　冀文政　雷志梁
王向波　张玉玲　朱祖熹　薛绍祖
张文华　王存孝

本规范在编制过程中得到上海隧道工程公司防水材料厂、山西丽华涂料有限公司的大力协助。

目　次

1 总 则

1.0.1 为了加强建筑工程质量管理，统一地下防水工程质量的验收，保证工程质量，制定本规范。

1.0.2 本规范适用于地下建筑工程、市政隧道、防护工程、地下铁道等防水工程质量的验收。

1.0.3 地下防水工程中所采用的工程技术文件以及承包合同文件，对施工质量验收的要求不得低于本规范的规定。

1.0.4 本规范应与国家标准《建筑工程施工质量验收统一标准》GB50300—2001配套使用。

1.0.5 地下防水工程施工质量的验收除应执行本规范外，尚应符合国家现行有关标准规范的规定。

2 术　　语

2.0.1 地下防水工程　underground waterproof engineering

指对工业与民用建筑地下工程、防护工程、隧道及地下铁道等建（构）筑物，进行防水设计、防水施工和维护管理等各项技术工作的工程实体。

2.0.2 防水等级　grade of waterproof

根据地下工程的重要性和使用中对防水的要求，所确定结构允许渗漏水量的等级标准。

2.0.3 刚性防水层　rigid waterproof layer

采用较高强度和无延伸能力的防水材料，如防水砂浆、防水混凝土所构成的防水层。

2.0.4 柔性防水层　flexible waterproof layer

采用具有一定柔韧性和较大延伸率的防水材料，如防水卷材、有机防水涂料构成的防水层。

2.0.5 初期支护　primary linning

用矿山法进行暗挖法施工后，在岩体上喷射或浇筑防水混凝土所构成的第一次衬砌。

2.0.6 盾构法隧道　shield tunnelling method

采用盾构掘进机进行开挖，钢筋混凝土管片作为衬砌支护的隧道暗挖施工法。

2.0.7 土工合成材料　geosynthetics

指工程建设中应用的土工织物、土工膜、土工复合材料、土工特种材料的总称。

3 基 本 规 定

3.0.1 地下工程的防水等级分为4级，各级标准应符合表3.0.1的规定。

表3.0.1　　地下工程防水等级标准

防水等级	标　　准
1　级	不允许渗水，结构表面无湿渍
2　级	不允许漏水，结构表面可有少量湿渍 工业与民用建筑：湿渍总面积不大于总防水面积的1‰，单个湿渍面积不大于0.1m²，任意100m²防水面积不超过1处 其他地下工程：湿渍总面积不大于总防水面积的6‰，单个湿渍面积不大于0.2m²，任意100m²防水面积不超过4处
3　级	有少量漏水点，不得有线流和漏泥砂 单个湿渍面积不大于0.3m²，单个漏水点的漏水量不大于2.5L/d，任意100m²防水面积不超过7处
4　级	有漏水点，不得有线流和漏泥砂 整个工程平均漏水量不大于2L/m²·d，任意100m²防水面积的平均漏水量不大于4L/m²·d

3.0.2 地下工程的防水设防要求，应按表3.0.2－1和表3.0.2－2选用。

3.0.3 地下防水工程施工前，施工单位应进行图纸会审，掌握工程主体及细部构造的防水技术要求，并编制防水工程的施工方案。

3.0.4 地下防水工程的施工，应建立各道工序的自检、交接检和专职人员检查的“三检”制度，并有完整的检查记录。未经建设（监理）单位对上道工序的检查确认，不得进行下道工序的施工。

3.0.5 地下防水工程必须由相应资质的专业防水队伍进行施工；主要施工人员应持有建设行政主管部门或其指定单位颁发的执业资格证书。

3.0.6 地下防水工程所使用的防水材料，应有产品的合格证书和性能检测报告，材料的品种、规格、性能等应符合现行国家产品标准和设计要求。

对进场的防水材料应按本规范附录 A 和附录 B 的规定抽样复验，并提出试验报告；不合格的材料不得在工程中使用。

表 3.0.2－1　明挖法地下工程防水设防

工程部位		主体						施工缝					后浇带				变形缝、诱导缝						
防水措施		防水混凝土	防水砂浆	防水卷材	防水涂料	塑料防水板	金属板	遇水膨胀止水条	中埋式止水带	外贴式止水带	外抹防水砂浆	外涂防水涂料	膨胀混凝土	遇水膨胀止水条	外贴式止水带	防水嵌缝材料	中埋式止水带	外贴式止水带	可卸式止水带	防水嵌缝材料	外贴防水卷材	外涂防水涂料	遇水膨胀止水条
防水等级	1 级	应选	应选一至二种					应选二种					应选	应选二种			应选	应选二种					
	2 级	应选	应选一种					应选一至二种					应选	应选一至二种			应选	应选一至二种					
	3 级	应选	宜选一种					宜选一至二种					应选	宜选一至二种			应选	宜选一至二种					
	4 级	宜选	—					宜选一种					应选	宜选一种			应选	宜选一种					

表 3.0.2－2　暗挖法地下工程防水设防

工程部位		主体				内衬砌施工缝					内衬砌变形缝、诱导缝				
防水措施		复合式衬砌	离壁式衬砌、衬套	贴壁式衬砌	喷射混凝土	外贴式止水带	遇水膨胀止水条	防水嵌缝材料	中埋式止水带	外涂防水涂料	中埋式止水带	外贴式止水带	可卸式止水带	防水嵌缝材料	遇水膨胀止水条
防水等级	1 级	应选一种			—	应选二种					应选	应选二种			
	2 级	应选一种			—	应选一至二种					应选	应选一至二种			
	3 级	—	应选一种			宜选一至二种					应选	宜选一种			
	4 级	—	应选一种			宜选一种					应选	宜选一种			

3.0.7 地下防水工程施工期间，明挖法的基坑以及暗挖法的竖井、洞口，必须保持地下水位稳定在基底 0.5m 以下，必要时应采取降水措施。

3.0.8 地下防水工程的防水层，严禁在雨天、雪天和五级风及其以上时施工，其施工环境气温条件宜符合表 3.0.8 的规定。

表 3.0.8　　防水层施工环境气温条件

防水层材料	施工环境气温
高聚物改性沥青防水卷材	冷粘法不低于 5℃，热溶法不低于 -10℃
合成高分子防水卷材	冷粘法不低于 5℃，热风焊法不低于 -10℃
有机防水涂料	溶剂型 -5℃ ~ 35℃，水溶性 5℃ ~ 35℃
无机防水涂料	5℃ ~ 35℃
防水混凝土、水泥砂浆	5℃ ~ 35℃

3.0.9 地下防水工程是一个子分部工程，其分项工程的划分应符合表 3.0.9 的要求。

表 3.0.9　　地下防水工程的分项工程

子分部工程	分项工程
地下防水工程	地下建筑防水工程：防水混凝土，水泥砂浆防水层，卷材防水层，涂料板防水层、塑料板防水层，金属板防水层，细部构造
	特殊施工法防水工程：锚喷支护，地下连续墙，复合式衬砌，盾构法隧道
	排水工程：渗排水、盲沟排水、隧道、坑道排水
	注浆工程：预注浆、后注浆、衬砌裂缝注浆

3.0.10 地下防水工程应按工程设计防水等级标准进行验收。地下防水工程渗漏水调查与量测方法应按本规范附录 C 执行。

4 地下建筑防水工程

4.1 防水混凝土

4.1.1 本节适用于防水等级为1~4级的地下整体式混凝土结构。不适用环境温度高于80℃或处于耐侵蚀系数小于0.8的侵蚀性介质中使用的地下工程。

注：耐侵蚀系数是指在侵蚀性水中养护6个月的混凝土试块的抗折强度与在饮用水中养护6个月的混凝土试块的抗折强度之比。

4.1.2 防水混凝土所用的材料应符合下列规定：

1 水泥品种应按设计要求选用，其强度等级不应低于32.5级，不得使用过期或受潮结块水泥；

2 碎石或卵石的粒径宜为5~40mm，含泥量不得大于1.0%，泥块含量不得大于0.5%；

3 砂宜用中砂，含泥量不得大于3.0%，泥块含量不得大于1.0%；

4 拌制混凝土所用的水，应采用不含有害物质的洁净水；

5 外加剂的技术性能，应符合国家或行业标准一等品及以上的质量要求；

6 粉煤灰的级别不应低于二级，掺量不宜大于20%；硅粉掺量不应大于3%，其他掺合料的掺量应通过试验确定。

4.1.3 防水混凝土的配合比应符合下列规定：

1 试配要求的抗渗水压值应比设计值提高0.2MPa；

2 水泥用量不得少于300kg/m^3；掺有活性掺合料时，水泥用量不得少于280kg/m^3。

3 砂率宜为35%~45%，灰砂比宜为1∶2~1∶2.5；

4 水灰比不得大于0.55；

5 普通防水混凝土坍落度不宜大于50mm，泵送时入泵坍落度宜为100～140mm。

4.1.4 混凝土拌制和浇筑过程控制应符合下列规定：

1 拌制混凝土所用材料的品种、规格和用量，每工作班检查不应少于两次。每盘混凝土各组成材料计量结果的偏差应符合表4.1.4－1的规定。

表4.1.4－1　混凝土组成材料计量结果的允许偏差（%）

混凝土组成材料	每盘计量	累计计量
水泥、掺合料	±2	±1
粗、细骨料	±3	±2
水、外加剂	±2	±1

注：累计计量仅适用于微机控制计量的搅拌站。

2 混凝土在浇筑地点的坍落度，每工作班至少检查两次。混凝土的坍落度试验应符合现行《普通混凝土拌合物性能试验方法》GBJ80的有关规定。

混凝土实测的坍落度与要求坍落度之间的偏差应符合表4.1.4－2的规定。

表4.1.4－2　混凝土坍落度允许偏差

要求坍落度（mm）	允许偏差（mm）
≤40	±10
50～90	±15
≥100	±20

4.1.5 防水混凝土抗渗性能，应采用标准条件下养护混凝土抗渗试件的试验结果评定。试件应在浇筑地点制作。

连续浇筑混凝土每500m³应留置一组抗渗试件（一组为6个抗渗试件），且每项工程不得少于两组。采用预拌混凝土的抗渗试件，留置组数应视结构的规模和要求而定。

抗渗性能试验应符合现行《普通混凝土长期性能和耐久性能试验方法》GBJ82 的有关规定。

4.1.6 防水混凝土的施工质量检验数量，应按混凝土外露面积每 $100m^2$ 抽查 1 处，每处 $10m^2$，且不得少于 3 处；细部构造应按全数检查。

主 控 项 目

4.1.7 防水混凝土的原材料、配合比及坍落度必须符合设计要求。

检验方法：检查出厂合格证、质量检验报告、计量措施和现场抽样试验报告。

4.1.8 防水混凝土的抗压强度和抗渗压力必须符合设计要求。

检验方法：检查混凝土抗压、抗渗试验报告。

4.1.9 防水混凝土的变形缝、施工缝、后浇带、穿墙管道、埋设件等设置和构造，均须符合设计要求，严禁有渗漏。

检验方法：观察检查和检查隐蔽工程验收记录。

一 般 项 目

4.1.10 防水混凝土结构表面应坚实、平整，不得有露筋、蜂窝等缺陷；埋设件位置应正确。

检验方法：观察和尺量检查。

4.14.11 防水混凝土结构表面的裂缝宽度不应大于 0.2mm，并不得贯通。

检验方法：用刻度放大镜检查。

4.1.12 防水混凝土结构厚度不应小于 250mm，其允许偏差为 +15mm、－10mm；迎水面钢筋保护层厚度不应小于 50mm，其允许偏差为 ± 10mm

检验方法：尺量检查和检查隐蔽工程验收记录。

4.2 水泥砂浆防水层

4.2.1 本节适用于混凝土或砌体结构的基层上采用多层抹面的水泥砂浆防水层，不适用环境有侵蚀性、持续振动或温度高于80℃的地下工程。

4.2.2 普通水泥砂浆防水层的配合比应按表4.2.2选用；掺外加剂、掺合料、聚合物水泥砂浆的配合比应符合所掺材料的规定。

表4.2.2　普通水泥砂浆防水层的配合比

名　称	配合比（质量比）		水灰比	适用范围
	水泥	砂		
水泥浆	1	—	0.55～0.60	水泥砂浆防水层的第一层
水泥浆	1	—	0.37～0.40	水泥砂浆防水层的第三、五层
水泥砂浆	1	1.5～2.0	0.40～0.50	水泥砂浆防水层的第二、四层

4.2.3 水泥砂浆防水层所用的材料应符合下列规定：

1 水泥品种应按设计要求选用，其强度等级不应低于32.5级，不得使用过期或受潮结块水泥；

2 砂宜采用中砂，粒径3 mm以下，含泥量不得大于1%，硫化物和硫酸盐含量不得大于1%；

3 水应采用不含有害物质的洁净水；

4 聚合物乳液的外观质量，无颗粒、异物和凝固物；

5 外加剂的技术性能应符合国家或行业标准一等品及以上的质量要求。

4.2.4 水泥砂浆防水层的基层质量应符合下列要求：

1 水泥砂浆铺抹前，基层的混凝土和砌筑砂浆强度应不低于设计值的80%；

2 基层表面应坚实、平整、粗糙、洁净，并充分湿润，无积水；

3 基层表面的孔洞、缝隙应用与防水层相同的砂浆填塞抹平。

4.2.5 水泥砂浆防水层施工应符合下列要求：

1 分层铺抹或喷涂，铺抹时应压实、抹平和表面压光；

2 防水层各层应紧密贴合，每层宜连续施工，必须留施工缝时应采用阶梯坡形槎，但离开阴阳角外不得小于200mm；

3 防水层的阴阳角上应做成圆弧形；

4 水泥砂浆终凝后应及时进行养护，养护温度不宜低于5℃并保持湿润，养护时间不得少于14d。

4.2.6 水泥砂浆防水层的施工质量检验数量，应按施工面积每$100m^2$抽查1处，每处$10m^2$，且不得少于3处。

主控项目

4.2.7 水泥砂浆防水层的原材料及配合比必须符合设计要求。

检验方法：检查出厂合格证、质量检验报告、计量措施和现场抽样试验报告。

4.2.8 水泥砂浆防水层各层之间必须结合牢固，无空鼓现象。

检验方法：观察和用小锤轻击检查。

一般项目

4.2.9 水泥砂浆防水层表面应密实、平整，不得有裂纹、起砂、麻面等缺陷；阴阳角处应做成圆弧形。

检验方法：观察检查。

4.2.10 水泥砂浆防水层施工缝留搓位置应正确，接搓应按层次顺序操作，层层搭接紧密。

检验方法：观察检查和检查隐蔽工程验收记录。

4.2.11 水泥砂浆防水层的平均厚度应符各设计要求，最小厚度不得小于设计值的85%。

检验方法：观察和尺量检查。

4.3 卷 材 防 水 层

4.3.1 本节适用于受侵蚀性介质或受振动作用的地下工程主体迎水面铺贴的卷材防水层。

4.3.2 卷材防水层应采用高聚物改性沥青防水卷材和合成高分子防水卷材。所选用的基层处理剂、胶粘剂、密封材料等配套材料，均应与铺贴的卷材材性相容。

4.3.3 铺贴防水卷材前，应将找平层清扫干净，在基面上涂刷基层处理剂；当基面较潮湿时，应涂刷湿固化型胶粘剂或潮湿界面隔离剂。

4.3.4 防水卷材厚度选用应符合表 4.3.4 的规定。

表 4.3.4　　防水卷材厚度表

<table>
<tr><th>防水等级</th><th>设防道数</th><th>合成高分子防水卷材</th><th>高聚物改性沥青防水卷材</th></tr>
<tr><td>1 级</td><td>三道或三道以上设防</td><td rowspan="2">单层：不应小于 1.5mm；双层：每层不应小于 1.2 mm</td><td rowspan="2">单层：不应小于 4mm；双层：每层不应小于 3mm</td></tr>
<tr><td>2 级</td><td>二道设防</td></tr>
<tr><td rowspan="2">3 级</td><td>一道设防</td><td>不应小于 1.5mm</td><td>不应小于 4mm</td></tr>
<tr><td>复合设防</td><td>不应小于 1.2mm</td><td>不应小于 3mm</td></tr>
</table>

4.3.5 两幅卷材短边和长边的搭接宽度均不应小于 100mm。采用多层卷材时，上下两层和相邻两幅卷材的接缝应错开 1/3 幅宽，且两层卷材不得相互垂直铺贴。

4.3.6 冷粘法铺贴卷材应符合下列规定：

1 胶粘剂涂刷应均匀，不露底，不堆积；

2 铺贴卷材时应控制胶粘剂涂刷与卷材铺贴的间隔时间，排除卷材下面的空气，并辊压粘结牢固，不得有空鼓；

3 铺贴卷材应平整、顺直，搭接尺寸正确，不得有扭曲、皱折；

4 接缝口应用密封材料封严，其宽度不应小于10mm。

4.3.7 热熔法铺贴卷材应符合下列规定：

1 火焰加热器加热卷材应均匀，不得过分加热或烧穿卷材；厚度小于3mm的高聚物改性沥青防水卷材，严禁采用热溶法施工；

2 卷材表面热熔后应立即滚铺卷材，排除卷材下面的空气，并辊压粘结牢固，不得有空鼓、皱折；

3 滚铺卷材时接缝部位必须溢出沥青热熔胶，并应随即刮封接口使接缝粘结严密；

4 铺贴后的卷材应平整、顺直，搭接尺寸正确，不得有扭曲。

4.3.8 卷材防水层完工并经验收合格后应及时做保护层。保护层应符合下列规定：

1 顶板的细石混凝土保护层与防水层之间宜设置隔离层；

2 底板的细石混凝土保护层厚度应大于50mm；

3 侧墙宜采用聚苯乙烯泡沫塑料保护层，或砌砖保护墙（边砌边填实）和铺抹30mm厚水泥砂浆。

4.3.9 卷材防水层的施工质量检验数量，应按铺贴面积每100m^{2}抽查1处，每处10m^2，且不得少于3处。

主 控 项 目

4.3.10 卷材防水层所用卷材及主要配套材料必须符合设计要求。

检验方法：检查出厂合格证、质量检验报告和现场抽样试验报告。

4.3.11 卷材防水层及其转角处、变形缝、穿墙管道等细部做法均须符合设计要求。

检验方法：观察检查和检查隐蔽工程验收记录。

一 般 项 目

4.3.12 卷材防水层的基层应牢固，基面应洁净、平整，不得有空鼓、松动、起砂和脱皮现象；基层阴阳角处应做成圆弧形。

检验方法：观察检查和检查隐蔽工程验收记录。

4.3.13 卷材防水层的搭接缝应粘（焊）结牢固，密封严密，不得有皱折、翘边和鼓泡等缺陷。

检验方法：观察检查。

4.3.14 侧墙卷材防水层的保护层与防水层应粘结牢固，结合紧密、厚度均匀一致。

检验方法：观察检查。

4.3.15 卷材搭接宽度的允许偏差为 -10mm。

检验方法：观察和尺量检查。

4.4 涂料防水层

4.4.1 本节适用于受侵蚀性介质或受振动作用的地下工程主体迎水面或背水面涂刷的涂料防水层。

4.4.2 涂料防水层应采用反应型、水乳型、聚合物水泥防水涂料或水泥基、水泥基渗透结晶型防水涂料。

4.4.3 防水涂料厚度选用应符合表4.4.3的规定：

表4.4.3 **防水涂料厚度（mm）**

防水等级	设防道数	有机涂料			无机涂料	
		反应型	水乳型	聚合物水泥	水泥基	水泥基渗透结晶型
1级	三道或三道以上设防	1.2~2.0	1.2~1.5	1.5~2.0	1.5~2.0	≥0.8
2级	二道设防	1.2~2.0	1.2~1.5	1.5~2.0	1.5~2.0	≥0.8
3级	一道设防	—	—	≥2.0	≥2.0	—
	复合设防	—	—	≥1.5	≥1.5	—

4.4.4 涂料防水层的施工应符合下列规定：

1 涂料涂刷前应先在基面上涂一层与涂料相容的基层处理剂；

2 涂膜应多遍完成，涂刷应待前遍涂层干燥成膜后进行；

3 每遍涂刷时应交替改变涂层的涂刷方向，同层涂膜的先后搭茬宽度宜为 30～50mm；

4 涂料防水层的施工缝（甩槎）应注意保护，搭接缝宽度应大于 100mm，接涂前应将其甩茬表面处理干净；

5 涂刷程序应先做转角处、穿墙管道、变形缝等部位的涂料加强层，后进行大面积涂刷；

6 涂料防水层中铺贴的胎体增强材料，同层相邻的搭接宽度应大于 100mm，上下层接缝应错开 1/3 幅宽。

4.4.5 防水涂料的保护层应符合本规范第 4.3.8 条的规定。

4.4.6 涂料防水层的施工质量检验数量，应按涂层面积每 $100m^2$ 抽查 1 处，每处 $10m^2$，且不得少于 3 处。

主 控 项 目

4.4.7 涂料防水层所用材料及配合比必须符合设计要求。

检验方法：检查出厂合格证、质量检验报告、计量措施和现场抽样试验报告。

4.4.8 涂料防水层及其转角处、变形缝、穿墙管道等细部做法均须符合设计要求。

检验方法：观察检查和检查隐蔽工程验收记录。

一 般 项 目

4.4.9 涂料防水层的基层应牢固，基面应洁净、平整，不得有空鼓、松动、起砂和脱皮现象；基层阴阳角处应做成圆弧形。

检验方法：观察检查和检查隐蔽工程验收记录。

4.4.10 涂料防水层应与基层粘结牢固，表面平整、涂刷均匀，不得有流淌、皱折、鼓泡、露胎体和翘边等缺陷。

检验方法：观察检查。

4.4.11 涂料防水层的平均厚度应符合设计要求，最小厚度不得小于设计厚度的80%。

检验方法：针测法或割取20mm×20mm实样用卡尺测量。

4.4.12 侧墙涂料防水层的保护层与防水层粘结牢固，结合紧密，厚度均匀一致。

检验方法：观察检查。

4.5 塑料板防水层

4.5.1 本节适用于铺设在初期支护与二次衬砌间的塑料防水板（简称“塑料板”）防水层。

4.5.2 塑料板防水层的铺设应符合下列规定：

1 塑料板的缓冲衬垫应用暗钉圈固定在基层上，塑料板边铺边将其与暗钉圈焊接牢固；

2 两幅塑料板的搭接宽度应为100mm，下部塑料板应压住上部塑料板；

3 搭接缝宜采用双条焊缝焊接，单条焊缝的有效焊接宽度不应小于10mm；

4 复合式衬砌的塑料板铺设与内衬混凝土的施工距离不应小于5m。

4.5.3 塑料板防水层的施工质量检验数量，应按铺设面积每100m^2抽查1处，每处10m^2，但不少于3处。焊缝的检验应按焊缝数量抽查5%，每条焊缝为1处，但不少于3处。

主控项目

4.5.4 防水层所用塑料板及配套材料必须符合设计要求。

检验方法：检查出厂合格证、质量检验报告和现场抽样试验报告。

4.5.5 塑料板的搭接缝必须采用热风焊接，不得有渗漏。

检验方法：双焊缝间空腔内充气检查。

一 般 项 目

4.5.6 塑料板防水层的基面应坚实、平整、圆顺，无漏水现象；阴阳角处应做成圆弧形。

检验方法：观察和尺量检查。

4.5.7 塑料板的铺设应平顺并与基层固定牢固，不得有下垂、绷紧和破损现象。

检验方法：观察检查。

4.5.8 塑料板搭接宽度的允许偏差为 - 10mm。

检验方法：尺量检查。

4.6 金属板防水层

4.6.1 本节适用于抗渗性能要求较高的地下工程中以金属板材焊接而成的防水层。

4.6.2 金属板防水层所采用的金属材料和保护材料应符合设计要求。金属材料及焊条（剂）的规格、外观质量和主要物理性能，应符合国家现行标准的规定。

4.6.3 金属板的拼接及金属板与建筑结构的锚固件连接应采用焊接。金属板的拼接焊缝应进行外观检查和无损检验。

4.6.4 当金属板表面有锈蚀、麻点或划痕等缺陷时，其深度不得大于该板材厚度的负偏差值。

4.6.5 金属板防水层的施工质量检验数量，应按铺设面积每 $10m^2$ 抽查 1 处，每处 $1m^2$，且不得少于 3 处，焊缝检验应按不同长度的焊缝各抽查 5%，但均不得少于 1 条。长度小于 500mm 的焊缝，每条检查 1 处；长度 500 ~ 2000mm 的焊缝，每条检查 2 处；长度大于 2000mm 的焊缝，每条检查 3 处。

主 控 项 目

4.6.6 金属防水层所采用的金属板材和焊条（剂）必须符合设计

要求。

检验方法：检查出厂合格证或质量检验报告和现场抽样试验报告。

4.6.7 焊工必须经考试合格并取得相应的执业资格证书。

检验方法：检查焊工执业资格证书和考核日期。

一般项目

4.6.8 金属板表面不得有明显凹面和损伤。

检验方法：观察检查。

4.6.9 焊缝不得有裂纹、未熔合、夹渣、焊瘤、咬边、烧穿、弧坑、针状气孔等缺陷。

检验方法：观察检查和无损检验。

4.6.10 焊缝的焊波应均匀，焊渣和飞溅物应清除干净；保护涂层不得有漏涂、脱皮和反锈现象。

检验方法：观察检查。

4.7 细部构造

4.7.1 本节适用于防水混凝土结构的变形缝、施工缝、后浇带、穿墙管道、埋设件等细部构造。

4.7.2 防水混凝土结构的变形缝、施工缝、后浇带等细部构造，应采用止水带、遇水膨胀橡胶腻子止水条等高分子防水材料和接缝密封材料。

4.7.3 变形缝的防水施工应符合下列规定：

1 止水带宽度和材质的物理性能均应符合设计要求，且无裂缝和气泡；接头应采用热接，不得叠接，接缝平整、牢固，不得有裂口和脱胶现象；

2 中埋式止水带中心线应和变形缝中心线重合，止水带不得穿孔或用铁钉固定；

3 变形缝设置中埋式止水带时，混凝土浇筑前应校正止水带位置，表面清理干净，止水带损坏处应修补；顶、底板止水带的下侧混凝土应振捣密实，边墙止水带内外侧混凝土应均匀，保持止水带位置正确、平直，无卷曲现象；

4 变形缝处增设的卷材或涂料防水层，应按设计要求施工。

4.7.4 施工缝的防水施工应符合下列规定：

1 水平施工缝浇筑混凝土前，应将其表面浮浆和杂物清除，铺水泥砂浆或涂刷混凝土界面处理剂并及时浇筑混凝土；

2 垂直施工缝浇筑混凝土前，应将其表面清理干净，涂刷混凝土界面处理剂并及时浇筑混凝土；

3 施工缝采用遇水膨胀橡胶腻子止水条时，应将止水条牢固地安装在缝表面预留槽内；

4 施工缝采用中埋止水带时，应确保止水带位置准确、固定牢靠。

4.7.5 后浇带的防水施工应符合下列规定：

1 后浇带应在其两侧混凝土龄期达到42d后再施工；

2 后浇带的接缝处理应符合本规范第4.7.4条的规定；

3 后浇带应采用补偿收缩混凝土，其强度等级不得低于两侧混凝土；

4 后浇带混凝土养护时间不得少于28d。

4.7.6 穿墙管道的防水施工应符合下列规定：

1 穿墙管止水环与主管或翼环与套管应连续满焊，并做好防腐处理；

2 穿墙管处防水层施工前，应将套管内表面清理干净；

3 套管内的管道安装完毕后，应在两管间嵌入内衬填料，端部用密封材料填缝。柔性穿墙时，穿墙内侧应用法兰压紧；

4 空墙管外侧防水层应铺设严密，不留接茬；增铺附加层时，应按设计要求施工。

4.7.7 埋设件的防水施工应符合下列规定：

1 埋设件端部或预留孔（槽）底部的混凝土厚度不得小于250mm；当厚度小于250mm时，必须局部加厚或采取其他防水措施；

2 预留地坑、孔洞、沟槽内的防水层，应与孔（槽）外的结构防水层保持连续；

3 固定模板用的螺栓必须穿过混凝土结构时，螺栓或套管应满焊止水环或翼环；采用工具式螺栓或螺栓加堵头做法，拆模后应采取加强防水措施将留下的凹槽封堵密实。

4.7.8 密封材料的防水施工应符合下列规定：

1 检查粘结基层的干燥程度以及接缝的尺寸，接缝内部的杂物应清除干净；

2 热灌法施工应自下向上进行并尽量减少接头，接头应采用斜槎；密封材料熬制及浇灌温度，应按有关材料要求严格控制；

3 冷嵌法施工应分次将密封材料嵌填在缝内，压嵌密实并与缝壁粘结牢固，防止裹入空气，接头应采用斜槎；

4 接缝处的密封材料底部应嵌填背衬材料，外露密封材料上应设置保护层，其宽度不得小于100mm。

4.7.9 防水混凝土结构细部构造的施工质量的检验应按全数检查。

主 控 项 目

4.7.10 细部构造所用止水带、遇水膨胀橡胶腻子止水条和接缝密封材料必须符合设计要求。

检验方法：检查出厂合格证、质量检验报告和进场抽样试验报告。

4.7.11 变形缝、施工缝、后浇带、穿墙管道、埋设件等细部构造作法，均须符合设计要求，严禁有渗漏。

检验方法：观察检查和检查隐蔽工程验收记录。

一 般 项 目

4.7.12 中埋式止水带中心线应与变形缝中心线重合，止水带应固定牢靠、平直、不得有扭曲现象。

检验方法：观察检查和检查隐蔽工程验收记录。

4.7.13 穿墙管止水环与主管或翼环与套管应连续满焊，并做防腐处理。

检验方法：观察检查和检查隐蔽工程验收记录。

4.7.14 接缝处混凝土表面应密实、洁净、干燥；密封材料应嵌填严密、粘结牢固，不得有开裂、鼓泡和下塌现象。

检验方法：观察检查。

5 特殊施工法防水工程

5.1 锚喷支护

5.1.1 本节适用于地下工程的支护结构以及复合式衬砌的初期支护。

5.1.2 喷射混凝土所用原材料应符合下列规定：

1 水泥优先选用普通硅酸盐水泥，其强度等级不应低于32.5级；

2 细骨料：采用中砂或粗砂，细度模数应大于2.5，使用时的含水率宜为5%～7%；

3 粗骨料：卵石或碎石粒径不应大于15mm；使用碱性速凝剂时，不得使用活性二氧化硅石料；

4 水：采用不含有害物质的洁净水；

5 速凝剂：初凝时间不应超过5min，终凝时间不应超过10min。

5.1.3 混合料应搅拌均匀并符合下列规定：

1 配合比：水泥与砂石质量比宜为1:4～4.5，砂率宜为45%～55%，水灰比不得大于0.45，速凝剂掺量应通过试验确定；

2 原材料称量允许偏差：水泥和速凝剂±2%，砂石±3%；

3 运输和存放中严防受潮，混合料应随拌随用，存放时间不应超过20min。

5.1.4 在有水的岩面上喷射混凝土时应采取下列措施：

1 潮湿岩面增加速凝剂掺量；

2 表面渗、滴水采用导水盲管或盲沟排水；

3 集中漏水采用注浆堵水。

5.1.5 喷射混凝土终凝2h后应养护，养护时间不得少于14d；当气温低于5℃时不得喷水养护。

5.1.6 喷射混凝土试件制作组数应符合下列规定：

1 抗压强度试件：区间或小于区间断面的结构，每20延米拱和墙各取一组；车站各取两组。

2 抗渗试件：区间结构每40延米取一组；车站每20延米取一组。

5.1.7 锚杆应进行抗拔试验。同一批锚杆每100根应取一组试件，每组3根，不足100根也取3根。

同一批试件抗拔力的平均值不得小于设计锚固力，且同一批试件抗拔力的最低值不应小于设计锚固力的90%。

5.1.8 锚喷支护的施工质量检验数量，应按区间或小于区间断面的结构，每20延米检查1处，车站每10延米检查1处，每处$10m^2$，且不得少于3处。

主 控 项 目

5.1.9 喷射混凝土所用原材料及钢筋网、锚杆必须符合设计要求。

检验方法：检查出厂合格证、质量检验报告和现场抽样试验报告。

5.1.10 喷射混凝土抗压强度、抗渗压力及锚杆抗拔力必须符合设计要求。

检验方法：检查混凝土抗压、抗渗试验报告和锚杆抗拔力试验报告。

一 般 项 目

5.1.11 喷层与围岩及喷层之间应粘结紧密，不得有空鼓现象。

检验方法：用锤击法检查。

5.1.12 喷层厚度有60%不小于设计厚度，平均厚度不得小于设计厚度，最小厚度不得小于设计厚度的50%。

检验方法：用针探或钻孔检查。

5.1.13 喷射混凝土应密实、平整，无裂缝、脱落、漏喷、露筋、空鼓和渗漏水。

检验方法：观察检查。

5.1.14 喷射混凝土表面平整度的允许偏差为30mm，且矢弦比不得大于1/6。

检验方法：尺量检查。

5.2 地下连续墙

5.2.1 本节适用于地下工程的主体结构、支护结构以及隧道工程复合式衬砌的初期支护。

5.2.2 地下连续墙应采用掺外加剂的防水混凝土，水泥用量：采用卵石时不得少于370kg/m^3，采用碎石时不得小于400kg/m^3，坍落度宜为180～220mm。

5.2.3 地下连续墙施工时，混凝土应按每一个单元槽段留置一组抗压强度试件，每五个单元槽段留置一组抗渗试件。

5.2.4 地下连续墙墙体内侧采用水泥砂浆防水层、卷材防水层、涂料防水层或塑料板防水层时，应分别按本规范第4.2节、第4.3节、第4.4节和第4.5节的有关规定执行。

5.2.5 单元槽段接头不宜设在拐角处；采用复合式衬砌时，内外墙接头宜相互错开。

5.2.6 地下连续墙与内衬结构连接处，应凿毛并清理干净，必要时应做特殊防水处理。

5.2.7 地下连续墙的施工质量检验数量，应按连续墙每10个槽段抽查1处，每处为一个槽段，且不得少于3处。

主控项目

5.2.8 防水混凝土所用原材料、配合比以及其他防水材料必须符合设计要求。

检验方法：检查出厂合格证、质量检验报告、计量措施和现场抽样试验报告。

5.2.9 地下连续墙混凝土抗压强度和抗渗压力必须符合设计要求。

检验方法：检查混凝土抗压、抗渗试验报告。

一般项目

5.2.10 地下连续墙的槽段接缝以及墙体与内衬结构接缝应符合设计要求。

检验方法：观察检查和检查隐蔽工程验收记录。

5.2.11 地下连续墙墙面的露筋部分应小于1%墙面面积，且不得有露石和夹泥现象。

检验方法：观察检查。

5.2.12 地下连续墙墙体表面平整度的允许偏差：

临时支护墙体为50mm，单一或复合墙体为30mm。

检验方法：尺量检查。

5.3 复合式衬砌

5.3.1 本节适用于混凝土初期支护与二次衬砌中间设置防水层和缓冲排水层的隧道工程复合式衬砌。

5.3.2 初期支护的线流漏水或大面积渗水，应在防水层和缓冲排水层铺设之前进行封堵或引排。

5.3.3 防水层和缓冲排水层铺设与内衬混凝土的施工距离均不应小于5m。

5.3.4 二次衬砌采用防水混凝土浇筑时，应符合下列规定：

1 混凝土泵送时，入泵坍落度：墙体宜为100～150mm，拱部宜为160～210mm；

2 振捣不得直接触及防水层；

3 混凝土浇筑至墙拱交界处，应间隙1～1.5h后方可继续浇筑；

4 混凝土强度达到2.5MPa后方可拆模。

5.3.5 复合式初砌的施工质量检验数量，应按区间或小于区间断面的结构，每20延米检查1处，车站每10延米检查1处，每处$10m^2$，且不得少于3处。

主 控 项 目

5.3.6 塑料防水板、土工复合材料和内衬混凝土原材料必须符合设计要求。

检验方法：检查出厂合格证、质量检验报告和现场抽样试验报告。

5.3.7 防水混凝土的抗压强度和抗渗压力必须符合设计要求。

检验方法：检查混凝土抗压、抗渗试验报告。

5.3.8 施工缝、变形缝、穿墙管道、埋设件等细部构造作法，均须符合设计要求，严禁有渗漏。

检验方法：观察检查和检查隐蔽工程验收记录。

一 般 项 目

5.3.9 二次衬砌混凝土渗漏水量应控制在设计防水等级要求范围内。

检验方法：观察检查和渗漏水量测。

5.3.10 二次衬砌混凝土表面应坚实、平整，不得有露筋、蜂窝等缺陷。

检验方法：观察检查。

5.4 盾 构 法 隧 道

5.4.1 本节适用于在软土和软岩中采用盾构掘进和拼装钢筋混凝土管片方法修建的区间隧道结构。

5.4.2 不同防水等级盾构隧道衬砌防水措施应按表5.4.2选用。

5.4.3 钢筋混凝土管片制作应符合下列规定：

1 混凝土抗压强度和抗渗压力应符合设计要求；

2 表面应平整，无缺棱、掉角、麻面和露筋；

3 单块管片制作尺寸允许偏差应符合表5.4.3的规定。

表5.4.2 盾构隧道衬砌防水措施

<table>
<tr><td colspan="2" rowspan="2">防水措施</td><td rowspan="2">高精度管片</td><td colspan="4">接缝防水</td><td rowspan="2">混凝土或其他内衬</td><td rowspan="2">外防水涂层</td></tr>
<tr><td>弹性密封垫</td><td>嵌缝</td><td>注入密封剂</td><td>螺孔密封圈</td></tr>
<tr><td rowspan="4">防水等级</td><td>1级</td><td>必选</td><td>必选</td><td>应选</td><td>宜选</td><td>必选</td><td>宜选</td><td>宜选</td></tr>
<tr><td>2级</td><td>必选</td><td>必选</td><td>宜选</td><td>宜选</td><td>应选</td><td>局部宜选</td><td>部分区段宜选</td></tr>
<tr><td>3级</td><td>应选</td><td>应选</td><td>宜选</td><td>—</td><td>宜选</td><td>—</td><td>部分区段宜选</td></tr>
<tr><td>4级</td><td>宜选</td><td>宜选</td><td>宜选</td><td>—</td><td>—</td><td>—</td><td>—</td></tr>
</table>

表5.4.3 单块管片制作尺寸允许偏差

项　　目	允许偏差（mm）
宽　　度	±1.0
弧长、弦长	±1.0
厚　　度	+3，-1

5.4.4 钢筋混凝土管片同一配合比每生产5环应制作抗压强度试件一组，每10环制作抗渗试件一组；管片每生产两环应抽查一块做检漏测试，检验方法按设计抗渗压力保持时间不小于2h，渗水深度不超过管片厚度的1/5为合格。若检验管片中有25%不合格时，应按当天生产管片逐块检漏。

5.4.5 钢筋混凝土管片拼装应符合下列规定：

1 管片验收合格后方可运至工地，拼装前应编号并进行防水处理；

2 管片拼装顺序应先就位底部管片，然后自下而上左右交叉安装，每环相邻管片应均布摆匀并控制环面平整度和封口尺寸，最后插入封顶管片成环；

3 管片拼装后螺栓应拧紧,环向及纵向螺栓应全部穿进。

5.4.6 钢筋混凝土管片接缝防水应符合下列规定:

1 管片至少应设置一道密封垫沟槽,粘贴密封垫前应将槽内清理干净;

2 密封垫应粘贴牢固,平整、严密,位置正确,不得有起鼓、超长和缺口现象;

3 管片拼装前应逐块对粘贴的密封垫进行检查,拼装时不得损坏密封垫。有嵌缝防水要求的,应在隧道基本稳定后进行;

4 管片拼装接缝连接螺栓孔之间应按设计加设螺孔密封圈。必要时,螺栓孔与螺栓间应采取封堵措施。

5.4.7 盾构法隧道的施工质量检验数量,应按每连续 20 环抽查 1 处,每处为一环,且不得少于 3 处。

主 控 项 目

5.4.8 盾构法隧道采用防水材料的品种、规格、性能必须符合设计要求。

检验方法:检查出厂合格证、质量检验报告和现场抽样试验报告。

5.4.9 钢筋混凝土管片的抗压强度和抗渗压力必须符合设计要求。

检验方法:检查混凝土抗压、抗渗试验报告和单块管片检漏测试报告。

一 般 项 目

5.4.10 隧道的渗漏水量应控制在设计的防水等级要求范围内。衬砌接缝不得有线流和漏泥砂现象。

检验方法:观察检查和渗漏水量测。

5.4.11 管片拼装接缝防水应符合设计要求。

检验方法:检查隐蔽工程验收记录。

5.4.12 环向及纵向螺栓应全部穿进并拧紧,衬砌内表面的外露铁件防腐处理应符合设计要求。

检验方法:观察检查。

6 排水工程

6.1 渗排水、盲沟排水

6.1.1 渗排水、盲沟排水适用于无自流排水条件、防水要求较高且有抗浮要求的地下工程。

6.1.2 渗排水应符合下列规定：

1 渗排水层用砂、石应洁净，不得有杂质；

2 粗砂过滤层总厚度宜为300mm，如较厚时应分层铺填。过滤层与基坑土层接触处应用厚度为100～150mm、粒径为5～10mm的石子铺填；

3 集水管应设置有粗砂过滤层下部，坡度不宜小于1%，且不得有倒坡现象。集水管之间的距离宜为5～10m，并与集水井相通；

4 工程底板与渗排水层之间应做隔浆层，建筑周围的渗排水层顶面应做散水坡。

6.1.3 盲沟排水应符合下列规定：

1 盲沟成型尺寸和坡度应符合设计要求；

2 盲沟用砂、石应洁净，不得有杂质；

3 反滤层的砂、石粒径组成和层次应符合设计要求；

4 盲沟在转弯处和高低处应设置检查井，出水口处应设置滤水篦子。

6.1.4 渗排水、盲沟排水应在地基工程验收合格后进行施工。

6.1.5 盲沟反滤层的材料应符合下列规定：

1 砂、石粒径

滤水层（贴天然土）：塑性指数$I_p \leqslant 3$（砂性土）时，采用0.1～2mm粒径砂子；$I_p > 3$（粘性土）时，采用2～5mm粒径砂子。

渗水层：塑性指数 $I_p \leqslant 3$（砂性土）时，采用 1～7mm 粒径卵石；$I_p > 3$（粘性土）时，采用 5～10mm 粒径卵石。

2 砂石含泥量不得大于 2%。

6.1.6 集水管应采用无砂混凝土管、普通硬塑料管和加筋软管式透水盲管。

6.1.7 渗排水、盲沟排水的施工质量检验数量应按 10% 抽查，其中按两轴线间或 10 延米为 1 处，且不得少于 3 处。

主 控 项 目

6.1.8 反滤层的砂、石粒径和含泥量必须符合设计要求。

检验方法：检查砂、石试验报告。

6.1.9 集水管的埋设深度及坡度必须符合设计要求。

检验方法：观察和尺量检查。

一 般 项 目

6.1.10 渗排水层的构造应符合设计要求。

检验方法：检查隐蔽工程验收记录。

6.1.11 渗排水层的铺设应分层、铺平、拍实。

检验方法：检查隐蔽工程验收记录。

6.1.12 盲沟的构造应符合设计要求。

检验方法：检查隐蔽工程验收记录。

6.2 隧道、坑道排水

6.2.1 本节适用于贴壁式、复合式、离壁式衬砌构造的隧道或坑道排水。

6.2.2 隧道或坑道内的排水泵站（房）设置，主排水泵站和辅助排水泵站、集水池的有效容积应符合设计规定。

6.2.3 主排水泵站、辅助排水泵站和污水泵房的废水及污水，应分别排入城市雨水和污水管道系统。污水的排放尚应符合国家现行有关标准的规定。

6.2.4 排水盲管应采用无砂混凝土集水管；导水盲管应采用外包土工布与螺旋钢丝构成的软式透水管。

盲沟应设反滤层，其所用材料应符合本规范第 6.1.5 条的规定。

6.2.5 复合式衬砌的缓冲排水层铺设应符合下列规定：

1 土工织物的搭接应在水平铺设的场合采用缝合法或胶结法，搭接宽度不应小于 300mm；

2 初期支护基面清理后即用暗钉圈将土工织物固定在初期支护上；

3 采用土工复合材料时，土工织物面应为迎水面，涂膜面应与后浇混凝土相接触；

6.2.6 隧道、坑道排水的施工质量检验数量应按 10% 抽查，其中按两轴线间或 10 延米为 1 处，且不得少于 3 处。

主 控 项 目

6.2.7 隧道、坑道排水系统必须畅通。

检验方法：观察检查。

6.2.8 反滤层的砂、石粒径和含泥量必须符合设计要求。

检验方法：检查砂、石试验报告。

6.2.9 土工复合材料必须符合设计要求。

检验方法：检查出厂合格证和质量检验报告。

一 般 项 目

6.2.10 隧道纵向集水盲管和排水明沟的坡度应符合设计要求。

检验方法：尺量检查。

6.2.11 隧道导水盲管和横向排水管的设置间距应符合设计要求。

检验方法：尺量检查。

6.2.12 中心排水盲沟的断面尺寸、集水管埋设及检查井设置应符合设计要求。

检验方法：观察和尺量检查。

6.2.13 复合式衬砌的缓冲排水层应铺设平整、均匀、连续、不得有扭曲、折皱和重叠现象。

检验方法：观察检查和检查隐蔽工程验收记录。

7 注浆工程

7.1 预注浆、后注浆

7.1.1 本节适用于工程开挖前预计涌水量较大的地段或软弱地层采用的预注浆，以及工程开挖后处理围岩渗漏、回填衬砌壁后空隙采用的后注浆。

7.1.2 注浆材料应符合下列要求：

1 具有较好的可注性；

2 具有固结收缩小，良好的粘结性、抗渗性、耐久性和化学稳定性；

3 无毒并对环境污染小；

4 注浆工艺简单，施工操作方便，安全可靠。

7.1.3 在砂卵石层中宜采用渗透注浆法；在砂层中宜采用劈裂注浆法；在粘土层中宜采用劈裂或电动硅化注浆法；在淤泥质软土中宜采用高压喷射注浆法。

7.1.4 注浆浆液应符合下列规定：

1 预注浆和高压喷射注浆宜采用水泥浆液、粘土水泥浆液或化学浆液；

2 壁后回填注浆宜采用水泥浆液、水泥砂浆或掺有石灰、粘土、粉煤灰等水泥浆液；

3 注浆浆液配合比应经现场试验确定。

7.1.5 注浆过程控制应符合下列规定：

1 根据工程地质、注浆目的等控制注浆压力；

2 回填注浆应在衬砌混凝土达到设计强度的70%后进行，衬砌后围岩注浆应在充填注浆固结体达到设计强度的70%后进行；

3 浆液不得溢出地面和超出有效注浆范围，地面注浆结束后注浆孔应封填密实；

4 注浆范围和建筑物的水平距离很近时，应加强对临近建筑物和地下埋设物的现场监控；

5 注浆点距离饮用水源或公共水域较近时，注浆施工如有污染应及时采取相应措施。

7.1.6 注浆的施工质量检验数量，应按注浆加固或堵漏面积每 $100m^2$，抽查 1 处,、每处 $10m^2$，且不得少于 3 处。

主 控 项 目

7.1.7 配制浆液的原材料及配合比必须符合设计要求。

检验方法：检查出厂合格证、质量检验报告、计量措施和试验报告。

7.1.8 注浆效果必须符合设计要求。

检验方法：采用钻孔取芯、压水（或空气）等方法检查。

一 般 项 目

7.1.9 注浆孔的数量、布置间距、钻孔深度及角度应符合设计要求。

检验方法：检查隐蔽工程验收记录。

7.1.10 注浆各阶段的控制压力和进浆量应符合设计要求。

检验方法：检查隐蔽工程验收记录。

7.1.11 注浆时浆液不得溢出地面和超出有效注浆范围。

检验方法：观察检查。

7.1.12 注浆对地面产生的沉降量不得超过 30mm，地面的隆起不得超过 20mm。

检验方法：用水准仪测量。

7.2 衬砌裂缝注浆

7.2.1 本节适用于衬砌裂缝渗漏水采用的堵水注浆处理。裂缝注浆应待衬砌结构基本稳定和混凝土达到设计强度后进行。

7.2.2 防水混凝土结构出现宽度小于2mm的裂缝应选用化学注浆，注浆材料宜采用环氧树脂、聚氨酯、甲基丙烯酸甲酯等浆液；宽度大于2mm的混凝土裂缝要考虑注浆的补强效果，注浆材料宜采用超细水泥、改性水泥浆液或特殊化学浆液。

7.2.3 裂缝注浆所选用水泥的细度应符合表7.2.3的规定。

表7.2.3　裂缝注浆水泥的细度

项　目	普通硅酸盐水泥	磨细水泥	湿磨细水泥
平均粒径（D_{50}，μm）	20～25	8	6
比表面（cm^2/g）	3250	6300	8200

7.2.4 衬砌裂缝注浆应符合下列规定：

1 浅裂缝应骑槽粘埋注浆嘴，必要时沿缝开凿“V”槽并用水泥砂浆封缝；

2 深裂缝应骑缝钻孔或斜向钻孔至裂缝深部，孔内埋设注浆管，间距应根据裂缝宽度而定，但每条裂缝至少有一个进浆孔和一个排气孔；

3 注浆嘴及注浆管应设于裂缝的交叉处、较宽处及贯穿处等部位。对封缝的密封效果应进行检查；

4 采用低压低速注浆，化学注浆压力宜为0.2～0.4MPa，水泥浆灌浆压力宜为0.4～0.8MPa；

5 注浆后待缝内浆液初凝而不外流时，方可拆下注浆嘴并进行封口抹平。

7.2.5 衬砌裂缝注浆的施工质量检验数量，应按裂缝条数的10%抽查，每条裂缝为1处，且不得少于3处。

主 控 项 目

7.2.6 注浆材料及其配合比必须符合设计要求。

检验方法：检查出厂合格证、质量检验报告、计量措施和试验报告。

7.2.7 注浆效果必须符合设计要求。

检验方法：渗漏水量测，必要时采用钻孔取芯、压水（或空气）等方法检查。

一 般 项 目

7.2.8 钻孔埋管的孔径和孔距应符合设计要求。

检验方法：检查隐蔽工程验收记录。

7.2.9 注浆的控制压力和进浆量应符合设计要求。

检验方法：检查隐蔽工程验收记录。

8 子分部工程验收

8.0.1 地下防水工程施工应按工序或分项进行验收，构成分项工程的各检验批应符合本规范相应质量标准的规定。

8.0.2 地下防水工程验收文件和记录应按表8.0.2的要求进行。

表8.0.2 地下防水工程验收的文件和记录

序号	项目	文件和记录
1	防水设计	设计图及会审记录、设计变更通知单和材料代用核定单
2	施工方案	施工方法、技术措施、质量保证措施
3	技术交底	施工操作要求及注意事项
4	材料质量证明文件	出厂合格证、产品质量检验报告、试验报告
5	中间检查记录	分项工程质量验收记录、隐蔽工程检查验收记录、施工检验记录
6	施工日志	逐日施工情况
7	混凝土、砂浆	试配及施工配合比，混凝土抗压、抗渗试验报告
8	施工单位资质证明	资质复印证件
9	工程检验记录	抽样质量检验及观察检查
10	其他技术资料	事故处理报告、技术总结

8.0.3 地下防水隐蔽工程验收记录应包括以下主要内容：

1 卷材、涂料防水层的基层；

2 防水混凝土结构和防水层被掩盖的部位；

3 变形缝、施工缝等防水构造的做法；

4 管道设备穿过防水层的封固部位；

5 渗排水层、盲沟和坑槽；

6 衬砌前围岩渗漏水处理；

7 基坑的超挖和回填。

8.0.4 地下建筑防水工程的质量要求：

1 防水混凝土的抗压强度和抗渗压力必须符合设计要求；

2 防水混凝土应密实，表面应平整，不得有露筋、蜂窝等缺陷；裂缝宽度应符合设计要求；

3 水泥砂浆防水层应密实、平整、粘结牢固，不得有空鼓、裂纹、起砂、麻面等缺陷；防水层厚度应符合设计要求；

4 卷材接缝应粘结牢固、封闭严密，防水层不得有损伤、空鼓、皱折等缺陷；

5 涂层应粘结牢固，不得有脱皮、流淌、鼓泡、露胎、皱折等缺陷；涂层厚度应符合设计要求；

6 塑料板防水层应铺设牢固、平整，搭接焊缝严密，不得有焊穿、下垂、绷紧现象；

7 金属板防水层焊缝不得有裂纹、未熔合、夹渣、焊瘤、咬边、烧穿、弧坑、针状气孔等缺陷；保护涂层应符合设计要求；

8 变形缝、施工缝、后浇带、穿墙管道等防水构造应符合设计要求。

8.0.5 特殊施工法防水工程的质量要求：

1 内衬混凝土表面应平整，不得有孔洞、露筋、蜂窝等缺陷；

2 盾构法隧道衬砌自防水、衬砌外防水涂层、衬砌接缝防水和内衬结构防水应符合设计要求；

3 锚喷支护、地下连续墙、复合式衬砌等防水构造应符合设计要求。

8.0.6 排水工程的质量要求：

1 排水系统不淤积、不堵塞，确保排水畅通；

2 反滤层的砂、石粒径、含泥量和层次排列应符合设计要求；

3 排水沟断面和坡度应符合设计要求。

8.0.7 注浆工程的质量要求：

1 注浆孔的间距、深度及数量应符合设计要求；

2 注浆效果应符合设计要求；

3 地表沉降控制应符合设计要求。

8.0.8 检查地下防水工程渗漏水量，应符合本规范第 3.0.1 条地下工程防水等级标准的规定。

8.0.9 地下防水工程验收后，应填写子分部工程质量验收记录，随同工程验收的文件和记录交建设单位和施工单位存档。

附录A　地下工程防水材料的质量指标

A.0.1 防水卷材和胶粘剂的质量应符合以下规定：

1 高聚物改性沥青防水卷材的主要物理性能应符合表A.0.1－1的要求。

表A.0.1－1　高聚物改性沥青防水卷材主要物理性能

项目		性能要求		
		聚酯毡胎体卷材	玻纤毡胎体卷材	聚乙烯膜胎体卷材
拉伸性能	拉力（N/50mm）	≥800（纵横向）	≥500（纵向） ≥300（横向）	≥140（纵向） ≥120（横向）
	最大拉力时延伸率（%）	≥40（纵横向）	—	≥250（纵横向）
低温柔度		≤－15		
		3mm厚，r＝15mm；4mm厚，r＝25mm；3s，弯180°，无裂纹		
不透水性		压力0.3MPa。保持时间30min，不透水		

2 合成高分子防水卷材的主要物理性能应符合表A.0.1－2的要求。

3 胶粘剂的质量应符合表A.0.1－3的要求。

表 A.0.1-2　合成高分子防水卷材主要物理性能

项　目	性能要求				
	硫化橡胶类		非硫化橡胶类	合成树脂类	纤维胎增强类
	JL1	JL2	JF_3	JS_1	
拉伸强度（MPa）	≥8	≥7	≥5	≥8	≥8
断裂伸长率(%)	≥450	≥400	≥200	≥200	≥10
低温弯折性(℃)	-45	-40	-20	-20	-20
不透水性	压力0.3MPa，保持时间30min，不透水				

表 A.0.1-3　胶粘剂质量要求

项　目	高聚物改性沥青卷材	合成高分子卷材
粘结剥离强度（N/10mm）	≥8	≥15
浸水168h后粘结剥离强度保持率（%）	—	≥70

A.0.2 防水涂料和胎体增强材料的质量应符合以下规定：

1 有机防水涂料的物理性能应符合表A.0.2-1的要求。

表 A.0.2-1　有机防水涂料物理性能

涂料种类	可操作时间（min）	潮湿基面粘结强度（MPa）	抗渗性（MPa）			浸水168h后断裂伸长率（%）	浸水168h后拉伸强度（MPa）	耐水性（%）	表干（h）	实干（h）
			涂膜（30min）	砂浆迎水面	砂浆背水面					
反应型	≥20	≥0.3	≥0.3	≥0.6	≥0.2	≥300	≥1.65	≥80	≤8	≤24
水乳型	≥50	≥0.2	≥0.3	≥0.6	≥0.2	≥350	≥0.5	≥80	≤4	≤12
聚合物水泥	≥30	≥0.6	≥0.3	≥0.8	≥0.6	≥80	≥1.5	≥80	≤4	≤12

注：耐水性是指在浸水168h后材料的粘结强度及砂浆抗渗性的保持率。

2 无机防水涂料的物理性能应符合表 A.0.2－2 的要求。

表 A.0.2－2　　无机防水涂料物理性能

涂料种类	抗折强度（MPa）	粘结强度（MPa）	抗渗性（MPa）	冻融循环
水泥基防水涂料	＞4	＞1.0	＞0.8	＞D50
水泥基渗透结晶型防水涂料	≥3	≥1.0	＞0.8	＞D50

3 胎体增强材料质量应符合表 A.0.2－3 的要求。

表 A.0.2－3　　胎体增强材料质量要求

项　目		聚酯无纺布	化纤无纺布	玻纤网布
外　观		均匀无团状，平整无折皱		
拉力（宽 50mm）	纵向（N）	≥150	≥45	≥90
	横向（N）	≥100	≥35	≥50
延伸率	纵向（%）	≥10	≥20	≥3
	横向（%）	≥20	≥25	≥3

A.0.3 塑料板的主要物理性能应符合表 A.0.3 的要求。

表 A.0.3　　塑料板主要物理性能

项　目	性能要求			
	EVA	ECB	PVC	PE
拉伸强度（MPa）≥	15	10	10	10
断裂延伸率（%）≥	500	450	200	400
不透水性 24h（MPa）≥	0.2	0.2	0.2	0.2
低温弯折性（℃）≤	－35	－35	－20	－35
热处理尺寸变化率%≤	2.0	2.5	2.0	2.0

注：EVA—乙烯醋酸乙烯共聚物；ECB—乙烯共聚物沥青；PVC—聚氯乙烯；PE—聚乙烯。

A.0.4 高分子材料止水带质量应符合以下规定：

1 止水带的尺寸公差应符合表A.0.4－1的要求。

表A.0.4－1　　止水带尺寸

止水带公称尺寸		极限偏差
厚度B	4～6mm	+1，0
	7～10mm	+1.3，0
	11～20mm	+2，0
宽度L，%		±3

2 止水带表面不允许有开裂、缺胶、海绵状等影响使用的缺陷，中心孔偏心不允许超过管状断面厚度的1/3；止水带表面允许有深度不大于2mm、面积不大于16mm² 的凹痕、气泡、杂质、明疤等缺陷不超过4处。

3 止水带的物理性能应符合表A.0.4－2的要求。

表A.0.4－2　　止水带物理性能

项目			性能要求		
			B型	S型	J型
硬度（邵尔A，度）			60±5	60±5	60±5
拉伸强度（MPa）		≥	15	12	10
扯断伸长率（%）		≥	380	380	300
压缩永久变形	70℃×24h，%	≤	35	35	35
	23℃×168h，%	≤	20	20	20
撕裂强度（kN/m）		≥	30	25	25
脆性温度（℃）		≤	－45	－40	－40
热空气老化	70℃×168h	硬度变化（邵尔A，度）	+8	+8	—
		拉伸强度（MPa）≥	12	10	—
		扯断伸长率（%）≥	300	300	—
	100℃×168h	硬度变化（邵尔A，度）	—	—	+8
		拉伸强度（MPa）≥	—	—	9
		扯断伸长率（%）≥	—	—	250
臭氧老化50PPhm：20%，48h			2级	2级	0级
橡胶与金属粘合			断面在弹性体内		

注：1. B型适用于变形缝用止水带；S型适用于施工缝用止水带；J型适用于有特殊

耐老化要求的接缝用止水带。

2. 橡胶与金属粘合项仅适用于具有钢边的止水带。

A.0.5 遇水膨胀橡胶腻子止水条的质量应符合以下规定：

1 遇水膨胀橡胶腻子止水条的物理性能应符合表 A.0.5 的要求。

表 A.0.5 遇水膨胀橡胶腻子止水条物理性能

项　目	性能要求		
	PN－150	PN－220	PN－300
体积膨胀倍率（%）	≥150	≥220	≥300
高温流淌性（80℃×5h）	无流淌	无流淌	无流淌
低温试验（－20℃×2h）	无脆裂	无脆裂	无脆裂

注：体积膨胀倍率 $=\frac{\text{膨胀后的体积}}{\text{膨胀前的体积}}\times 100\%$。

2 选用的遇水膨胀橡胶腻子止水条应具有缓胀性能，其 7d 的膨胀率应不大于最终膨胀率的 60%。当不符合时，应采取表面涂缓膨胀剂措施。

A.0.6 接缝密封材料的质量应符合以下规定：

1 改性石油沥青密封材料的物理性能应符合表 A.0.6－1 的要求。

表 A.0.6－1 改性石油沥青密封材料物理性能

项　目		性能要求	
		Ⅰ类	Ⅱ类
耐热度	温度（℃）	70	80
	下垂值（mm）	≤4.0	
低温柔性	温度（℃）	－20	－10
	粘结状态	无裂纹和剥离现象	

续表 A.0.6－1

项　　目	性能要求	
	Ⅰ类	Ⅱ类
拉伸粘结性（%）	≥125	
浸水后拉伸粘结性（%）	≥125	
挥发性（%）	≤2.8	
施工度（mm）	≥22.0	≥20.0

注：改性石油沥青密封材料按耐热度和低温柔性分为Ⅰ类和Ⅱ类。

2 合成高分子密封材料的物理性能应符合表 A.0.6－2 的要求。

表 A.0.6－2　　合成高分子密封材料物理性能

项　　目		性能要求	
		弹性体密封材料	塑性体密封材料
拉伸粘结性	拉伸强度（MPa）	≥0.2	≥0.02
	延伸率（%）	≥200	≥250
柔性		－30，无裂纹	－20，无裂纹
拉伸－压缩循环性能	拉伸－压缩率（%）	≥±20	≥±10
	粘结和内聚破坏面积（%）	≤25	

A.0.7 管片接缝密封垫材料的质量应符合以下规定：

1 弹性橡胶密封垫材料的物理性能应符合表 A.0.7－1 的要求。

表 A.0.7－1　　弹性橡胶密封热材料物理性能

项　目		性能要求	
		氯丁橡胶	三元乙丙胶
硬度(邵尔 A,度)		45±5~60±5	55±5~70±5
伸长度（%）		≥350	≥330
拉伸强度（MPa）		≥10.5	≥9.5
热空气老化（70℃×96h）	硬度变化值(邵尔 A,度)	≤+8	≤+6
	拉伸强度变化率（%）	≥－20	≥－15
	扯断伸长率变化率（%）	≥－30	≥－30
压缩永久变形（70℃×24h）（%）		≤35	≤28
防霉等级		达到与优于2级	达到与优于2级

注：以上指标均为成品切片测试的数据，若只能以胶料制成试样测试，则其力学性能数据应达到本标准的120%。

2　遇水膨胀密封垫胶料的物理性能应符合表 A.0.7－2 的要求。

表 A.0.7－2　　遇水膨胀橡胶密封垫胶料物理性能

项　目		性能要求			
		PZ－150	PZ－250	PZ－400	PZ－600
硬度（邵尔 A，度）		42±7	42±7	45±7	48±7
拉伸强度（MPa）≥		3.5	3.5	3	3
扯断伸长率（%）≥		450	450	350	350
体积膨胀倍率（%）≥		150	250	400	600
反复浸水试验	拉伸强度（MPa）≥	3	3	2	2
	扯断伸长率（%）≥	350	350	250	250
	体积膨胀倍率（%）≥	150	250	300	500
低温弯折（－20℃×2h）		无裂纹	无裂纹	无裂纹	无裂纹
防霉等级		达到与优于2级			

注：1. 成品切片测试应达到本标准的80%。

2. 接头部位的拉伸强度指标不得低于本标准的50%。

A.0.8 排水用土工复合材料的主要物理性能应符合表A.0.8的要求。

表 A.0.8　　排水层材料主要物理性能

项　　目	性能要求	
	聚丙烯无纺布	聚酯无纺布
单位面积质量（g/m^2）	≥280	≥280
纵向拉伸强度（N/50mm）	≥900	≥700
横向拉伸强度（N/50mm）	≥950	≥840
纵向伸长率（%）	≥110	≥100
横向伸长率（%）	≥120	≥105
顶破强度（kN）	≥1.11	≥0.95
渗透系数（cm/s）	$\geqslant 5.5\times10^{-2}$	$\geqslant 4.2\times10^{-2}$

附录B　现行建筑防水工程材料标准和现场抽样复验

B.0.1　现行建筑防水工程材料标准应按表B.0.1的规定选用。

表B.0.1　　现行建筑防水工程材料标准

类别	标准名称	标准号
防水卷材	1. 聚氯乙烯防水卷材 2. 氯化聚乙烯防水卷材 3. 改性沥青聚乙烯胎防水卷材 4. 氯化聚乙烯－橡胶共混防水卷材 5. 高分子防水材料（第一部分片材） 6. 弹性体改性沥青防水卷材 7. 塑性体改性沥青防水卷材	GB12952—91 GB12953—91 JC/T633—1996 JC/T684—1997 GB18173.1—2000 GB18242—2000 GB18243—2000
防水涂料	1. 聚氨酯防水涂料 2. 溶剂型橡胶沥青防水涂料 3. 聚合物乳液建筑防水涂料 4. 聚合物水泥防水涂料	JC/T500—1992（1996） JC/T852—1999 JC/T864—2000 JC/T894—2001
密封材料	1. 聚氯酯建筑密封膏 2. 聚硫建筑密封膏 3. 丙烯酸建筑密封膏 4. 建筑防水沥青嵌缝油膏 5. 聚氯乙烯建筑防水接缝材料 6. 建筑用硅酮结构封胶	JC/T482—1992（1996） JC/T483—1992（1996） JC/T484—1992（1996） JC207—1996 JC/T798—1997 GB 16776—1997
其他防水材料	1. 高分子防水材料（第二部分止水带） 2. 高分子防水材料（第三部分遇水膨胀橡胶）	GB18173.2—2000 GB18173.3—2002
刚性防水材料	1. 砂浆、混凝土防水剂 2. 混凝土膨胀剂 3. 水泥基渗透结晶型防水材料	JC 474—92（1999） JC476—92（1998） GB 18445—2001

续表 B.0.1

类别	标准名称	标准号
防水材料试验方法	1. 沥青防水卷材试验方法 2. 建筑胶粘剂通用试验方法 3. 建筑密封材料试验方法 4. 建筑防水涂料试验方法 5. 建筑防水材料老化试验方法	GB 328—89 GB/T 12954—91 GB/T 13477—92 GB/T 16777—1997 GB 18244—2000

B.0.2 建筑防水工程材料的现场抽样复验应符合表B.0.2的规定。

表 B.0.2　建筑防水工程材料现场抽样复验

序	材料名称	现场抽样数量	外观质量检验	物理性能检验
1	高聚物改性沥青防水卷材	大于1000卷抽5卷，每500~1000卷抽4卷，100~499卷抽3卷，100卷以下抽2卷，进行规格尺寸和外观质量检验。在外观质量检验合格的卷材中，任取一卷作物理性能检验	断裂、皱折、孔洞、剥离、边缘不整齐，胎体露白、未浸透，撒布材料粒度、颜色、每卷卷材的接头	拉力，最大拉力时延伸率，低温柔度，不透水性
2	合成高分子防水卷材		折痕、杂质、胶块、凹痕，每卷卷材的接头	断裂拉伸强度，扯断伸长率，低温弯折，不透水性
3	沥青基防水涂料	每工作班生产量为一批抽样	搅匀和分散在水溶液中，无明显沥青丝团	固含量，耐热度，柔性，不透水性，延伸率
4	无机防水涂料	每10t为一批，不足10t按一批抽样	包装完好无损，且标明涂料名称，生产日期，生产厂家，产品有效期	抗折强度，粘结强度，抗渗性

续表 B.0.2

序	材料名称	现场抽样数量	外观质量检验	物理性能检验
5	有机防水涂料	每5t为一批，不足5t按一批抽样	包装完好无损，且标明涂料名称，生产日期，生产厂家，产品有效期	固体含量，拉伸强度，断裂延伸率，柔性，不透水性
6	胎体增强材料	每3000m² 为一批，不足3000m² 按一批抽样	均匀，无团状，平整，无折皱	拉力，延伸率
7	改性石油沥青密封材料	每2t为一批，不足2t按一批抽样	黑色均匀膏状，无结块和未浸透的填料	低温柔性，拉伸粘结性，施工度
8	合成高分子密封材料		均匀膏状物，无结皮、凝结或不易分散的固体团块	拉伸粘结性，柔性
9	高分子防水材料止水带	每月同标记的止水带产量为一批抽样	尺寸公差;开裂,缺胶,海绵状,中心孔偏心;凹痕,气泡,杂质,明疤	拉伸强度，扯断伸长率，撕裂强度
10	高分子防水材料遇水膨胀橡胶	每月同标记的膨胀橡胶产量为一批抽样	尺寸公差；开裂，缺胶，海绵状；凹痕，气泡，杂质，明疤	拉伸强度，扯断伸长率，体积膨胀倍率

附录C　地下防水工程渗漏水调查与量测方法

C.0.1　渗漏水调查

1　地下防水工程质量验收时，施工单位必须提供地下工程“背水内表面的结构工程展开图”。

2　房屋建筑地下室只调查围护结构内墙和底板。

3　全埋设于地下的结构（地下商场、地铁车站、军事地下库等），除调查围护结构内墙和底板外，背水的顶板（拱顶）系重点调查目标。

4　钢筋混凝土衬砌的隧道以及钢筋混凝土管片衬砌的隧道渗漏水调查的重点为上半环。

5　施工单位必须在“背水内表面的结构工程展开图”上详细标示：

1）在工程自检时发现的裂缝，并标明位置、宽度、长度和渗漏水现象；

2）经修补、堵漏的渗漏水部位；

3）防水等级标准容许的渗漏水现象位置。

6　地下防水工程验收时，经检查、核对标示好的“背水内表面的结构工程展开图”必须纳入竣工验收资料。

C.0.2　渗漏水现象描述使用的术语、定义和标识符号，可按表C.0.2选用。

表C.0.2　渗漏水现象描述使用的术语、定义和标识符号

术语	定　义	标识符号
湿渍	地下混凝土结构背水面，呈现明显色译变化的潮湿斑	#
渗水	水从地下混凝土结构衬砌内表面渗出，在背水的墙壁上可观察到明显的流挂水膜范围	○

续表 C.0.2

术语	定　义	标识符号
水珠	悬垂在地下混凝土结构衬砌背水顶板（拱顶）的水珠，其滴落间隔时间超过 1min 称水珠现象	◇
滴漏	地下混凝土结构衬砌背水顶板（拱顶）渗漏水的滴落速度，每分钟至少 1 滴，称为滴漏现象	▽
线漏	指渗漏成线或喷水状态	↓

C.0.3 当初验收的地下工程有结露现象时，不宜进行渗漏水检测。

C.0.4 房屋建筑地下室渗漏水现象检测

1 地下工程防水等级对“湿渍面积”与“总防水面积”（包括顶板、墙面、地面）的比例作了规定。按防水等级 2 级设防的房屋建筑地下室，单个湿渍的最大面积不大于 $0.1m^2$，任意 $100m^2$ 防水面积上的湿渍不超过 1 处。

2 湿渍的现象：湿渍主要是由混凝土密实度差异造成毛细现象或由混凝土容许裂缝（宽度小于 0.2mm）产生，在混凝土表面肉眼可见的“明显色泽变化的潮湿斑”。一般在人工通风条件下可消失，即蒸发量大于渗入量的状态。

3 湿渍的检测方法：检查人员用干手触摸湿斑，无水分浸润感觉。用吸墨纸或报纸贴附，纸不变颜色。检查时，要用粉笔构划出湿渍范围，然后用钢尺测量高度和宽度，计算面积，标示在“展开图”上。

4 渗水的现象：渗水是由于混凝土密实度差异或混凝土有害裂缝（宽度大于 0.2mm）而产生的地下水连续渗入混凝土结构，在背水的混凝土墙壁表面肉眼可观察到明显的流挂水膜范围，在加强人工通风的条件下也不会消失，即渗入量大于蒸发量的状态。

5 渗水的检测方法：检查人员用干手触摸可感觉到水分浸润，手上会沾有水分。用吸墨纸或报纸贴附，纸会浸润变颜色。

检查时，要用粉笔勾划出渗水范围，然后用钢尺测量高度和宽度，计算面积，标示在“展开图”上。

6 对房屋建筑地下室检测出来的“渗水点”，一般情况下应准予修补堵漏，然后重新验收。

7 对防水混凝土结构的细部构造渗漏水检测，尚应按本条内容执行。若发现严重渗水必须分析、查明原因，应准予修补堵漏，然后重新验收。

C.0.5 钢筋混凝土隧道衬砌内表面渗漏水现象检测

1 隧道防水工程，若要求对湿渍和渗水作检测时，应按房屋建筑地下室渗漏水现象检测方法操作。

2 隧道上半部的明显滴漏和连续渗流，可直接用有刻度的容器收集量测，计算单位时间的渗漏量（如 L/min，或 L/h 等）。还可用带有密封缘口的规定尺寸方框，安装在要求测量的隧道内表面，将渗漏水导入量测容器内。同时，将每个渗漏点位置、单位时间渗漏水量，标示在“隧道渗漏水平面展开图”上。

3 若检测器具或登高有困难时，允许通过目测计取每分钟或数分钟内的滴落数目，计算出该点的渗漏量，经验告诉我们，当每分钟滴落速度 3～4 滴的漏水点，24h 的渗水量就是 1L。如果滴落速度每分钟大于 300 滴，则形成连续细流。

4 为使不同施工方法,、不同长度和断面尺寸隧道的渗漏水状况能够相互加以比较，必须确定一个具有代表性的标准单位。国际上通用 $L/m^2.d$，即渗漏水量的定义为隧道的内表面，每平方米在一昼夜（24h）时间内的渗漏水立升值。

5 隧道内表面积的计算应按下列方法求得：

1）竣工的区间隧道验收（未实施机电设备安装）

通过计算求出横断面的内径周长，再乘以隧道长度，得出内表面积数值。对盾构法隧道不计取管片嵌缝槽、螺栓孔盒子凹进部位等实际面积。

2）即将投入运营的城市隧道系统验收（完成了机电设备安

装）

通过计算求出横断面的内径周长，再乘以隧道长度，得出内表面积数值。不计取凹槽、道床、排水沟等实际面积。

C.0.6 隧道总渗漏水量的量测

隧道总渗漏水量可采用以下 4 种方法，然后通过计算换算成规定单位：$L/m^2 \cdot d$。

1）集水井积水量测

量测在设定时间内的水位上升数值，通过计算得出渗漏水量。

2）隧道最低处积水量测

量测在设定时间内的水位上升数值，通过计算得出渗漏水量。

3）有流动水的隧道内设量水堰

靠量水堰上开设的 V 形槽口量测水流量，然后计算得出渗漏水量。

4）通过专用排水泵的运转计算隧道专用排水泵的工作时间，计算排水量，换算成渗漏水量。

本规范用词说明

1. 为便于在执行本规范条文时区别对待，对要求严格程度不同的用词说明如下：

(1) 表示很严格，非这样做不可的用词：

正面词采用“必须”，反面词采用“严禁”；

(2) 表示严格，在正常情况下均应这样做的用词；

正面词采用“应”，反面词用“不应”或“不得”；

(3) 表示允许稍有选择，在条件许可时首先应这样做的用词：

正面词采用“宜”，反面词采用“不宜”；

表示有选择，在一定条件下可以这样做的用词采用“可”。

2. 规范中指定按其他有关标准、规范的规定执行时，写法为“应符合……的规定”或“应按……执行”。

附录二

中华人民共和国国家标准

地下工程防水技术规范

Technical code for waterproofing of underground works

GB 50108—2001

主编部门：国家人民防空办公室
批准部门：中华人民共和国建设部
施行日期：2001年12月31日

中国建筑工业出版社

2001　北京

关于发布国家标准
《地下工程防水技术规范》的通知

建标［2001］140号

根据我部《关于印发一九九八年工程建设国家标准制订、修订计划（第一批）的通知》（建标［1998］94号）的要求，由国家人民防空办公室会同有关部门共同修订的《地下工程防水技术规范》，经有关部门会审，批准为国家标准，编号为GB 50108—2001，自2001年12月31日起施行，其中，3.1.8、3.2.1、3.2.2、4.1.3、4.1.6（2、3）、4.1.18、4.1.22（1）、4.3.4、5.1.3、5.1.4、9.0.5（1）为强制性条文，必须严格执行。自本规范施行之日起，原国家标准《地下工程防水技术规范》GBJ 108—87、《地下防水工程施工及验收规范》GBJ 208—83同时废止。

本规范由国家人民防空办公室负责管理，由总参工程兵科研三所负责具体解释工作，建设部标准定额研究所组织中国计划出版社出版发行。

中华民人共和国建设部

二〇〇一年七月四日

前　言

本规范是根据建设部建标［1998］94号文的要求，由主编部门国家人民防空办公室组织，具体由总参工程兵科研三所会同山西建工集团总公司等单位共同修编完成。该规范于2000年6月经全国审查会议通过，并以建设部建标［2001］140号文批准，由建设部和国家质量监督检验检疫总局联合发布。

《地下工程防水技术规范》在修编过程中，修编组经过广泛地调查研究和收集资料，在总结我国地下工程防水近年来实践经验的基础上，参考有关国际标准，并广泛征求全国有关单位的意见，对《地下防水工程施工及验收规范》（GBJ 208—83）、《地下工程防水技术规范》（GBJ 108—87）中设计、施工方面的内容进行了修订。这次修订的主要内容有：在整体结构上，按地下工程结构主体防水、细部构造防水、排水的思路重新划分章节，进行改写；在设计内容中，增加了对防水等级标准进行量化、对采用不同施工方法的地下工程制定相应防水设计方案等内容；对常用防水方法和材料进行了较大的修改，增加了“塑料防水板防水层”的内容，对选用的材料提出了相应的技术性能指标，对防水混凝土抗渗等级的选取提出了新的规定；在细部构造防水内容中，增加了“预留通道接头”、“桩头”的防水做法，对变形缝的设计、施工补充了有关内容；增加了“逆筑结构”有关防水做法。经修订，原规范（GBJ 108—87）10章32节179条现为10章36节285条，这将为保证地下工程防水质量发挥重要作用。

本规范由国家人民防空办公室负责管理，具体解释由总参工程兵科研三所负责。在规范执行过程中，请各单位结合工程实践，认真总结经验，如发现需要修改和补充之处，请将意见和建议寄交总参工程兵科研三所（地址：河南洛阳，邮政编码：471023 传真：0379—5981432），以供今后修订时参考。

本规范主编单位、参编单位和主要起草人：

主 编 单 位： 总参工程兵科研三所

参 编 单 位： 山西建工集团总公司

冶金建筑研究总院

铁道部专业设计院

中国建筑科学研究院

上海隧道工程轨道交通设计研究院

天津市人防设计研究院

上海市人防科研所

铁道部隧道局科研所

主要起草人： 雷志梁　朱忠厚　朱祖熹　张玉玲　姚源道

李承刚　孟文斌　卓　越　冀文政　梁宝华

哈成德　韩忠存　蔡庆华　沈秀芳　刘慧玲

本规范修编过程中得到北京橡胶十厂建筑防水工程公司、北京金汤建筑防水有限公司、哈尔滨雪佳防水材料厂、上海长宁橡胶厂、浙江金华华夏注浆材料有限公司的大力协助。

目　次

1 总 则

1.0.1 为使地下工程防水的设计和施工符合确保质量、技术先进、经济合理、安全适用的要求，制订本规范。

1.0.2 本规范适用于工业与民用建筑地下工程、市政隧道、防护工程、山岭及水底隧道、地下铁道等地下工程防水的设计和施工。

1.0.3 地下工程防水的设计和施工应遵循“防、排、截、堵相结合，刚柔相济，因地制宜，综合治理”的原则。

1.0.4 地下工程防水的设计和施工必须符合环境保护的要求，并采取相应措施。

1.0.5 地下工程的防水，应采用经过试验、检测和鉴定并经实践检验质量可靠的新材料，行之有效的新技术、新工艺。

1.0.6 地下工程防水的设计和施工除应符合本规范外，尚应符合国家现行的有关强制性标准的规定。

2 术 语

2.0.1 遇水膨胀止水条 water swelling strip

具有遇水膨胀性能的遇水膨胀腻子条和遇水膨胀橡胶条的统称。

2.0.2 可操作时间 operational time

单组份材料自容器打开或多组份材料自混合起，至不适宜施工的时间。

2.0.3 涂膜抗渗性 impermeability of film coating

涂膜抵抗地下水渗入地下工程内部的性能。

2.0.4 涂膜耐水性 water resistance of film coating

涂膜在水长期浸泡下保持各种性能指标的能力。

2.0.5 聚合物水泥防水涂料 polymer cement water proof coating

以聚合物乳液和水泥为主要原料，加入其他添加剂制成的双组份水性防水涂料。

2.0.6 塑料防水板防水层 water - proofing course of water - tight plastic sheet

采用由工厂生产的具有一定厚度和抗渗能力的高分子薄板或土工膜，铺设在初期支护与内衬砌间的防水层。

2.0.7 暗钉圈 concealed nail washer

设置于塑料防水板内侧，并由与防水板相热焊的材料组成，用于固定防水板的垫圈。

2.0.8 无钉铺设 non - nails layouts

将塑料防水板通过热焊固定于暗钉圈上的一种铺设方法。

2.0.9 背衬材料　backing material

嵌缝作业时填塞在嵌缝材料底部并与嵌缝材料无粘结力的材料，其作用在于缝隙变形时使嵌缝材料不产生三向受力。

2.0.10 加强带 strengthening band

在原留设伸缩缝或后浇带的部位，留出一定宽度，采用膨胀率大的混凝土与相邻混凝土同时浇筑的部位。

2.0.11 诱导缝 inducing joint

通过适当减少钢筋对混凝土的约束等方法在混凝土结构中设置的易开裂的部位。

2.0.12 预注浆 pre – grouting

工程开挖前使浆液预先充填围岩裂隙，达到堵塞水流、加固围岩目的所进行的注浆。可分为工作面预注浆，即超前预注浆；地面预注浆，包括竖井地面预注浆和平巷地面预注浆。

2.0.13 高压喷射注浆法 high – pressurized jet grouting

将带有特殊喷嘴的注浆管置入土层的预定深度后，以 20MPa 以上的高压喷射流，使浆液与土搅拌混合，硬化后在土中形成防渗帷幕的一种注浆方法。

2.0.14 衬砌前围岩注浆 surrounding ground grouting beforelining

工程开挖后，在衬砌前对毛洞的围岩加固和止水所进行的注浆。

2.0.15 回填注浆 back – fill grouting

在工程衬砌完成后，为充填衬砌和围岩间空隙所进行的注浆。

2.0.16 衬砌后围岩注浆 surrounding ground grouting afterlining

在回填注浆后需要增强防水能力时，对围岩进行的注浆。

2.0.17 凝胶时间 gel time

浆液自配制时起至不流动时止这段时间。

2.0.18 衬砌内注浆 lining grouting

由于衬砌缺陷引起渗漏水时，在衬砌内进行的注浆。

2.0.19 复合管片 composite segment

钢板与混凝土复合制成的管片。

2.0.20 密封垫沟槽 gasket groove

为使密封垫正确就位、牢固固定、并使垫片被压缩的体积得以储存，而在管片混凝土环、纵面预设的沟槽。

2.0.21 密封垫 gasket

由工厂加工预制，在现场粘贴于管片密封垫沟槽内，用于管片接缝防水的垫片。分为以弹性压密止水的具有特殊形状断面的弹性橡胶密封垫和以遇水膨胀止水的遇水膨胀橡胶密封垫两类。

2.0.22 螺孔密封圈 bolt hole sealing washer

为防止管片螺栓孔渗漏水而设置的密封垫圈。通常将他套在螺杆上，利用螺母、垫片压密，从而堵塞混凝土孔壁与螺栓间的孔隙，满足防水要求。

2.0.23 自流平水泥 artesian cement

在低水灰比下不经振捣能使净浆、砂浆或混凝土达到预定强度和密实度的特种水泥。

3 地下工程防水设计

3.1 一般规定

3.1.1 地下工程必须进行防水设计，防水设计应定级准确、方案可靠、施工简便、经济合理。

3.1.2 地下工程必须从工程规划、建筑结构设计、材料选择、施工工艺等全面系统地做好地下工程的防排水。

3.1.3 地下工程的防水设计，应考虑地表水、地下水、毛细管水等的作用，以及由于人为因素引起的附近水文地质改变的影响。单建式的地下工程，应采用全封闭、部分封闭防排水设计；附建式的全地下或半地下工程的防水设防高度，应高出室外地坪高程500mm以上。

3.1.4 地下工程的钢筋混凝土结构，应采用防水混凝土，并根据防水等级的要求采用其他防水措施。

3.1.5 地下工程的变形缝、施工缝、诱导缝、后浇带、穿墙管(盒)、预埋件、预留通道接头、桩头等细部构造，应加强防水措施。

3.1.6 地下工程的排水管沟、地漏、出入口、窗井、风井等，应有防倒灌措施，寒冷及严寒地区的排水沟应有防冻措施。

3.1.7 地下工程防水设计，应根据工程的特点和需要搜集有关资料：

1 最高地下水位的高程、出现的年代，近几年的实际水位高程和随季节变化情况；

2 地下水类型、补给来源、水质、流量、流向、压力；

3 工程地质构造，包括岩层走向、倾角、节理及裂隙，含水地层的特性、分布情况和渗透系数，溶洞及陷穴，填土区、湿陷性土和膨胀土层等情况；

4　历年气温变化情况、降水量、地层冻结深度；

5　区域地形、地貌、天然水流、水库、废弃坑井以及地表水、洪水和给水排水系统资料；

6　工程所在区域的地震烈度、地热，含瓦斯等有害物质的资料；

7　施工技术水平和材料来源。

3.1.8　地下工程防水设计内容应包括：

1　防水等级和设防要求；

2　防水混凝土的抗渗等级和其他技术指标，质量保证措施；

3　其他防水层选用的材料及其技术指标，质量保证措施；

4　工程细部构造的防水措施，选用的材料及其技术指标，质量保证措施；

5　工程的防排水系统，地面挡水、截水系统及工程各种洞口的防倒灌措施。

3.2　防水等级

3.2.1　地下工程的防水等级分为四级，各级的标准应符合表3.2.1的规定。

表3.2.1　　地下工程防水等级标准

防水等级	标　　准
一　　级	不允许渗水，结构表面无湿渍
二　　级	不允许漏水，结构表面可有少量湿渍 工业与民用建筑：总湿渍面积不应大于总防水面积（包括顶板、墙面、地面）的1/1000；任意100m^2防水面积上的湿渍不超过1处，单个湿渍的最大面积不大于0.1m^2 其他地下工程：总湿渍面积不应大于总防水面积的6/1000；任意100m^2防水面积上的湿渍不超过4处，单个湿渍的最大面积不大于0.2m^2

续表 3.2.1

防水等级	标　　准
三　　级	有少量漏水点，不得有线流和漏泥砂 任意 100m^2 防水面积上的漏水点数不超过 7 处，单个漏水点的最大漏水量不大于 2.5L/d，单个湿渍的最大面积不大于 0.3m^2
四　　级	有漏水点，不得有线流和漏泥砂 整个工程平均漏水量大于 2L/m^2·d；任意 100m^2 防水面积的平均漏水量不大于 4L/m^2·d

3.2.2 地下工程的防水等级，应根据工程的重要性和使用中对防水的要求按表 3.2.2 选定。

表 3.2.2　　不同防水等级的适用范围

防水等级	适用范围
一　　级	人员长期停留的场所；因有少量湿渍会使物品变质、失效的贮物场所及严重影响设备正常运转和危及工程安全运营的部位；极重要的战备工程
二　　级	人员经常活动的场所；在有少量湿渍的情况下不会使物品变质、失效的贮物场所及基本不影响设备正常运转和工程安全运营的部位；重要的战备工程
三　　级	人员临时活动的场所；一般战备工程
四　　级	对渗漏水无严格要求的工程

3.3 防水设防要求

3.3.1 地下工程的防水设防要求，应根据使用功能、结构形式、环境条件、施工方法及材料性能等因素合理确定。

1 明挖法地下工程的防水设防要求应按表 3.3.1－1 选用；

2 暗挖法地下工程的防水设防要求应按表 3.3.1－2 选用。

表 3.3.1－1　　明挖法地下工程防水设防

工程部位		主体						施工缝					后浇带				变形缝、诱导缝						
防水措施		防水混凝土	防水砂浆	防水卷材	防水涂料	塑料防水板	金属板	遇水膨胀止水条	中埋式止水带	外贴式止水带	外抹防水砂浆	外涂防水涂料	膨胀混凝土	遇水膨胀止水条	外贴式止水带	防水嵌缝材料	中埋式止水带	外贴式止水带	可卸式止水带	防水嵌缝材料	外贴防水卷材	外涂防水涂料	遇水膨胀止水条
防不等级	一级	应选	应选一至二种					应选二种					应选	应选二种			应选	应选二种					
	二级	应选	应选一种					应选一至二种					应选	应选一至二种			应选	应选一至二种					
	三级	应选	宜选一种					宜选一至二种					应选	宜选一至二种			应选	宜选一至二种					
	四级	宜选	—					宜选一种					应选	宜选一种			应选	宜选一种					

表 3.3.1－2　　暗挖法地下工程防水设防

工程部位		主体				内衬砌施工缝					内衬砌变形缝、诱导缝				
防水措施		复合式衬砌	离壁式衬砌、衬套	贴壁式衬砌	喷射混凝土	外贴式止水带	遇水膨胀止水条	防水嵌缝材料	中埋式止水带	外涂防水涂料	中埋式止水带	外贴式止水带	可卸式止水带	防水嵌缝材料	遇水膨胀止水条
防水等级	一级	应选一种			—	应选二种					应选	应选二种			
	二级	应选一种				应选一至二种					应选	应选一至二种			
	三级	—		应选一种		宜选一至二种					应选	宜选一种			
	四级			应选一种		宜选一种					应选	宜选一种			

3.3.2 处于侵蚀性介质中的工程，应采用耐侵蚀的防水混凝土、防水砂浆、卷材或涂料等防水材料。

3.3.3 处于冻土层中的混凝土结构，其混凝土抗冻融循环不得少于100次。

3.3.4 结构刚度较差或受振动作用的工程，应采用卷材、涂料等柔性防水材料。

4 地下工程混凝土结构主体防水

4.1 防水混凝土

Ⅰ 一般规定

4.1.1 防水混凝土应通过调整配合比，掺加外加剂、掺合料配制而成，抗渗等级不得小于S6。

4.1.2 防水混凝土的施工配合比应通过试验确定，抗渗等级应比设计要求提高一级（0.2MPa）。

Ⅱ 设 计

4.1.3 防水混凝土的设计抗渗等级，应符合表4.1.3的规定。

表4.1.3 防水混凝土设计抗渗等级

工程埋置深度（m）	设计抗渗等级
<10	S6
10~20	S8
20~30	S10
30~40	S12
注：①本表适用于Ⅳ、Ⅴ级围岩（土层及软弱围岩） ②山岭隧道防水混凝土的抗渗等级可按铁道部门的有关规范执行	

4.1.4 防水混凝土的环境温度，不得高于80℃；处于侵蚀性介质中防水混凝土的耐侵蚀系数，不应小于0.8。

4.1.5 防水混凝土结构底板的混凝土垫层，强度等级不应小于C15，厚度不应小于100mm，在软弱土层中不应小于150mm。

4.1.6 防水混凝土结构，应符合下列规定：

1 结构厚度不应小于250mm；

2 裂缝宽度不得大于0.2mm，并不得贯通；

3 迎水面钢筋保护层厚度不应小于50mm。

Ⅲ 材 料

4.1.7 防水混凝土使用的水泥，应符合下列规定：

1 水泥的强度等级不应低于32.5MPa；

2 在不受侵蚀性介质和冻融作用时，宜采用普通硅酸盐水泥、硅酸盐水泥、火山灰质硅酸盐水泥、粉煤灰硅酸盐水泥、矿渣硅酸盐水泥，使用矿渣硅酸盐水泥必须掺用高效减水剂；

3 在受侵蚀性介质作用时，应按介质的性质选用相应的水泥；

4 在受冻融作用时，应优先选用普通硅酸盐水泥，不宜采用火山灰质硅酸盐水泥和粉煤灰硅酸盐水泥；

5 不得使用过期或受潮结块的水泥，并不得将不同品种或强度等级的水泥混合使用。

4.1.8 防水混凝土所用的砂、石应符合下列规定：

1 石子最大粒径不宜大于40mm，泵送时其最大粒径应为输送管径的1/4；吸水率不应大于1.5%；不得使用碱活性骨料。其他要求应符合《普通混凝土用碎石或卵石质量标准及检验方法》（JGJ 53—92）的规定；

2 砂宜采用中砂，其要求应符合《普通混凝土用砂质量标准及检验方法》（JGJ 52—92）的规定。

4.1.9 拌制混凝土所用的水，应符合《混凝土拌合用水标准》（JGJ 63－89）的规定。

4.1.10 防水混凝土可根据工程需要掺入减水剂、膨胀剂、防水剂、密实剂、引气剂、复合型外加剂等外加剂，其品种和掺量应经试验确定。所有外加剂应符合国家或行业标准一等品及以上的质量要求。

4.1.11 防水混凝土可掺入一定数量的粉煤灰、磨细矿渣粉、硅粉等。粉煤灰的级别不应低于二级，掺量不宜大于20%；硅粉掺量不应大于3%；其他掺合料的掺量应经过试验确定。

4.1.12 防水混凝土可根据工程抗裂需要掺入钢纤维或合成纤维。

4.1.13 每立方米防水混凝土中各类材料的总碱量（Na_2O 当量）不得大于 3kg。

Ⅳ 施 工

4.1.14 防水混凝土的配合比，应符合下列规定：

1 水泥用量不得少于 320kg/m³；掺有活性掺合料时，水泥用量不得少于 280kg/m³；

2 砂率宜为 35%～40%，泵送时可增至 45%；

3 灰砂比宜为 1:1.5～1:2.5；

4 水灰比不得大于 0.55；

5 普通防水混凝土坍落度不宜大于 50mm。防水混凝土采用预拌混凝土时，入泵坍落度宜控制在 120±20mm，入泵前坍落度每小时损失值不应大于 30mm，坍落度总损失值不应大于 60mm；

6 掺加引气剂或引气型减水剂时，混凝土含气量应控制在 3%～5%；

7 防水混凝土采用预拌混凝土时，缓凝时间宜为 6～8h。

4.1.15 防水混凝土配料必须按配合比准确称量。计量允许偏差不应大于下列规定：

1 水泥、水、外加剂、掺合料为±1%；

2 砂、石为±2%。

4.1.16 使用减水剂时，减水剂宜预溶成一定浓度的溶液。

4.1.17 防水混凝土拌合物必须采用机械搅拌，搅拌时间不应小于 2min。掺外加剂时，应根据外加剂的技术要求确定搅拌时间。

4.1.18 防水混凝土拌合物在运输后如出现离析，必须进行二次搅拌。当坍落度损失后不能满足施工要求时，应加入原水灰比的水泥浆或二次掺加减水剂进行搅拌，严禁直接加水。

4.1.19 防水混凝土必须采用高频机械振捣密实，振捣时间宜为 10～30s，以混凝土泛浆和不冒气泡为难，应避免漏振、欠振和超振。

掺加引气剂或引气型减水剂时，应采用高频插入式振捣器振捣。

4.1.20 防水混凝土应连续浇筑，宜少留施工缝。当留设施工缝时，应遵守下列规定：

1 墙体水平施工缝不应留在剪力与弯矩最大处或底板与侧墙的交接处，应留在高出底板表面不小于300mm的墙体上。拱（板）墙结合的水平施工缝，宜留在拱（板）墙接缝线以下150～300mm处。墙体有预留孔洞时，施工缝距孔洞边缘不应小于300mm；

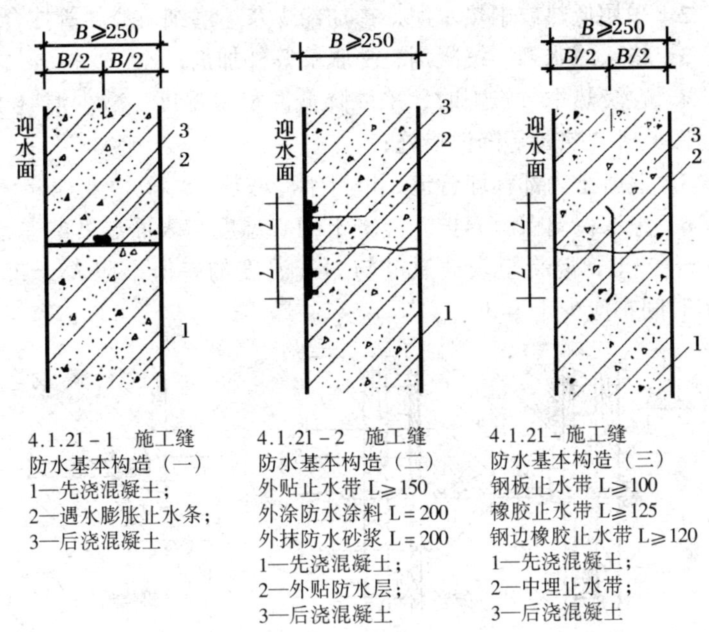

4.1.21－1 施工缝防水基本构造（一）
1—先浇混凝土；
2—遇水膨胀止水条；
3—后浇混凝土

4.1.21－2 施工缝防水基本构造（二）
外贴止水带 L≥150
外涂防水涂料 L＝200
外抹防水砂浆 L＝200
1—先浇混凝土；
2—外贴防水层；
3—后浇混凝土

4.1.21－施工缝防水基本构造（三）
钢板止水带 L≥100
橡胶止水带 L≥125
钢边橡胶止水带 L≥120
1—先浇混凝土；
2—中埋止水带；
3—后浇混凝土

2 垂直施工缝应避开地下水和裂隙水较多的地段，并宜与变形缝相结合。

4.1.21 施工缝防水的构造形式见图4.1.21。

4.1.22 施工缝的施工应符合下列规定：

1 水平施工缝浇灌混凝土前，应将其表面浮浆和杂物清除，先铺净浆，再铺30～50mm厚的1:1水泥砂浆或涂刷混凝土界面处理剂，并及时浇灌混凝土；

2 垂直施工缝浇灌混凝土前，应将其表面清理干净，并涂刷水泥净浆或混凝土界面处理剂，并及时浇灌混凝土；

3　选用的遇水膨胀止水条应具有缓胀性能，其7d的膨胀率不应大于最终膨胀率的60%；

4　遇水膨胀止水条应牢固地安装在缝表面或预留槽内；

5　采用中埋式止水带时，应确保位置准确、固定牢靠。

4.1.23　大体积防水混凝土的施工，应采取以下措施：

1　在设计许可的情况下，采用混凝土60d强度作为设计强度；

2　采用低热或中热水泥，掺加粉煤灰、磨细矿渣粉等掺合料；

3　掺入减水剂、缓凝剂、膨胀剂等外加剂；

4　在炎热季节施工时，采取降低原材料温度、减少混凝土运输时吸收外界热量等降温措施；

5　混凝土内部预埋管道，进行水冷散热；

6　采取保温保湿养护。混凝土中心温度与表面温度的差值不应大于25℃，混凝土表面温度与大气温度的差值不应大于25℃，养护时间不应少于14d。

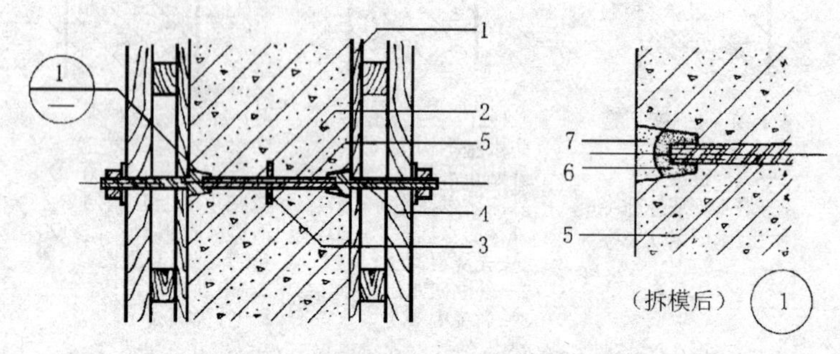

图4.1.24　固定模板用螺栓的防水做法

1—模板；2—结构混凝土；3—止水环；4—工具式螺栓；
5—固定模板用螺栓；6—嵌缝材料；7—聚合物水泥砂浆

4.1.24　防水混凝土结构内部设置的各种钢筋或绑扎铁丝，不得接触模板。固定模板用的螺栓必须穿过混凝土结构时，可采用工具式螺栓或螺栓加堵头，螺栓上应加焊方形止水环。拆模后应采取加强防水措施将留下的凹槽封堵密实，并宜在迎水面涂刷防水涂料。见图4.1.24。

4.1.25　防水混凝土终凝后应立即进行养护，养护时间不得少于

14d。

4.1.26 防水混凝土的冬期施工，应符合下列规定：

1 混凝土入模温度不应低于5℃；

2 宜采用综合蓄热法、蓄热法、暖棚法等养护方法，并应保持混凝土表面湿润，防止混凝土早期脱水；

3 采用掺化学外加剂方法施工时，应采取保温保湿措施。

4.2 水泥砂浆防水层

Ⅰ 一般规定

4.2.1 水泥砂浆防水层包括普通水泥砂浆、聚合物水泥防水砂浆、掺外加剂或掺合料防水砂浆等，宜采用多层抹压法施工。

4.2.2 水泥砂浆防水层可用于结构主体的迎水面或背水面。

4.2.3 水泥砂浆防水层应在基础垫层、初期支护、围护结构及内衬结构验收合格后方可施工。

Ⅱ 设 计

4.2.4 水泥砂浆品种和配合比设计应根据防水工程要求确定。

4.2.5 聚合物水泥砂浆防水层厚度单层施工宜为6~8mm，双层施工宜为10~12mm，掺外加剂、掺合料等的水泥砂浆防水层厚度宜为18~20mm。

4.2.6 水泥砂浆防水层基层，其混凝土强度等级不应小于C15；砌体结构砌筑用的砂浆强度等级不应低于M7.5。

Ⅲ 材 料

4.2.7 水泥砂浆防水层所用的材料，应符合下列规定：

1 应采用强度等级不低于32.5MPa的普通硅酸盐水泥、硅酸盐水泥、特种水泥，严禁使用过期或受潮结块水泥；

2 砂宜采用中砂，含泥量不大于1%，硫化物和硫酸盐含量不大于1%；

3 拌制水泥砂浆所用的水，应符合《混凝土拌合用水标准》（JGJ 63—89）的规定；

4 聚合物乳液：外观应无颗粒、异物和凝固物，固体含量应大于35%。宜选用专用产品；

5 外加剂的技术性能应符合国家或行业产品标准一等品以上的质量要求。

4.2.8 水泥砂浆防水层宜掺入外加剂、掺合料、聚合物等进行改性，改性后防水砂浆的性能应符合表4.2.8的规定。

表4.2.8　改性后防水砂浆的主要性能

改性剂种类	粘结强度（MPa）	抗渗性（MPa）	抗折强度（MPa）	干缩率（%）	吸水率（%）	冻融循环（次）	耐碱性	耐水性（%）
外加剂、掺合料	>0.5	≥0.6	同一般砂浆	同一般砂浆	≤3	>D50	10% NaOH溶液浸泡14d无变化	—
聚合物	>1.0	≥1.2	≥7.0	≤0.15	≤4	>D50		≥80

注：耐水性指标是在浸水168h后材料的粘结强度及抗渗性的保持率。

Ⅳ　施　　工

4.2.9 基层表面应平整、坚实、粗糙、清洁，并充分湿润、无积水。

4.2.10 基层表面的孔洞、缝隙，应用与防水层相同的砂浆堵塞抹平。

4.2.11 施工前应将预埋件、穿墙管预留凹槽内嵌填密封材料后，再施工防水砂浆层。

4.2.12 普通水泥砂浆防水层的配合比见表4.2.12。

掺外加剂、掺合料、聚合物等防水砂浆的配合比和施工方法应符合所掺材料的规定，其中聚合物砂浆的用水量应包括乳液中的含水量。

表 4.2.12　　普通水泥砂浆防水层的配合比

名　称	配合比(质量比)		水灰比	适用范围
	水泥	砂		
水泥浆	1		0.55～0.60	水泥砂浆防水层的第一层
水泥浆	1		0.37～0.40	水泥砂浆防水层的第三、五层
水泥砂浆	1	1.5～2.0	0.40～0.50	水泥砂浆防水层的第二、四层

4.2.13　水泥砂浆防水层应分层铺抹或喷射，铺抹时应压实、抹平，最后一层表面应提浆压光。

4.2.14　聚合物水泥砂浆拌合后应在 1h 内用完，且施工中不得任意加水。

4.2.15　水泥砂浆防水层各层应紧密贴合，每层宜连续施工；如必须留茬时，采用阶梯坡形茬，但离阴阳角处不得小于 200mm；接茬应依层次顺序操作，层层搭接紧密。

4.2.16　水泥砂浆防水层不宜在雨天及 5 级以上大风中施工。冬季施工时，气湿不应低于 5℃，且基层表面温度应保持 0℃以上。夏季施工时，不应在 35℃以上或烈日照射下施工。

4.2.17　普通水泥砂浆防水层终凝后，应及时进行养护，养护温度不宜低于 5℃，养护时间不得少于 14d，养护期间应保持湿润。

聚合物水泥砂浆防水层未达到硬化状态时，不得浇水养护或直接受雨水冲刷，硬化后应采用干湿交替的养护方法。在潮湿环境中，可在自然条件下养护。

使用特种水泥、外加剂、掺合料的防水砂浆，养护应按产品有关规定执行。

4.3　卷材防水层

Ⅰ　一般规定

4.3.1　卷材防水层适用于受侵蚀性介质作用或受振动作用的地下

工程。

4.3.2 卷材防水层应铺设在混凝土结构主体的迎水面上。

4.3.3 卷材防水层用于建筑物地下室应铺设在结构主体底板垫层至墙体顶端的基面上，在外围形成封闭的防水层。

Ⅱ 设　计

4.3.4 卷材防水层为一或二层。高聚物改性沥青防水卷材厚度不应小于3mm，单层使用时，厚度不应小于4mm，双层使用时，总厚度不应小于6mm；合成高分子防水卷材单层使用时，厚度不应小于1.5mm，双层使用时，总厚度不应小于2.4mm。

4.3.5 阴阳角处应做成圆弧或45°（135°）折角，其尺寸视卷材品质确定。在转角处、阴阳角等特殊部位，应增贴1~2层相同的卷材，宽度不宜小于500mm。

Ⅲ 材　料

4.3.6 卷材防水层应选用高聚物改性沥青类或合成高分子类防水卷材，并符合下列规定：

1 卷材外观质量、品种规格应符合现行国家标准或行业标准；

2 卷材及其胶粘剂应具有良好的耐水性、耐久性、耐刺穿性、耐腐蚀性和耐菌性；

3 高聚物改性沥青防水卷材的主要物理性能应符合表4.3.6－1的要求；

表4.3.6－1　高聚物改性沥青防水卷材的主要物理性能

项　目		性能要求		
		聚酯毡胎体卷材	玻纤毡胎体卷材	聚乙烯膜胎体卷材
拉伸性能	拉力（N/50mm）	≥800（纵横向）	≥500（纵向）	≥140（纵向）
			≥300（横向）	≥120（横向）
	最大拉力时延伸率（%）	≥40（纵横向）	—	≥250（纵横向）

续表 4.3.6-1

项　目	性 能 要 求		
	聚酯毡胎体卷材	玻纤毡胎体卷材	聚乙烯膜胎体卷材
低温柔度	≤-15		
	3mm 厚，γ=15mm；4mm 厚， γ=25mm；3S，弯 180°，无裂纹		
不透水性	压力 0.3MPa，保持时间 30min，不透水		

4 合成高分子防水卷材的主要物理性能应符合表 4.3.6-2 的要求。

表 4.3.6-2　　合成高分子防水卷材的主要物理性能

项　目	性 能 要 求				
	硫化橡胶类		非硫化橡胶类	合成树脂类	纤维胎增强类
	JL_1	JL_2	JF_3	JS_1	
拉伸强度（MPa）	≥8	≥7	≥5	≥8	≥8
断裂伸长率（%）	≥450	≥400	≥200	≥200	≥10
低温弯折性（℃）	-45	-40	-20	-20	-20
不透水性	压力 0.3MPa，保持时间 30min，不透水				

4.3.7 粘贴各类卷材必须采用与卷材材性相容的胶粘剂，胶粘剂的质量应符合下列要求：

1 高聚物改性沥青卷材间的粘结剥离强度不应小于 8N/10mm；

2 合成高分子卷材胶粘剂的粘结剥离强度不应小于 15N/10mm，浸水 168h 后的粘结剥离强度保持率不应小于 70%。

Ⅳ　施　　工

4.3.8 卷材防水层的基面应平整牢固、清洁干燥。

4.3.9 铺贴卷材严禁在雨天、雪天施工；五级风及其以上时不得施工；冷粘法施工气温不宜低于5℃，热熔法施工气温不宜低于-10℃。

4.3.10 铺贴卷材前，应在基面上涂刷基层处理剂，当基面较潮湿时，应涂刷湿固化型胶粘剂或潮湿界面隔离剂。基层处理剂配制与施工应符合下列规定：

1 基层处理剂应与卷材及胶粘剂的材性相容；

2 基层处理剂可采取喷涂法或涂刷法施工，喷、涂应均匀一致、不露底，待表面干燥后，方可铺贴卷材。

4.3.11 铺贴高聚物改性沥青卷材应采用热熔法施工；铺贴合成高分子卷材采用冷粘法施工。

4.3.12 采用热熔法或冷粘法铺贴卷材，应符合下列规定：

1 底板垫层混凝土平面部位的卷材宜采用空铺法或点粘法，其他与混凝土结构相接触的部位应采用满粘法；

2 采用热熔法施工高聚物改性沥青卷材时，幅宽内卷材底表面加热应均匀，不得过分加热或烧穿卷材。采用冷粘法施工合成高分子卷材时，必须采用与卷材材性相容的胶粘剂，并应涂刷均匀；

3 铺贴时应展平压实，卷材与基面和各层卷材间必须粘结紧密；

4 铺贴立面卷材防水层时，应采取防止卷材下滑的措施；

5 两幅卷材短边和长边的搭接宽度均不应小于100mm。采用合成树脂类的热塑性卷材时，搭接宽度宜为50mm，并采用焊接法施工，焊缝有效焊接宽度不应小于30mm。采用双层卷材时，上下两层和相邻两幅卷材的接缝应错开1/3~1/2幅宽，且两层卷材不得相互垂直铺贴；

6 卷材接缝必须粘贴封严。接缝口应用材性相容的密封材料封严，宽度不应小于10mm；

7 在立面与平面的转角处，卷材的接缝应留在平面上，距立面不应小于600mm。

4.3.13 采用外防外贴法铺贴卷材防水层时，应符合下列规定：

1 铺贴卷材应先铺平面，后铺立面，交接处应交叉搭接；

2 临时性保护墙应用石灰砂浆砌筑，内表面应用石灰砂浆做找平层，并刷石灰浆。如用模板代替临时性保护墙时，应在其上涂刷隔离剂；

3 从底面折向立面的卷材与永久性保护墙的接触部位，应采用空铺法施工。与临时性保护墙或围护结构模板接触的部位，应临时贴附在该墙上或模板上，卷材铺好后，其顶端应临时固定；

4 当不设保护墙时，从底面折向立面的卷材的接茬部位应采取可靠的保护措施；

5 主体结构完成后，铺贴立面卷材时，应先将接茬部位的各层卷材揭开，并将其表面清理干净，如卷材有局部损伤，应及时进行修补。卷材接茬的搭接长度，高聚物改性沥青卷材为150mm，合成高分子卷材为100mm。当使用两层卷材时，卷材应错茬接缝，上层卷材应盖过下层卷材。

卷材的甩茬、接茬做法见图4.3.13。

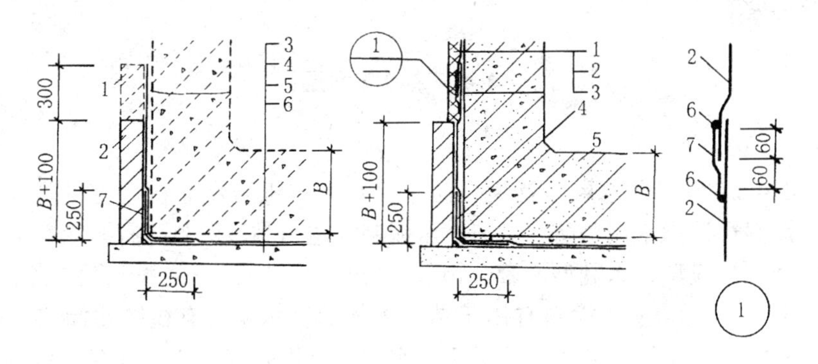

（a）甩茬　　（b）接茬

图4.3.13　卷材防水层甩茬、接茬做法

（a）1—临时保护墙；2—永久保护墙；3—细石混凝土保护层；4—卷材防水层；5—水泥砂浆找平层；6—混凝土垫层；7—卷材加强层

（b）1—结构墙体；2—卷材防水层；3—卷材保护层；4—卷材加强层；5—结构底板；6—密封材料；7—盖缝条

4.3.14 当施工条件受到限制时，可采用外防内贴法铺贴卷材防水层，并应符合下列规定：

1 主体结构的保护墙内表面应抹1∶3水泥砂浆找平层，然后铺贴卷材，并根据卷材特性选用保护层；

2 卷材宜先铺立面，后铺平面。铺贴立面时，应先铺转角，后铺大面。

4.3.15 卷材防水层经检查合格后，应及时做保护层，保护层应符合以下规定：

1 顶板卷材防水层上的细石混凝土保护层厚度不应小于70mm，防水层为单层卷材时，在防水层与保护层之间应设置隔离层；

2 底板卷材防水层上的细石混凝土保护层厚度不应小于50mm；

3 侧墙卷材防水层宜采用软保护或铺抹20mm厚的1∶3水泥砂浆。

4.4 涂料防水层

Ⅰ 一般规定

4.4.1 涂料防水层包括无机防水涂料和有机防水涂料。无机防水涂料可选用水泥基防水涂料、水泥基渗透结晶型涂料。有机涂料可选用反应型、水乳型、聚合物水泥防水涂料。

4.4.2 无机防水涂料宜用于结构主体的背水面，有机防水涂料宜用于结构主体的迎水面。用于背水面的有机防水涂料应具有较高的抗渗性，且与基层有较强的粘结性。

Ⅱ 设　计

4.4.3 防水涂料品种的选择应符合下列规定：

1 潮湿基层宜选用与潮湿基面粘结力大的无机涂料或有机涂料，或采用先涂水泥基类无机涂料而后涂有机涂料的复合涂层；

2 冬季施工宜选用反应型涂料，如用水乳型涂料，温度不得低于5℃；

3 埋置深度较深的重要工程、有振动或有较大变形的工程宜选用高弹性防水涂料；

4 有腐蚀性的地下环境宜选用耐腐蚀性较好的反应型、水乳型、聚合物水泥涂料并做刚性保护层。

4.4.4 采用有机防水涂料时，应在阴阳角及底板增加一层胎体增强材料，并增涂2~4遍防水涂料。

4.4.5 防水涂料可采用外防外涂、外防内涂两种做法，见图4.4.5－1、图4.4.5－2。

4.4.6 水泥基防水涂料的厚度宜为1.5~2.0mm；水泥基渗透结晶型防水涂料的厚度不应小于0.8mm；有机防水涂料根据材料的性能，厚度宜为1.2~2.0mm。

Ⅲ 材 料

4.4.7 涂料防水层所选用的涂料应符合下列规定：

1 具有良好的耐水性、耐久性、耐腐蚀性及耐菌性；

2 无毒、难燃、低污染；

3 无机防水涂料应具有良好的湿干粘结性、耐磨性和抗刺穿性；有机防水涂料应具有较好的延伸性及较大适应基层变形能力。

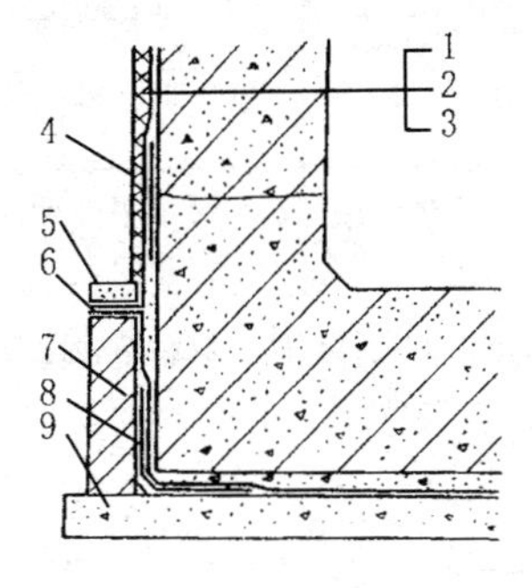

图4.4.5－1 防水涂料外防外涂做法

1—结构墙体；2—涂料防水层；3—涂料保护层；4—涂料防水加强层；5—涂料防水层搭接部位保护层；6—涂料防水层搭接部位；7—永久保护墙；8—涂料防水加强层；9—混凝土垫层

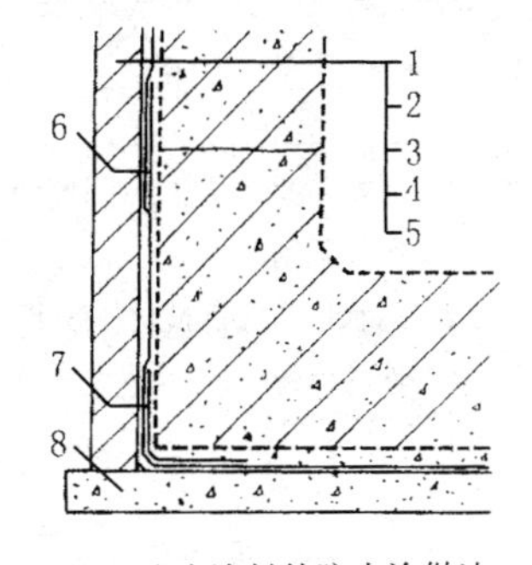

图4.4.5－2 防水涂料外防内涂做法

1—结构墙体；2—砂浆保护层；3—涂料防水层；4—砂浆找平层；5—保护墙；6—涂料防水加强层；7—涂料防水加强层；8—混凝土垫层

4.4.8 无机防水涂料、有机防水涂料的性能指标应符合表 4.4.8－1、表 4.4.8－2 的规定。

表 4.4.8－1　无机防水涂料的性能指标

涂料种类	抗折强度（MPa）	粘结强度（MPa）	抗渗性（MPa）	冻融循环
水泥基防水涂料	＞4	＞1.0	＞0.8	＞D50
水泥基渗透结晶型防水涂料	≥3	≥1.0	＞0.8	＞D50

表 4.4.8－2　有机防水涂料的性能指标

涂料种类	可操作时间（min）	潮湿基面粘结强度（MPa）	抗渗性（MPa）			浸水168h后拉伸强度（MPa）	浸水168h后断裂伸长率（%）	耐水性（%）	表干（h）	实干（h）
			涂膜（30min）	砂浆迎水面	砂浆背水面					
反应型	≥20	≥0.3	≥0.3	≥0.6	≥0.2	≥1.65	≥300	≥80	≤8	≤24
水乳型	≥50	≥0.2	≥0.3	≥0.6	≥0.2	≥0.5	≥350	≥80	≤4	≤12
聚合物水泥	≥30	≥0.6	≥0.3	≥0.8	≥0.6	≥1.5	≥80	≥80	≤4	≤12

注：1. 浸水 168h 后的拉伸强度和断裂延伸率是在浸水取出后只经擦干即进行试验所得的值。

2. 耐水性指标是指材料浸水 168h 后取出擦干即进行试验，其粘结强度及抗渗性的保持率。

Ⅳ　施　　工

4.4.9 基层表面的气孔、凹凸不平、蜂窝、缝隙、起砂等，应修补处理，基面必须干净、无浮浆、无水珠、不渗水。

4.4.10 涂料施工前，基层阴阳角应做成圆弧形，阴角直径宜大于 50mm，阳角直径宜大于 10mm。

4.4.11 涂料施工前应先对阴阳角、预埋件、穿墙管等部位进行密封或加强处理。

4.4.12 涂料的配制及施工，必须严格按涂料的技术要求进行。

4.4.13 涂料防水层的总厚度应符合设计要求。涂刷或喷涂，应待前一道涂层实干后进行；涂层必须均匀，不得漏刷漏涂。施工缝接缝宽度不应小于100mm。

4.4.14 铺贴胎体材料时，应使胎体层充分浸透防水涂料，不得有白茬及褶皱。

4.4.15 有机防水涂料施工完后应及时做好保护层，保护层应符合下列规定：

1 底板、顶板应采用20mm厚1:2.5水泥砂浆层和40~50mm厚的细石混凝土保护，顶板防水层与保护层之间宜设置隔离层；

2 侧墙背水面应采用20mm厚1:2.5水泥砂浆层保护；

3 侧墙迎水面宜选用软保护层或20mm厚1:2.5水泥砂浆层保护。

4.5 塑料防水板防水层

4.5.1 塑料防水板可选用乙烯—醋酸乙烯共聚物（EVA）、乙烯—共聚物沥青（ECB）、聚氯乙烯（PVC）、高密度聚乙烯（HDPE）、低密度聚乙烯（LDPE）类或其他性能相近的材料。

4.5.2 塑料防水板应符合下列规定：

1 幅宽宜为2~4m；

2 厚度宜为1~2mm；

3 耐刺穿性好；

4 耐久性、耐水性、耐腐蚀性、耐菌性好；

5 塑料防水板物理力学性能应符合表4.5.2的规定。

表4.5.2 塑料防水板物理力学性能

项　目	拉伸强度（MPa）	断裂延伸率（%）	热处理时变化率（%）	低温弯折性	抗渗性
指　标	≥12	≥200	≤2.5	-20℃无裂纹	0.2MPa24h不透水

4.5.3 防水板应在初期支护基本稳定并经验收合格后进行铺设。

4.5.4 铺设防水板的基层宜平整、无尖锐物。基层平整度应符合 $D/L=1/6\sim1/10$ 的要求。

D——初期支护基层相邻两凸面凹进去的深度；

L——初期支护基层相邻两凸面间的距离。

4.5.5 铺设防水板前应先铺缓冲层。缓冲层应用暗钉圈固定在基层上，见图 4.5.5。

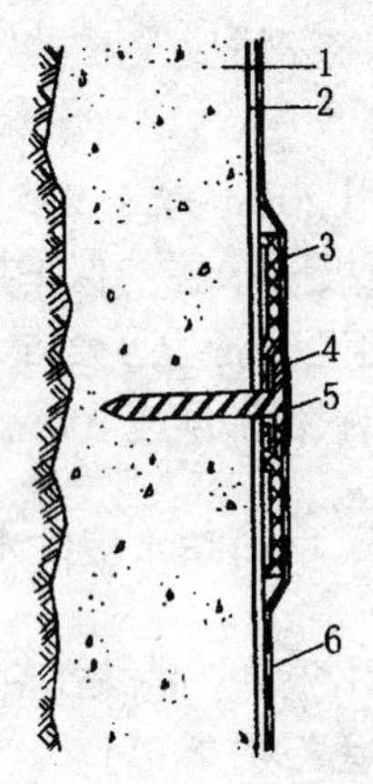

图 4.5.5　暗钉圈固定缓冲层示意图

1—初期支护；2—缓冲层；3—热塑性圆垫圈；

4—金属垫圈；5—射钉；6—防水板

4.5.6 铺设防水板时，边铺边将其与暗钉圈焊接牢固。两幅防水板的搭接宽度应为 100mm，搭接缝应为双焊缝，单条焊缝的有效焊接宽度不应小于 10mm，焊接严密，不得焊焦焊穿。环向铺设时，先拱后墙，下部防水板应压住上部防水板。

4.5.7 防水板的铺设应超前内衬混凝土的施工，其距离宜为 5～20m，并设临时挡板防止机械损伤和电火花灼伤防水板。

4.5.8 内衬混凝土施工时应符合下列规定：

1　振捣棒不得直接接触防水板；

2　浇筑拱顶时应防止防水板绷紧。

4.5.9 局部设置防水板防水层时，其两侧应采取封闭措施。

4.6 金属防水层

4.6.1 金属防水层所用的金属板和焊条的规格及材料性能，应符合设计要求。

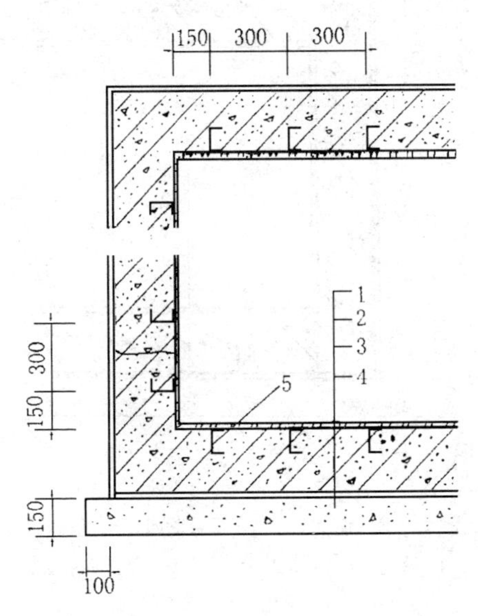

图 4.6.2 金属板防水层

1—金属防水层；2—结构；3—砂浆防水层；

4—垫层；5—锚固筋

金属板的拼接应采用焊接，拼接焊缝应严密。竖向金属板的垂直接缝，应相互错开。

4.6.2 结构施工前在其内侧设置金属防水层时，金属防水层应与围护结构内的钢筋焊牢，或在金属防水层上焊接一定数量的锚固件，见图 4.6.2。

金属板防水层应用临时支撑加固。

金属板防水层底板上应预留浇捣孔，并应保证混凝土浇筑密实，待底板混凝土浇筑完后再补焊严密。

4.6.3 在结构外设置金属防水层时，金属板应焊在混凝土或砌体的预埋件上。金属防水层经焊缝检查合格后，应将其与结构间的空隙用水泥砂浆灌实。见图 4.6.3。

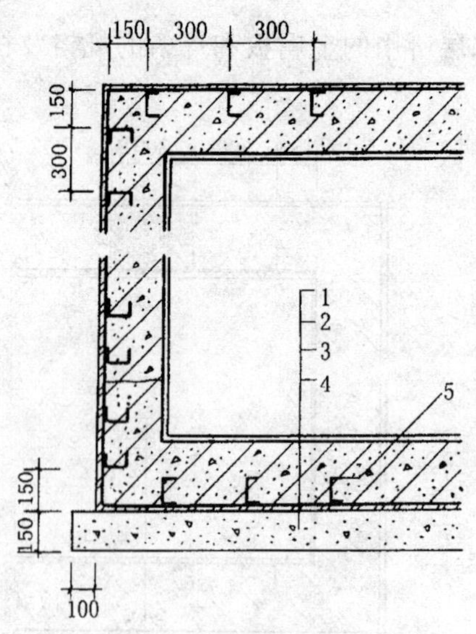

图 4.6.3 金属板防水层

1—砂浆防水层；2—结构；3—金属防水层；

4—垫层；5—锚固筋

4.6.4 金属板防水层如先焊成箱体，再整体吊装就位，应在其内部加设临时支撑，防止箱体变形。

4.6.5 金属板防水层应采取防锈措施。

5　地下工程混凝土结构细部构造防水

5.1　变　形　缝

Ⅰ　一 般 规 定

5.1.1　变形缝应满足密封防水、适应变形、施工方便、检修容易等要求。

5.1.2　用于伸缩的变形缝宜不设或少设，可根据不同的工程结构类别及工程地质情况采用诱导缝、加强带、后浇带等替代措施。

5.1.3　变形缝处混凝土结构的厚度不应小于300mm。

Ⅱ　设　　计

5.1.4　用于沉降的变形缝其最大允许沉降差值不应大于30mm。当计算沉降差值大于30mm时，应在设计时采取措施。

5.1.5　用于沉降的变形缝的宽度宜为20～30mm，用于伸缩的变形缝的宽度宜小于此值。

5.1.6　变形缝的防水措施可根据工程开挖方法、防水等级按本规范表3.3.1－1、3.3.1－2选用。变形缝的几种复合防水构造形式见图5.1.6－1、5.1.6－2、5.1.6－3。

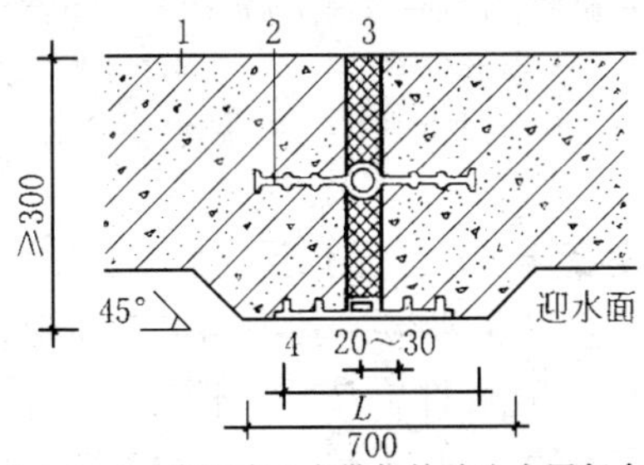

图5.1.6－1　中埋式止水带与外贴防水层复合使用

外贴式止水带 L≥300　外贴防水卷材 L≥400 外涂防水涂层 L≥400

1—混凝土结构；2—中埋式止水带；3—填缝材料；4—外贴防水层

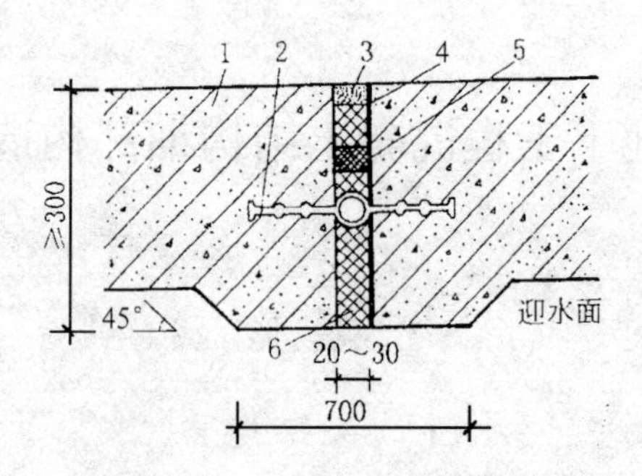

图 5.1.6-2　中埋式止水带与遇水膨胀橡胶条、嵌缝材料复合使用

1—混凝土结构；2—中埋式止水带；3—嵌缝材料；

4—背衬材料；5—遇水膨胀橡胶条；6—填缝材料

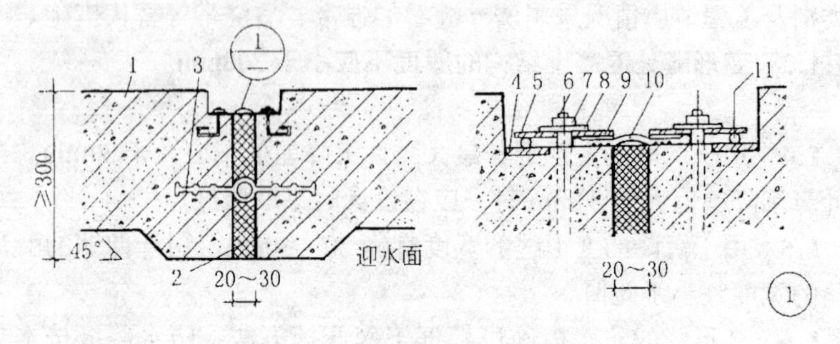

图 5.1.6-3　中埋式止水带与可卸式止水带复合使用

1—混凝土结构；2—填缝材料；3—中埋式止水带；

4—预埋钢板；5—紧固件压板；6—预埋螺栓；

7—螺母；8—垫圈；9—紧固件压块；

10—Ω型止水带；11—紧固件圆钢

5.1.7　对环境温度高于 50℃外的变形缝，可采用 2mm 厚的紫铜片或 3mm 厚不锈钢等金属止水带，其中间呈圆弧形，见图 5.1.7。

Ⅲ　材　　料

5.1.8　橡胶止水带的外观质量、尺寸偏差、物理性能应符合 HG2288—92 的规定。

钢边橡胶止水带的物理力学性能应符合表 5.1.8 的规定。

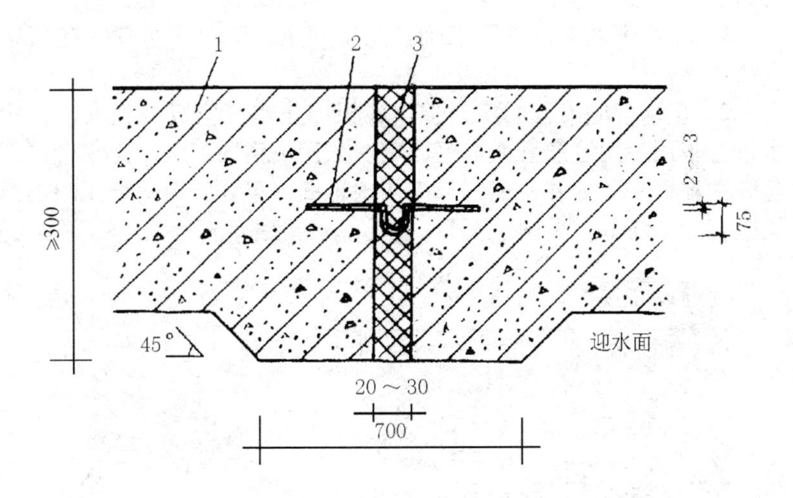

图 5.1.7　中埋式金属止水带
1—混凝土结构；2—金属止水带；3—填缝材料

表 5.1.8　　钢边橡胶止水带的物理力学性能

项目	硬度（邵氏A）	拉伸强度（MPa）	扯断伸长率（%）	压缩永久变形（70℃×24h）%	扯裂强度（N/mm）	热老化性能（70℃×168h）			拉伸永久变形（70℃×24h拉伸100%）	橡胶与钢带粘合试验	
						硬度变化（邵氏A）	拉伸强度（MPa）	扯断伸长率（%）		破坏类型	粘合强度（MPa）
性能指标	62±5	≥18.0	≥400	≤35	≥35	≤+8	≥16.2	≥320	≤20	橡胶破坏（R）	≥6

5.1.9　遇水膨胀橡胶条的性能指标应符合本规范表 8.1.5－2 中的规定。

5.1.10　嵌缝材料最大拉伸强度不应小于 0.2MPa，最大伸长率应大于 300%，拉伸－压缩循环性能的级别不应小于 8020。

Ⅳ　施　　工

5.1.11　中埋式止水带施工应符合下列规定：

1 止水带埋设位置应准确，其中间空心圆环应与变形缝的中心线重合；

2 止水带应妥善固定，顶、底板内止水带应成盆状安设。止水带宜采用专用钢筋套或扁钢固定。采用扁钢固定时，止水带端部应先用扁钢夹紧，并将扁钢与结构内钢筋焊牢。固定扁钢用的螺栓间距宜为500mm，见图5.1.11；

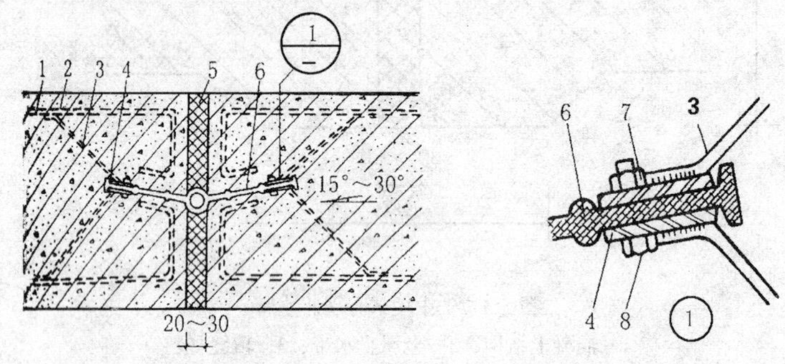

图5.1.11 顶（底）板中埋式止水带的固定
1—结构主筋；2—混凝土结构；
3—固定用钢筋；4—固定止水带用扁钢；
5—填缝材料；6—中埋式止水带；7—螺母；8—双头螺杆

3 中埋式止水带先施工一侧混凝土时，其端模应支撑牢固，严防漏浆；

4 止水带的接缝宜为一处，应设在边墙较高位置上，不得设在结构转角处，接头宜采用热压焊；

5 中埋式止水带在转弯处宜采用直角专用配件，并应做成圆弧形，橡胶止水带的转角半径应不小于200mm，钢边橡胶止水带应不小于300mm，且转角半径应随止水带的宽度增大而相应加大。

5.1.12 安设于结构内侧的可卸式止水带施工时应符合下列要求：

1 所需配件应一次配齐；

2 转角处应做成45°折角；

3 转角处应增加紧固件的数量。

5.1.13 当变形缝与施工缝均用外贴式止水带时，其相交部位宜采用图 5.1.13－1 所示的专用配件。外贴式止水带的转角部位宜使用图 5.1.13－2 所示的专用配件。

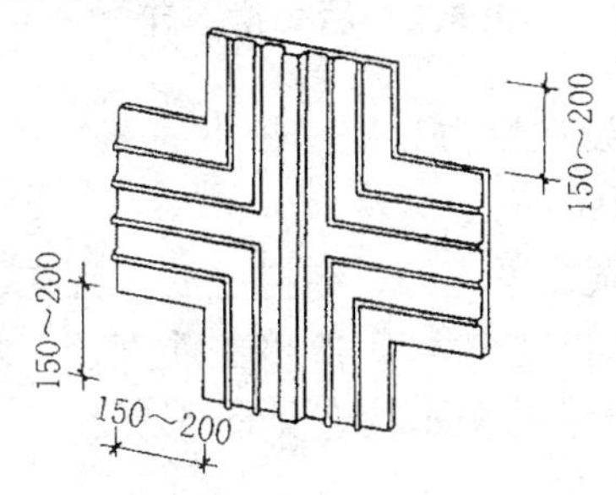

图 5.1.13－1 外贴式止水带在施工缝与变形缝相交处的专用配件

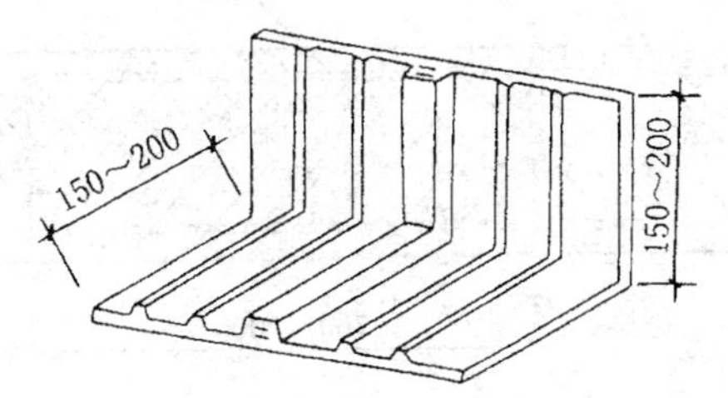

图 5.1.13－2 外贴式止水带在转角处的专用配件

5.1.14 宜采用遇水膨胀橡胶与普通橡胶复合的复合型橡胶条、中间夹有钢丝或纤维织物的遇水膨胀橡胶条、中空圆环型遇水膨胀橡胶条。当采用遇水膨胀橡胶条时，应采取有效的固定措施，防止止水条胀出缝外。

5.1.15 嵌缝材料嵌填施工时，应符合下列要求：

1 缝内两侧应平整、清洁、无渗水，并涂刷与嵌缝材料相容的基层处理剂；

2 嵌缝时应先设置与嵌缝材料隔离的背衬材料；

3 嵌填应密实，与两侧粘结牢固。

5.1.16 在缝上粘贴卷材或涂刷涂料前，应在缝上设置隔离层，而后再行施工。卷材防水层、涂料防水层的施工应符合本规范 4.3、

4.4 中的有关规定。

5.2 后 浇 带

5.2.1 后浇带应设在受力和变形较小的部位，间距宜为 30 ~ 60m 宽度宜为 700 ~ 1000mm。

5.2.2 后浇带可做成平直缝，结构主筋不宜在缝中断开，如必须断开，则主筋搭接长度应大于 45 倍主筋直径，并应按设计要求加设附加钢筋。后浇带的防水构造见图 5.2.2－1、5.2.2－2、5.2.2－3。

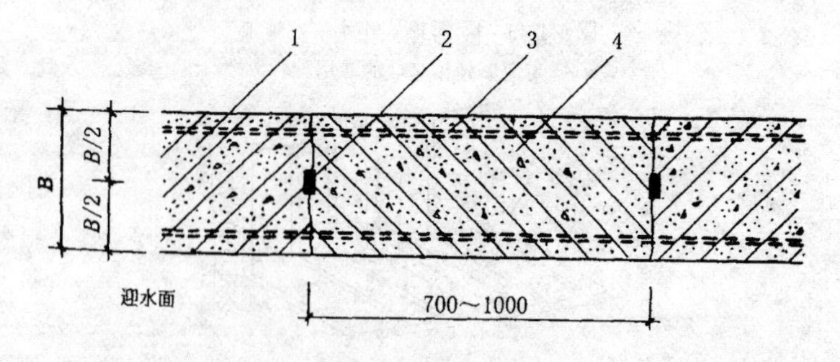

图 5.2.2－1 后浇带防水构造（一）

1—先浇混凝土；2—遇水膨胀止水条；3—结构主筋；4—后浇补偿收缩混凝土

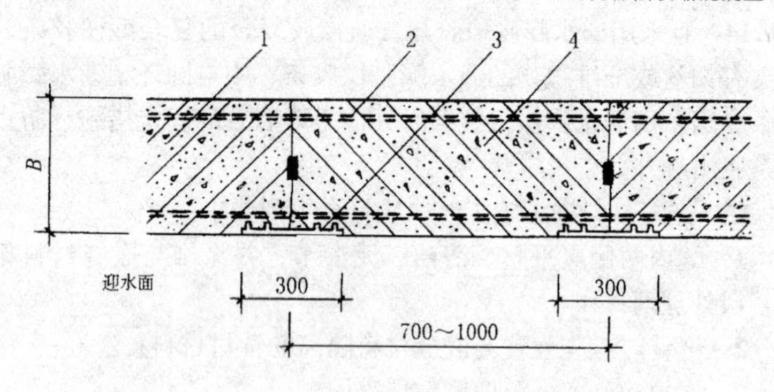

图 5.2.2－2 后浇带防水构造（二）

1—先浇混凝土；2—结构主筋；3—外贴式止水带；4—后浇补偿收缩混凝土

5.2.3 后浇带需超前止水时，后浇带部位混凝土应局部加厚，并增设外贴式或中埋式止水带，见图5.2.3。

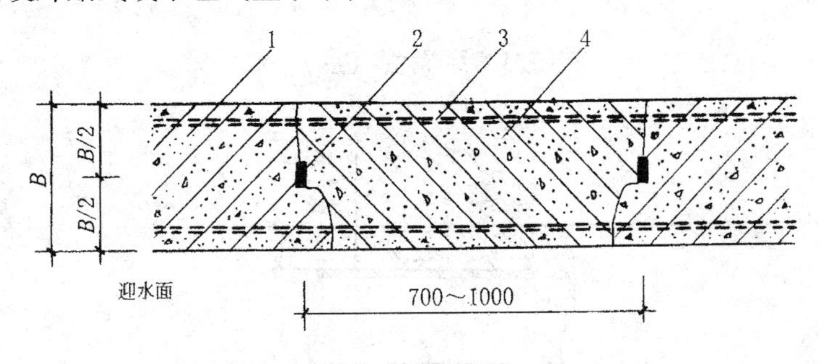

图5.2.2-3 后浇带防水构造（三）

1—先浇混凝土；2—遇水膨胀止水条；3—结构主筋；4—后浇补偿收缩混凝土

5.2.4 后浇带的施工应符合下列规定：

1 后浇带应在其两侧混凝土龄期达到42d后再施工，但高层建筑的后浇带应在结构顶板浇筑混凝土14d后进行；

2 后浇带的接缝处理应符合本规范4.1.22条的规定；

3 后浇带混凝土施工前，后浇带部位和外贴式止水带应予以保护，严防落入杂物和损伤外贴式止水带；

4 后浇带应采用补偿收缩混凝土浇筑，其强度等级不应低于两侧混凝土；

5 后浇带混凝土的养护时间不得少于28d。

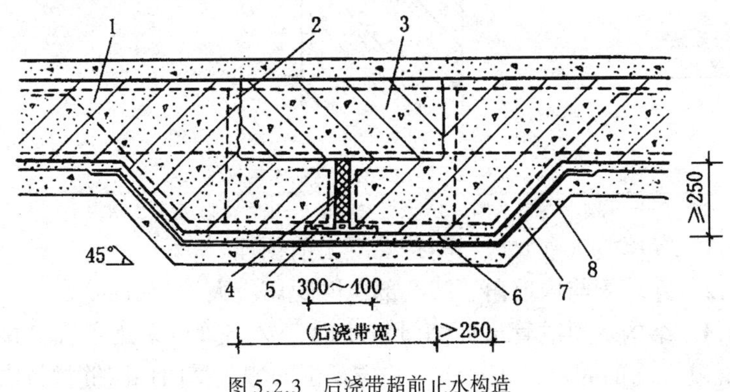

图5.2.3 后浇带超前止水构造

1—混凝土结构；2—钢丝网片；3—后浇带；4—填缝材料；
5—外贴式止水带；6—细石混凝土保护层；7—卷材防水层；8—垫层混凝土

5.3 穿墙管（盒）

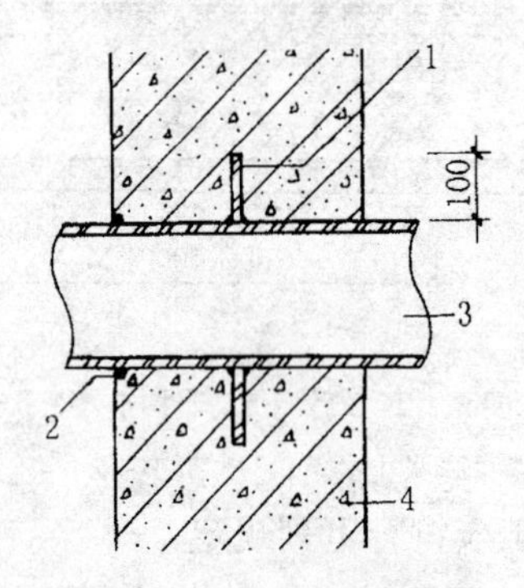

图 5.3.3-1 固定式穿墙管防水构造（一）
1—止水环；2—嵌缝材料；3—主管；4—混凝土结构

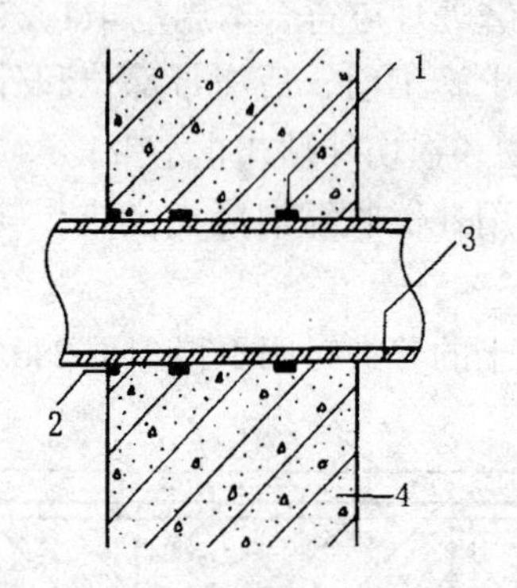

图 5.3.3-2 固定式穿墙管防水构造（二）
1—遇水膨胀橡胶圈；2—嵌缝材料；3—主管；4—混凝土结构

5.3.1 穿墙管（盒）应在浇筑混凝土前预埋。

5.3.2 穿墙管与内墙角、凹凸部位的距离应大于 250mm。

5.3.3 结构变形或管道伸缩量较小时，穿墙管可采用主管直接埋入混凝土内的固定式防水法，并应预留凹槽，槽内用嵌缝材料嵌填密实。其防水构造见图 5.3.3－1、5.3.3－2。

5.3.4 结构变形或管道伸缩量较大或有更换要求时，应采用套管式防水法，套管应加焊止水环，见图 5.3.4。

5.3.5 穿墙管防水施工时应符合下列规定：

1 金属止水环应与主管满焊密实。采用套管式穿墙管防水构造时，翼环与套管应满焊密实，并在施工前将套管内表面清理干净；

2 管与管的间距应大于 300mm；

3 采用遇水膨胀止水圈的穿墙管，管径宜小于 50mm，止水圈应用胶粘剂满粘固定于管上，并应涂缓胀剂。

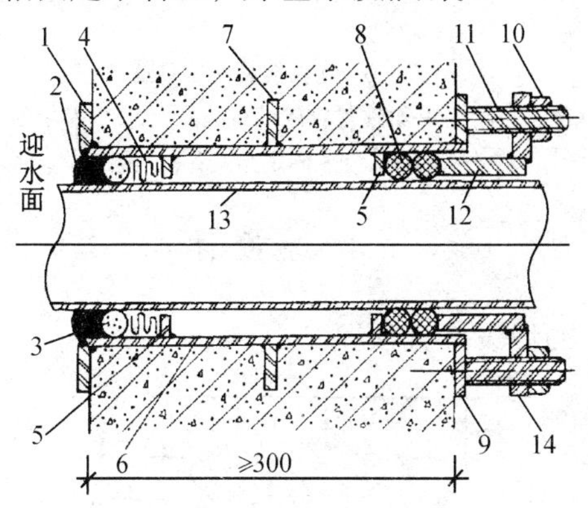

图 5.3.4 套管式穿墙管防水构造

1—翼环；2—嵌缝材料；3—背衬材料；4—填缝材料；5—挡圈；6—套管；7—止水环；8—橡胶圈；9—翼盘；10—螺母；11—双头螺栓；12—短管；13—主管；14—法兰盘

5.3.6 穿墙管线较多时，宜相对集中，采用穿墙盒方法。穿墙盒的封口钢板应与墙上的预埋角钢焊严，并从钢板上的预留浇注孔注入改性沥青柔性密封材料或细石混凝土处理，见图 5.3.6。

5.3.7 当工程有防护要求时，穿墙管除应采取有效防水措施外，尚应采取措施满足防护要求。

5.3.8 穿墙管伸出外墙的部位，应采取有效措施防止回填时将管损坏。

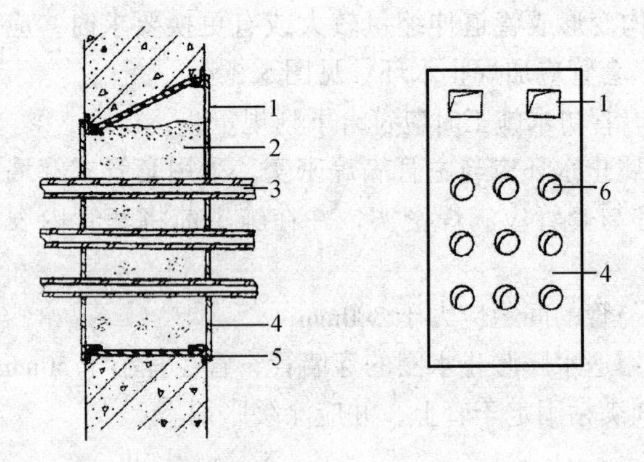

图 5.3.6　穿墙群管防水构造

1—浇注孔；2—柔性材料或细石混凝土；3—穿墙管；

4—封口钢板；5—固定角钢；6—预留孔

5.4 埋设件

5.4.1 结构上的埋设件宜预埋。

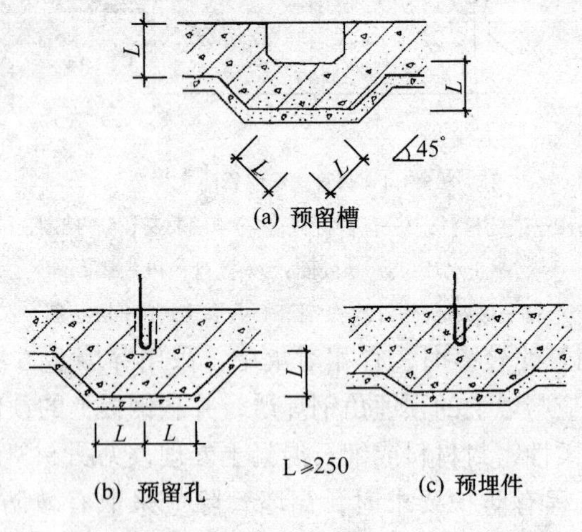

图 5.4.2　预埋件或预留孔（槽）处理示意图

5.4.2 埋设件端部或预留孔（槽）底部的混凝土厚度不得小于250mm，当厚度小于250mm时，应采取局部加厚或其他防水措施，见图5.4.2。

5.4.3 预留孔（槽）内的防水层，宜与孔（槽）外的结构防水层保持连续。

5.5 预留通道接头

5.5.1 预留通道接缝处的最大沉降差值不得大于30mm。

5.5.2 预留通道接头应采取复合防水构造形式，见图5.5.2-1、图5.5.2-2、图5.5.2-3。

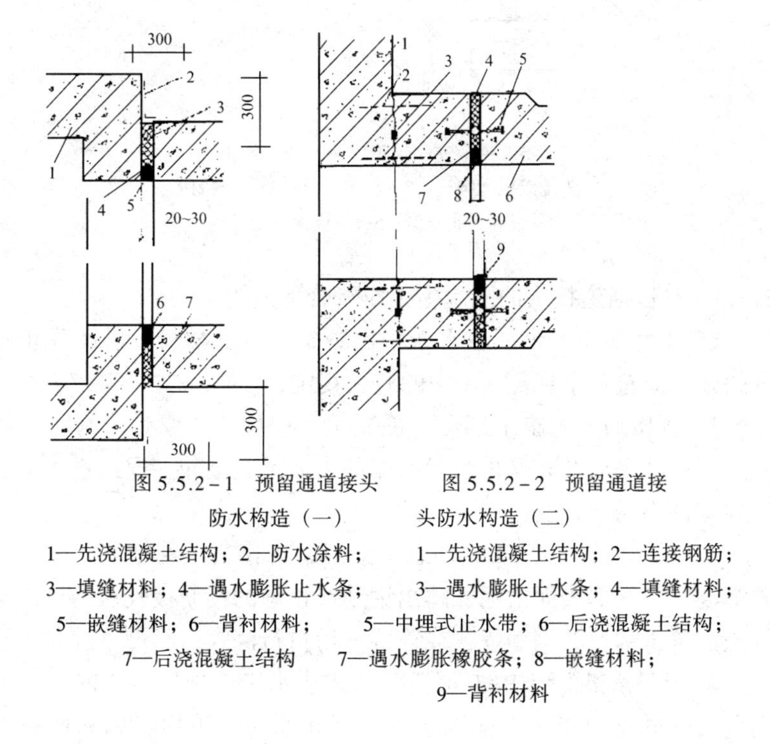

图5.5.2-1 预留通道接头防水构造（一）

1—先浇混凝土结构；2—防水涂料；3—填缝材料；4—遇水膨胀止水条；5—嵌缝材料；6—背衬材料；7—后浇混凝土结构

图5.5.2-2 预留通道接头防水构造（二）

1—先浇混凝土结构；2—连接钢筋；3—遇水膨胀止水条；4—填缝材料；5—中埋式止水带；6—后浇混凝土结构；7—遇水膨胀橡胶条；8—嵌缝材料；9—背衬材料

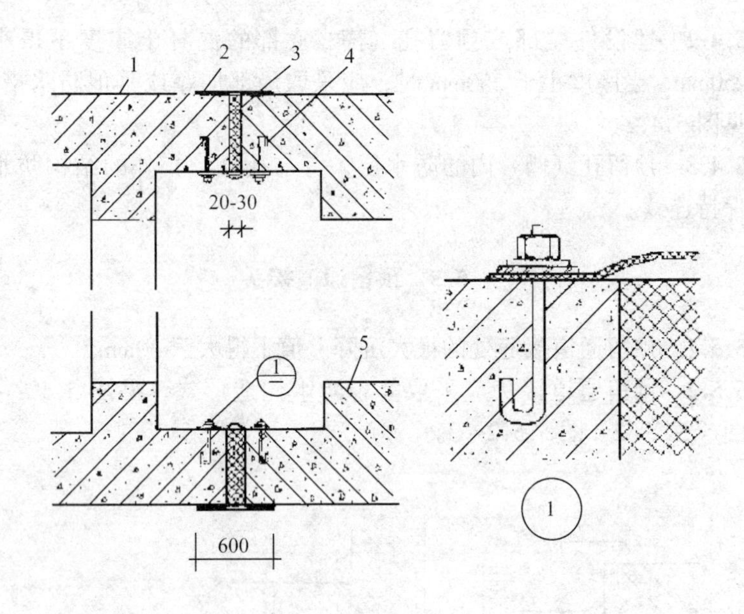

图 5.5.2-3　预留通道接头防水构造（三）

1—先浇混凝土结构；2—防水涂料；3—填缝材料；
4—可卸式止水带；5—后浇混凝土结构

5.5.3　预留通道接头的防水施工应符合下列规定：

1　中埋式止水带、遇水膨胀橡胶条、嵌缝材料、可卸式止水带的施工应符合本规范 5.1 中的有关规定；

2　预留通道先施工部位的混凝土、中埋式止水带、与防水相关的预埋件等应及时保护，确保端部表面混凝土和中埋式止水带清洁，埋件不锈蚀；

3　采用图 5.5.2-2 的防水构造时，在接头混凝土施工前应将先浇混凝土端部表面凿毛，露出钢筋或预埋的钢筋接驳器钢板，与待浇混凝土部位的钢筋焊接或连接好后再行浇筑；

4　当先浇混凝土中未预埋可卸式止水带的预埋螺栓时，可选用金属或尼龙的膨胀螺栓固定可卸式止水带。采用金属膨胀螺栓时，可用不锈钢材料或用金属涂膜、环氧涂料进行防锈处理。

5.6 桩　　头

5.6.1 桩头防水构造形式见图 5.6.1－1、5.6.1－2。

5.6.2 桩头防水施工应符合下列要求：

1 破桩后如发现渗漏水，应先采取措施将渗漏水止住；

2 采用其他防水材料进行防水时，基面应符合防水层施工的要求；

3 应对遇水膨胀止水条进行保护。

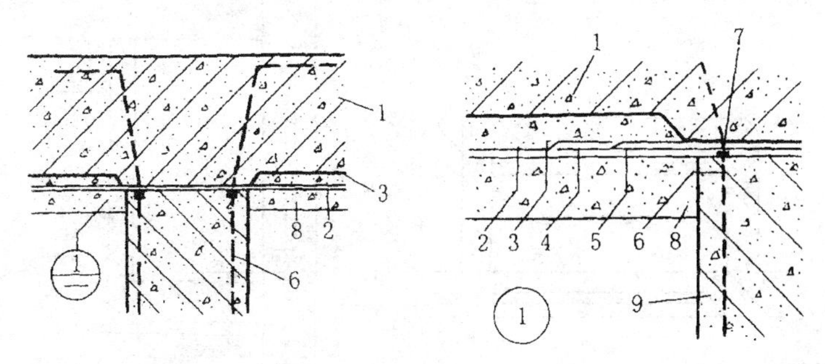

图 5.6.1－1　桩头防水构造（一）

1—结构底板；2—底板防水层；3—细石混凝土保护层；
4—聚合物水泥防水砂浆；5—水泥基渗透结晶型防水涂料；
6—桩基受力筋；7—遇水膨胀止水条；8—混凝土垫层；9—桩基混凝土

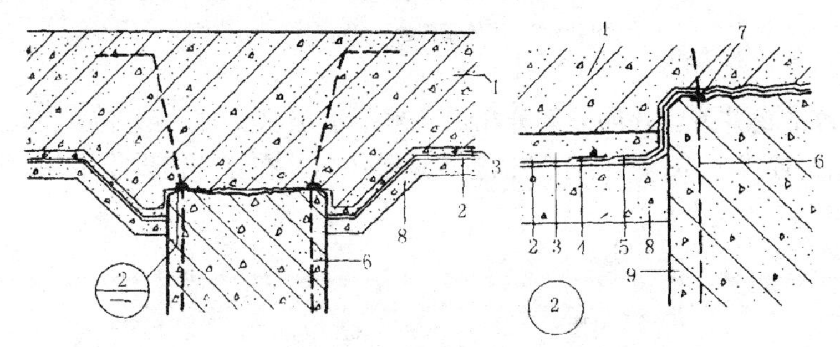

图 5.6.1－2　桩头防水构造（二）

1—结构底板；2—底板防水层；3—细石混凝土保护层；
4—聚合物水泥防水砂浆；5—水泥基渗透结晶型防水涂料；
6—桩基受力筋；7—遇水膨胀止水条；8—混凝土垫层；9—村基混凝土

5.7 孔　口

5.7.1 地下工程通向地面的各种孔口应设置防地面水倒灌措施。人员出入口应高出地面不小于500mm，汽车出入口设明沟排水时，其高度宜为150mm，并应有防雨措施。

5.7.2 窗井的底部在最高地下水位以上时，窗井的底板和墙应做防水处理并宜与主体结构断开，见图5.7.2。

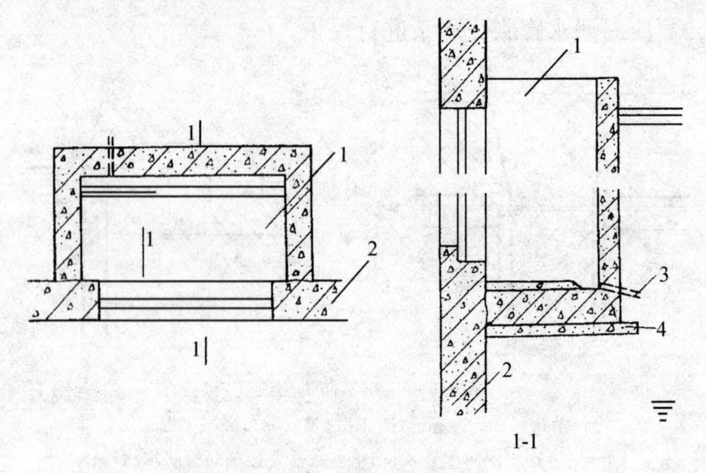

图5.7.2　窗井防水示意图

1—窗井；2—主体结构；3—排水管；4—垫层

5.7.3 窗井或窗井的一部分在最高地下水位以下时，窗井应与主体结构连成整体，其防水层也应连成整体，并在窗井内设集水井，见图5.7.3。

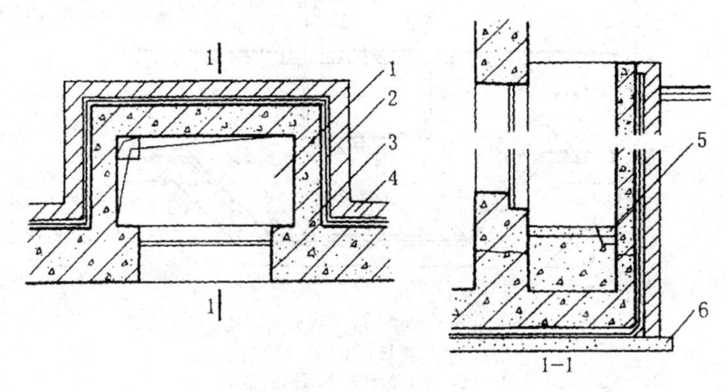

图 5.7.3 窗井防水示意图
1—窗井；2—防水层；3—主体结构；
4—防水层保护层；5—集水井；6—垫层

5.7.4 无论地下水位高低，窗台下部的墙体和底板应做防水层。

5.7.5 窗井内的底板，应比窗下缘低 300mm。窗井墙高出地面不得小于 500mm。窗井外地面应作散水，散水与墙面间应采用密封材料嵌填。

5.7.6 通风口应与窗井同样处理，竖井窗下缘离室外地面高度不得小于 500mm。

5.8 坑、池

5.8.1 坑、池、储水库宜用防水混凝土整体浇筑，内设其他防水层。受振动作用时应设柔性防水层。

5.8.2 底板以下的坑、池，其局部底板必须相应降低，并应使防水层保持连续，见图 5.8.2。

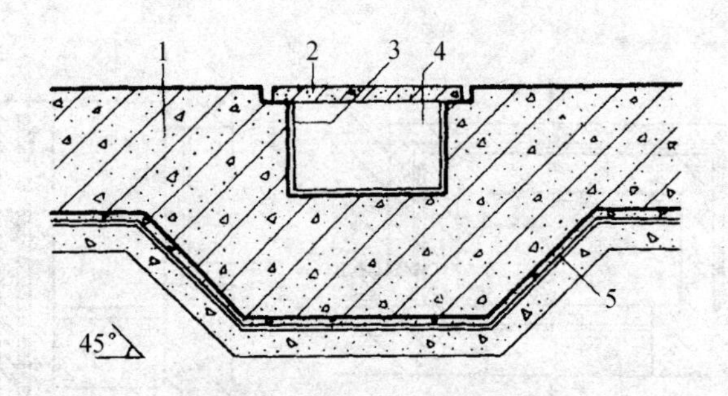

图 5.8.2　底板下坑、池的防水构造
1—底板；2—盖板；3—坑、池防水层；
4—坑、池；5—主体结构防水层

6　地下工程排水

6.1　一 般 规 定

6.1.1　有自流排水条件的地下工程，应采用自流排水法。无自流排水条件且防水要求较高的地下工程，可采用渗排水、盲沟排水或机械排水。但应防止由于排水危及地面建筑物及农田水利设施。

通向江、河、湖、海的排水口高程，低于洪（潮）水位时，应采取防倒灌措施。

6.1.2　隧道、坑道宜采用贴壁式衬砌，对防水防潮要求较高的应优先采用复合式衬砌，也可采用离壁式衬砌或衬套。

6.2　渗排水与盲沟排水

6.2.1　渗排水、盲沟排水适用于无自流排水条件、防水要求较高且有抗浮要求的地下工程。

6.2.2　渗排水应符合下列要求：

1　渗排水层设置在工程结构底板下面，由粗砂过滤层与集水管组成，见图 6.2.2；

2　粗砂过滤层总厚度宜为 300mm，如较厚时应分层铺填。过滤层与基坑土层接触处，应用厚度为 100 ~ 150mm、粒径为 5 ~ 10mm 的石子铺填；过滤层顶面与结构底面之间，宜干铺一层卷材或 30 ~ 50mm 厚的 1∶3 水泥砂浆作隔浆层；

3　集水管应设置在粗砂过滤层下部，坡度不宜小于 1%，且不得有倒坡现象。集水管之间的距离宜为 5 ~ 10m。渗入集水管的地下水导入集水井后用泵排走。

6.2.3　盲沟排水应符合下列要求：

1　宜将基坑开挖时的施工排水明沟与永久盲沟结合；

2 盲沟的构造类型、与基础的最小距离等应根据工程地质情况由设计选定。盲沟设置见图 6.2.3；

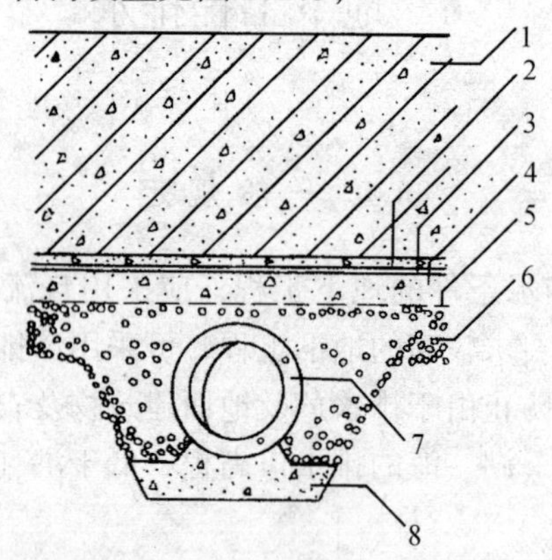

图 6.2.2 渗排水层构造

1—结构底板；2—细石混凝土；3—底板防水层；4—混凝土垫层；5—隔浆层；6—粗砂过滤层；7—集水管；8—集水管座

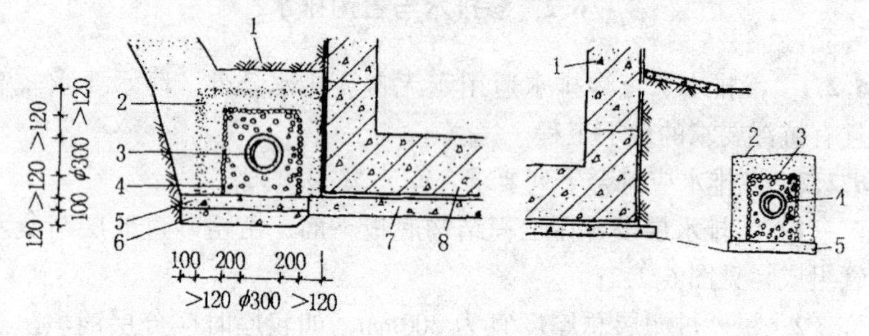

(a) 贴墙盲沟

(b) 离墙盲沟

图 6.2.3 盲沟排水构造

1—素土夯实；2—中砂反滤层
3—集水管；4—卵石反滤层
5—水泥/砂/碎砖层；6—碎砖夯实层
7—混凝土垫层；8—主体结构

1—主体结构；2—中砂反滤层
3—卵石反滤层；4—集水管
5—水泥/砂/碎砖层

3 盲沟反滤层的层次和粒径组成应符合表 6.2.3 的规定；

4 渗排水管宜采用无砂混凝土管；

5　渗排水管在转角处和直线段设计规定处应设检查井。井底距渗排水管底应留深200~300mm的沉淀部分，井盖应封严。

表6.2.3　盲沟反滤层的层次和粒径组成

反滤层的层次	建筑物地区地层为砂性土时（塑性指数IP<3）	建筑物地区地层为粘性土时（塑性指数IP>3）
第一层（贴天然土）	用0.1~2mm粒径砂子组成	用2~5mm粒径砂子组成
第二层	用1~7mm粒径小卵石组成	用5~10mm粒径小卵石组成

6.3　贴壁式衬砌

6.3.1　贴壁式衬砌排水系统的构造见图6.3.1。

6.3.2　贴壁式衬砌围岩渗漏水可通过盲沟、盲管（导水管）、暗沟导入基底的排水系统。

6.3.3　采用盲沟排水时，盲沟的设置应符合下列规定：

1　盲沟宜设在衬砌与围岩间。拱顶部位设置盲沟困难时，可采用钻孔引流措施；

2　盲沟沿洞室纵轴方向设置的距离，宜为5~15m；

3　盲沟断面的尺寸应根据渗水量及洞室超挖情况确定；

4　盲沟宜先设反滤层，后铺石料，铺设石料粒径由围岩向衬砌方向逐渐减小。石料必须洁净、无杂质，含泥量不得大于2%；

5　盲沟的出水口应设滤水篦子或反滤层，寒冷及严寒地区应采取防冻措施。

6.3.4　采用盲管（导水管）排水时，盲管（导水管）的设置应符合下列规定：

1　盲管（导水管）应沿隧道、坑道的周边固定于围岩表面；

2　盲管（导水管）的间距宜为5~20m，当水较大时，可在水较大处增设1~2道；

3 盲管（导水管）与混凝土衬砌接触部位应外包无纺布作隔浆层。

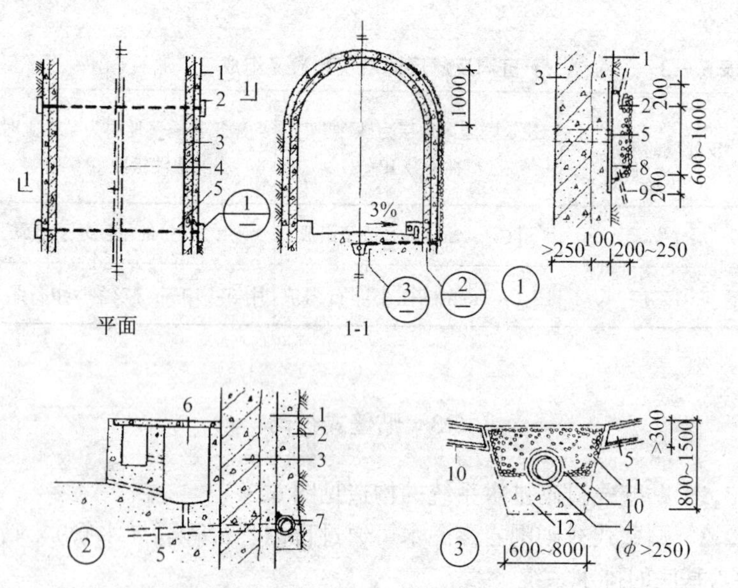

图 6.3.1 贴壁式衬砌排水构造

1—初期支护；2—盲沟；3—主体结构；4—中心排水盲管；5—横向排水管；6—排水明沟；7—纵向集水盲管；8—隔浆层；9—引流孔；10—无纺布；11—无砂混凝土；12—管座混凝土

6.3.5 排水暗沟可设置在衬砌内，宜采用塑料管或塑料排水带等。

6.3.6 基底排水系统由纵向集水盲管、横向排水管、排水明沟、中心排水盲管组成。

6.3.7 纵向集水盲管的设置应符合下列要求：

1 应与盲沟、盲管（导水管）连接畅通；

2 坡度应符合设计要求，当设计无要求时，其坡度不得小于0.2%；

3 宜采用外包加强无纺布的渗水盲管，其管径由围岩渗漏水量的大小决定。

6.3.8 横向排水管的设置应符合下列要求。

1 宜采用渗水盲管或混凝土暗槽；

2 间距宜为 5 ~ 15m；

3 坡度宜为 2%。

6.3.9 排水明沟的设置应符合下列规定：

1 排水明沟的纵向坡度不得小于 0.5%。铁路公路隧道长度大于 200m 时宜设双侧排水沟，纵向坡度应与线路坡度一致，但不得小于 0.1%；

2 排水明沟的断面尺寸视排水量大小按表 6.3.9 选用；

表 6.3.9　排水明沟断面

通过排水明沟的排水量（m^3/h）	排水明沟净断面（mm）	
	沟　宽	沟　深
50 以下	300	250
50 ~ 100	350	350
100 ~ 150	350	400
150 ~ 200	400	400
200 ~ 250	400	450
250 ~ 300	400	500

3 排水明沟应设盖板，排污水时应有密闭措施；

4 在直线段每 50 ~ 200m 及交叉、转弯、变坡处，应设置检查井，井口须设活动盖板；

5 在寒冷及严寒地区应有防冻措施。

6.3.10 中心排水盲管的设置应符合下列要求：

1 中心排水盲管宜采用无砂混凝土管或渗水盲管，其管径应由渗漏水量大小决定，内径不得小于 ϕ250mm；

2 中心排水盲管的纵向坡度和埋设深度应符合设计规定。

6.3.11 贴壁式衬砌应用防水混凝土浇筑。防水混凝土及细部构造的施工要求应符合本规范4.1和第5章中的有关规定。

6.4 复合式衬砌

6.4.1 初期支护与内衬结构中间设有塑料防水板的复合式衬砌的排水系统设置要求，除纵向集水盲管应设置在防水板处侧并与缓冲排水层连接畅通外，其他均应符合本规范6.3的有关规定。

6.4.2 初期支护基面清理完后，即可铺设缓冲排水层。缓冲排水层用暗钉圈固定在初期支护上。暗钉圈的设置应符合本规范4.5.5条的规定。

6.4.3 缓冲排水层选用的土工布应符合下列要求：

1 具有一定的厚度，其单位面积质量不宜小于280g/m^2；

2 具有良好的导水性；

3 具有适应初期支护由于荷载或温度变化引起变形的能力；

4 具有良好的化学稳定性和耐久性，能抵抗地下水或混凝土、砂浆析出水的侵蚀。

6.4.4 塑料防水板可由拱顶中心向两侧铺设，铺设要求应符合本规范4.5.6条和4.5.7条的规定。

6.4.5 内衬混凝土应用防水混凝土烧筑。防水混凝土及细部构造的施工要求应符合本规范4.1、4.5.8和第5章中的有关规定。浇筑时如发现防水板损坏应及时予以修补。

6.5 离壁式衬砌

6.5.1 围岩稳定和防潮要求高的工程可设置离壁式衬砌，衬砌与岩壁间的距离应符合下列规定：

1 拱顶上部宜为600～800mm；

2 侧墙处不应小于500mm。

6.5.2 衬砌拱部宜作卷材、塑料防水板、水泥砂浆等防水层。拱肩应设置排水沟，沟底预埋排水管或设排水孔，直径宜为 50～100mm，间距不宜大于 6m。在侧墙和拱肩处应设检查孔，见图 6.5.2。

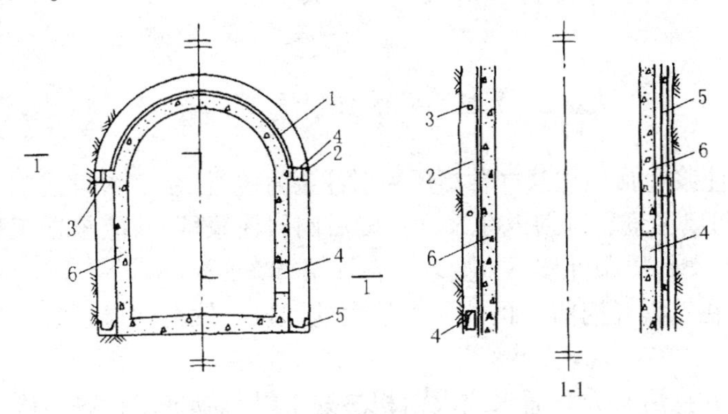

图 6.5.2　离壁式衬砌排水示意图

1—防水层；2—拱肩排水沟；3—排水孔；

4—检查孔；5—外排水沟；6—内衬混凝土

6.5.3　侧墙外排水沟应做明沟，其纵向坡度不应小于 0.5%。

6.6　衬　　套

6.6.1　衬套应采用防火、隔热性能好的材料，接缝宜采用嵌填、粘结、焊接等方法密封。

6.6.2　衬套外形应有利于排水，底板宜架空。

6.6.3　离壁衬套与衬砌或围岩的间距不应小于 150mm，在衬套外侧应设置明沟。半离壁衬套应在拱肩处设置排水沟。

7 注浆防水

7.1 一般规定

7.1.1 注浆包括预注浆（含高压喷射注浆），后注浆（衬砌前围岩注浆、回填注浆、衬砌内注浆，衬砌后围岩注浆等），应根据工程地质及水文地质条件按下列要求选择注浆方案：

1 在工程开挖前，预计涌水量大的地段、软弱地层，宜采用预注浆；

2 开挖后有大股涌水或大面积渗漏水时，应采用衬砌前围岩注浆；

3 衬砌后渗漏水严重的地段或充填壁后的空隙地段，宜进行回填注浆；

4 衬砌后或回填注浆后仍有渗漏水时，宜采用衬砌内注浆或衬砌后围岩注浆。

7.1.2 注浆施工前应进行调查，搜集下列有关资料：

1 工程地质纵横剖面图及工程地质、水文地质资料，如围岩孔隙率、渗透系数、节理裂隙发育情况、涌水量、水压和软土地层颗粒级配、土壤标准贯人试验值及其物理力学指标等；

2 工程开挖中工作面的岩性、岩层产状、节理裂隙发育程度及超、欠挖值等；

3 工程衬砌类型、防水等级等；

4 工程渗漏水的地点、位置、渗漏形式、水量大小、水质、水压等。

7.1.3 注浆实施前应符合下列规定：

1 预注浆前先做止浆墙（垫），其在注浆时应达到设计强度；

2 回填注浆应在衬砌混凝土达到设计强度的70%后进行；

3 衬砌后围岩注浆应在回填注浆固结体强度达到70%后进

行。

7.1.4 在岩溶发育地区，注浆防水应从勘测、选料、布孔、注浆施工等方面作出专业设计。

7.1.5 在注浆施工期间及工程结束后，应对水源取样检查，如有污染，应及时采取相应措施。

7.2 设　　计

7.2.1 预注浆钻孔，应根据岩层裂隙状态、地下水情况、设备能力、浆液有效扩散半径、钻孔偏斜率和对注浆效果的要求等。综合分析后确定注浆孔数、布孔方式及钻孔角度。

7.2.2 预注浆的段长，应根据工程地质、水文地质条件、钻孔设备及工期要求确定，宜为 10～50m，但掘进时必须保留止水岩垫(墙）的厚度。注浆孔底距开挖轮廓的边缘，宜为毛洞高度（直径）的 0.5～1 倍，特殊工程可按计算和试验确定。

7.2.3 高压喷射注浆孔间距应根据地质情况及施工工艺确定，宜为 0.4～2.0m。

7.2.4 高压喷射注浆帷幕宜插入不透水层，其深度应按下式计算：

$$d = \frac{h - ba}{2a} \tag{7.2.4}$$

式中 d ——帷幕插入深度（m）；

h ——作用水头（m）；

a ——接角面允许坡降，取 5～6；

b ——帷幕厚度（m）。

7.2.5 衬砌前围岩注浆的布孔，应符合下列规定：

1 在软弱地层或水量较大处布孔；

2 大面积渗漏，布孔宜密，钻孔宜浅；

3 裂隙渗漏，布孔宜疏，钻孔宜深；

4 大股涌水，布孔应在水流上游，且从涌水点四周由远到近布设。

7.2.6 回填注浆孔的孔径，不宜小于 40mm，间距宜为 2～5m，可按梅花形排列。检查注浆孔宜深入岩壁100~200mm。

7.2.7 衬砌后围岩注浆钻孔深入围岩不应小于1m，孔径不宜小于40mm，孔距可根据渗漏水的情况确定。

7.2.8 岩石地层预注浆或衬砌后围岩注浆的压力，应比静水压力大0.5~1.5MPa，回填注浆及衬砌内注浆的压力应小于0.5MPa。

7.2.9 衬砌内注浆钻孔应根据衬砌渗漏水情况布置，孔深宜为衬砌厚度的1/3~2/3。

7.3 材　　料

7.3.1 注浆材料选择原则:

1 原料来源广，价格适宜;

2 具有良好的可灌性;

3 凝胶时间可根据需要调节;

4 固化时收缩小，与围岩、混凝土、砂土等有一定的粘结力;

5 固结体具有微膨胀性，强度能满足开挖或堵水要求;

6 稳定性好，耐久性强;

7 具有耐侵蚀性;

8 无毒、低污染;

9 注浆工艺简单，操作方便、安全。

7.3.2 注浆材料应根据工程地质、水文地质条件、注浆目的、注浆工艺、设备和成本等因素，按下列规定选用:

1 预注浆和衬砌前围岩注浆，宜采用水泥浆液、水泥-水玻璃浆液，超细水泥浆液、超细水泥-水玻璃浆液等，必要时可采用化学浆液;

2 衬砌后围岩注浆，宜采用水泥浆液、超细水泥浆液、自流平水泥浆液等;

3 回填注浆宜选用水泥浆液、水泥砂浆或掺有石灰、粘土、膨润土、粉煤灰的水泥浆液;

4 衬砌内注浆宜选用水泥浆液、超细水泥浆液、自流平水泥浆液、化学浆液。

7.3.3 水泥类浆液宜选用强度等级不低于32.5MPa的普通硅酸盐水泥，其他浆液材料应符合有关规定。浆液的配合比，必须经现场试验后确定。

7.4 施 工

7.4.1 预注浆钻孔误差应符合下列要求：

1 注浆孔深小于10m时，孔位最大允许偏差为100mm，钻孔偏斜率最大允许偏差为1%；

2 注浆孔深大于10m时，孔位最大允许偏差为50mm，钻孔偏斜率最大允许偏差为0.5%。

7.4.2 岩石地层或衬砌内注浆前应将钻孔冲洗干净。

7.4.3 注浆前，应进行压水试验，测定注浆孔吸水率和地层吸浆速度。

7.4.4 回填注浆时，对岩石破碎、渗漏水量较大的地段，宜在衬砌与围岩间采用定量、重复注浆法分段设置隔水墙。

7.4.5 回填注浆、衬砌后围岩注浆施工顺序，应符合下列要求：

1 沿工程轴线由低到高，由下往上，从少水处到多水处；

2 在多水地段，应先两头，后中间；

3 对竖井应由上往下分段注浆，在本段内应从下往上注浆。

7.4.6 注浆过程中应加强监测，当发生围岩或衬砌变形、堵塞排水系统、串浆、危及地面建筑物等异常情况时，可采取下列措施：

1 降低注浆压力或采用间歇注浆，直到停止注浆；

2 改变注浆材料或缩短浆液凝胶时间；

3 调整注浆实施方案。

7.4.7 高压喷射注浆的工艺参数应根据试验确定，也可按表7.4.7选用，并在施工中进行修正。

表 7.4.7　　　　　　　**高压喷射注浆工艺参数**

项目	压力（MPa）						输浆量（L/min）	喷嘴直径（mm）	提升速度（mm/min）
	单管法	双重管法		三重管法					
	浆液	浆液	空气	水	空气	浆液			
指标	20～30	20～30	0.7	20～30	0.7	2～3	40～150	2.0～3.0	50～200

7.4.8　单孔注浆结束的条件，应符合下列规定：

1　预注浆各孔段均达到设计终压并稳定 10min，且进浆速度为开始进浆速度的 1/4 或注浆量达到设计注浆量的 80%；

2　衬砌后回填注浆及围岩注浆达到设计终压；

3　其他各类注浆，满足设计要求。

7.4.9　预注浆和衬砌后围岩注浆结束前，应在分析资料的基础上，采取钻孔取芯法对注浆效果进行检查，必要时进行压（抽）水试验。当检查孔的吸水量大于 1.0L/min.m 时，必须进行补充注浆。

7.4.10　注浆结束后，应将注浆孔及检查孔封填密实。

8 特殊施工法的结构防水

8.1 盾构法隧道

8.1.1 盾构法施工的隧道，宜采用钢筋混凝土管片、复合管片、砌块等装配式衬砌或现浇混凝土衬砌。装配式衬砌应采用防水混凝土制作。当隧道处于侵蚀性介质的地层时，应采用相应的耐侵蚀混凝土或耐侵蚀的防水涂层。

8.1.2 不同防水等级盾构隧道衬砌防水措施应符合表 8.1.2 的要求。

表 8.1.2　不同防水等级盾构隧道的衬砌防水措施

措施选择 / 防水措施 / 防水等级	高精度管片	接缝防水				混凝土内衬或其他内衬	外防水涂料
		密封垫	嵌缝	注入密封剂	螺孔密封圈		
一　级	必选	必选	应选	可选	必选	宜选	宜选
二　级	必选	必选	宜选	可选	应选	局部宜选	部分区段宜选
三　级	必选	必选	宜选	—	宜选	—	部分区段宜选
四　级	可选	宜选	可选	—	—	—	—

8.1.3 钢筋混凝土管片采应用高精度钢模制作，其钢模宽度及弧弦长允许偏差均为 ±0.4mm。

钢筋混凝土管片制作尺寸的允许偏差应符合下列规定：

1 宽度为 ±1mm；

2 弧、弦长为 ±1mm；

3 厚度为+3～-1mm。

8.1.4 管片、砌块的抗渗等级应等于隧道埋深水压力的3倍，且不得小于S8。管片、砌块必须按设计要求经抗渗检验合格后可使用。

8.1.5 管片至少应设置一道密封垫沟槽。接缝密封垫宜选择具有合理构造形式、良好回弹性或遇水膨胀性、耐久性、耐水性的橡胶类材料，其外形应与沟槽相匹配。弹性密封橡胶垫与遇水膨胀橡胶密封垫的性能应符合表8.1.5-1、8.1.5-2的规定。

表8.1.5-1 弹性橡胶密封垫材料物理性能

序号	项目			指标	
				氯丁橡胶	三元乙丙胶
1	硬度（邵氏）			45±5～60±5	55±5～70±5
2	伸长率（%）			≥350	≥330
3	拉伸强度（MPa）			≥10.5	≥9.5
4	热空气老化	(70℃×96h)	硬度变化值（邵氏）	≤+8	≤+6
			拉伸强度变化率（%）	≥-20	≥-15
			扯断伸长率变化率（%）	≥-30	≥-30
5	压缩永久变形（70℃×24h）（%）			≤35	≤28
6	防霉等级			达到与优于2级	达到与优于2级

注：以上指标均为成品切片测试的数据，若只能以胶料制成试样测试，则其伸长率、拉伸强度的性能数据应达到本规定的120%。

8.1.6 管片接缝密封垫应满足在设计水压和接缝最大张开值下不渗漏的要求。密封垫沟槽的截面积应大于等于密封垫的截面积，当环缝张开量为0mm时，密封垫可完全压入储于密封沟槽内。其关系符合下式规定：

$$A = 1 \sim 1.15A_0 \qquad (8.1.6)$$

式中 A——密封垫沟槽截面积；

A_0——密封垫截面积。

表 8.1.5－2　遇水膨胀橡胶密封垫胶料物理性能

序号	项目		指标			
			PZ－150	PZ－250	PZ－400	PZ－600
1	硬度（邵氏 A），度*		42±7	42±7	45±7	48±7
2	拉伸强度，MPa	≥	3.5	3.5	3	3
3	扯断伸长率%	≥	450	450	350	350
4	体积膨胀倍率%	≥	150	250	400	600
5	反复浸水试验 拉伸强度 MPa	≥	3	3	2	2
	反复浸水试验 扯断伸长率%	≥	350	350	250	250
	反复浸水试验 体积膨胀倍率%	≥	150	250	500	500
6	低温弯折－20℃×2h		无裂纹	无裂纹	无裂纹	无裂纹
7	防霉等级		达到与优于 2 级			

注：* 硬度为推荐项目。

1. 成品切片测试应达到标准的 80%。
2. 接头部位的拉伸强度不得低于上表标准性能的 50%。
3. 体积膨胀倍率 $= \frac{\text{膨胀后的体积}}{\text{膨胀前的体积}} \times 100\%$。

8.1.7 螺孔防水应符合下列规定：

1 管片肋腔的螺孔口应设置锥形倒角的螺孔密封圈沟槽；

2 螺孔密封圈的外形应与沟槽相匹配，并有利于压密止水或膨胀止水。在满足止水的要求下，其断面宜小。

螺孔密封圈应是合成橡胶、遇水膨胀橡胶制品。其技术指标要求应符合表 8.1.5－1、8.1.5－2 的规定。

8.1.8 嵌缝防水应符合下列规定：

1 在管片内侧环纵向边沿设置嵌缝槽，其深宽比大于 2.5，槽深宜为 25～55mm，单面槽宽宜为 3～10mm。嵌缝槽断面构造形状宜从图 8.1.8 中选定；

2 不定形嵌缝材料应有良好的不透水性、潮湿面粘结性、耐久性、弹性和抗下坠性；定形嵌缝材料应有与嵌缝槽能紧贴密封的特殊构造，有良好的可卸换性、耐久性；

3 嵌缝作业区的范围与嵌填嵌缝槽的部位，除了根据防水等级要求设计外，还应视工程的特点与要求而定；

4 嵌缝防水施工必须在盾构千斤顶顶力影响范围外进行。同时，应根据盾构施工方法、隧道的稳定性确定嵌缝作业开始的时间；

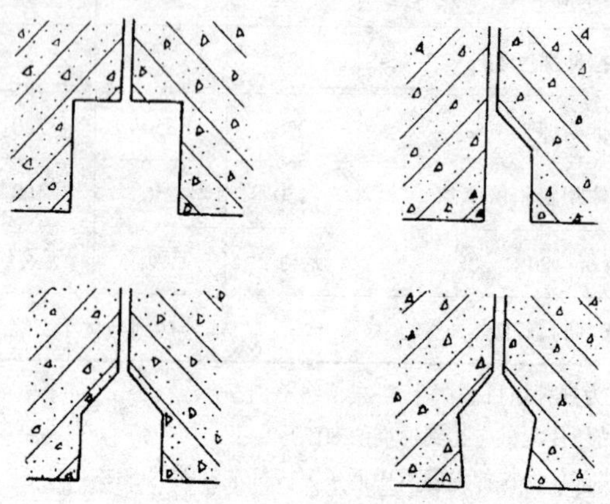

图 8.1.8　管片嵌缝槽构造形式示意图

5 嵌缝作业应在接缝堵漏和无明显渗水后进行，嵌缝槽表面混凝土如有缺损，应采用聚合物水泥砂浆或特种水泥修补牢固。嵌缝材料嵌填时，应先涂刷基层处理剂，嵌填应密实、平整。

8.1.9 双层衬砌的内层衬砌混凝土浇筑前，应将外层衬砌的渗漏水引排或封堵。采用复合式衬砌时，应根据隧道排水情况选用相应的缓冲层和防水板材料，并按本规范 4.5 和 6.4 的有关规定执行。

8.1.10 管片外防水涂层应符合下列规定；

1 耐化学腐蚀性、抗微性物侵蚀性、耐水性、耐磨性良好，且无毒或低毒；

2 在管片外弧面混凝土裂缝宽度达到 0.3mm 时，仍能抗最大埋深处水压，不渗漏；

3 具有防杂散电流的功能，体积电阻率高；

4 施工简便，且能在冬季操作。

8.1.11 竖井与隧道结合处，可用刚性接头，但接缝宜采用柔性材料密封处理，并宜加固竖井洞圈周围土体。在软土地层距竖井结合处一定范围内的衬砌段，宜增设变形缝。变形缝环面应贴设垫片，同时采用适应变形量大的弹性密封垫。

8.2 沉　井

8.2.1 沉井主体应采用防水混凝土浇筑，分节制作时，施工缝的防水措施应根据其防水等级按本规范表 3.3.1－1 选用。

8.2.2 沉井施工缝的施工应符合本规范 4.1.22 条的有关规定。固定模板的螺栓穿过混凝土井壁时，螺栓部位的防水处理应符合本规范 4.1.24 条的有关规定。

8.2.3 沉井的干封底应符合下列规定：

1 地下水位应降至底板底高程 500mm 以下，降水作业应在底板混凝土达到设计强度，且沉井内部结构完成并满足抗浮要求后，方可停止；

2 封底前井壁与底板连接部位应凿毛并清洗干净；

3 待垫层混凝土达到 50% 设计强度后，浇筑混凝土底板，应一次浇筑，分格连续对称进行；

4 降水用的集水井应用微膨胀混凝土填筑密实。

8.2.4 沉井水下封底应符合下列规定；

1 封氐混凝土水泥用量宜为 350～400kg/m^3，砂率为 45%～50%，砂宜采用中、粗砂，水灰比不宜大于 0.6，骨料粒径以 5～

40mm为宜。水下封底也可采用水下不分散混凝土；

2 封底混凝土应在沉井全部底面积上连续均匀浇筑，浇筑时导管插入混凝土深度不宜小于1.5m；

3 封底混凝土达到设计强度后，方可从井内抽水，并检查封底质量，对渗漏水部位进行堵漏处理；

4 防水混凝土底板应连续浇筑，不得留施工缝，底板与井壁接缝处的防水措施按本规范表3.3.1－1选用，施工要求应符合本规范4.1.22条中的有关规定。

8.2.5 当沉井与位于不透水层内的地下工程连接时，应先封住井壁外侧含水层的渗水通道。

8.3 地下连续墙

8.3.1 地下连续墙应根据工程要求和施工条件划分单元槽段，应尽量减少槽段数量。墙体幅间接缝应避开拐角部位。

8.3.2 地下连续墙用作结构主体墙体时应符合下列规定；

1 不宜用作防水等级为一级的地下工程墙体；

2 墙的厚度宜大于600mm；

3 选择合适的泥浆配合比或降低地下水位等措施，以防止塌方。挖槽期间，泥浆面必须高于地下水位500mm以上，遇有地下水含盐或受化学污染时应采取措施不得影响泥浆性能指标；

4 墙面垂直度的允许偏差应小于墙深的1/250；墙面局部突出不应大于100mm；

5 浇筑混凝土前必须清槽、置换泥浆和清除沉渣，沉渣厚度不应大于100mm，并将接缝面的泥土、杂物用专用刷壁器清刷干净；

6 钢筋笼浸泡泥浆时间不应超过10h。钢筋保护层厚度不应小于70mm；

7 幅间接缝方式应优先选用工字钢或十字钢板接头，并应符合设计要求。使用的锁口管应能承受混凝土灌注时的侧压力，灌注混凝土时不得位移和发生混凝土绕管现象；

8 混凝土用的水泥强度等级，不应低于32.5MPa，水泥用量不应少于370kg/m³，采用碎石时不应小于400kg/m³，水灰比应小于0.6，坍落度应为200±20mm，石子粒径不宜大于导管直径的1/8。浇筑导管埋入混凝土深度宜为1.5~6m，在槽段端部的浇筑导管与端部的距离宜为1~1.5m，混凝土浇筑必须连续进行。冬季施工时应采取保温措施，墙顶混凝土未达到设计强度50%时，不得受冻；

9 支撑的预埋件应设置止水片或遇水膨胀腻子条，支撑部位及墙体的裂缝、孔洞等缺陷应采用防水砂浆及时修补。墙体幅间接缝如有渗漏，应采用注浆、嵌填弹性密封材料等进行防水处理，并做引排措施；

10 顶板、底板的防水措施应按本规范表3.3.1－1选用。底板混凝土达到设计强度后方可停止降水，并应将降水井封堵密实；

11 墙体与工程顶板、底板、中楼板的连接处均应凿毛，清洗干净，并宜设置1~2道遇水膨胀止水条，其接驳器处宜喷涂水泥基渗透结晶型防水涂料或涂抹聚合物水泥防水砂浆。

8.3.3 做地下连续墙与内衬构成的复合式衬砌，应符合下列规定：

1 用作防水等级为一、二级的工程；

2 墙体施工应符合本规范8.3.2条3~10款的规定，并按设计规定对墙面凿毛与清洗，必要时施作水泥砂浆防水层或涂料防水层以后，再浇筑内衬混凝土；

3 当地下连续墙与内衬间夹有塑料防水板的复合式衬砌时，应根据排水情况选用相应的缓冲层和塑料防水板，并按本规范4.5和6.4中的有关规定执行；

4 内衬墙应采用防水混凝土浇筑，其缝应与地下连续墙墙缝互相错开。施工缝、变形缝、诱导缝的防水措施应按本规范表3.3.1－1选用，其施工要求应符合本规范4.1.22条及5.1中的有关规定。

8.4 逆筑结构

8.4.1 直接用地下连续墙作墙体的逆筑结构应符合本规范8.3.1、

8.3.2 条的有关规定。

8.4.2 采用地下连续墙和防水混凝土内衬的复合式逆筑结构应符合下列规定：

1 用作防水等级为一、二级的工程；

2 地下连续墙的施工应符合本规范 8.3.2 条 3～8 款和 10 款的有关规定；

3 顶板、楼板及下部 500mm 的墙体应同时浇筑，墙体的下部应做成斜坡形；斜坡形下部应预留 300～500mm 空间，待下部先浇混凝土施工 14d 后再行浇筑；浇筑前后有缝面应凿毛，清除干净，并设置遇水膨胀止水条，上部施工缝设置遇水膨胀止水条时，应使用胶粘剂和射钉（或水泥钉）固定牢靠。浇筑混凝土应采用补偿收缩混凝土。防水处理见图 8.4.2；

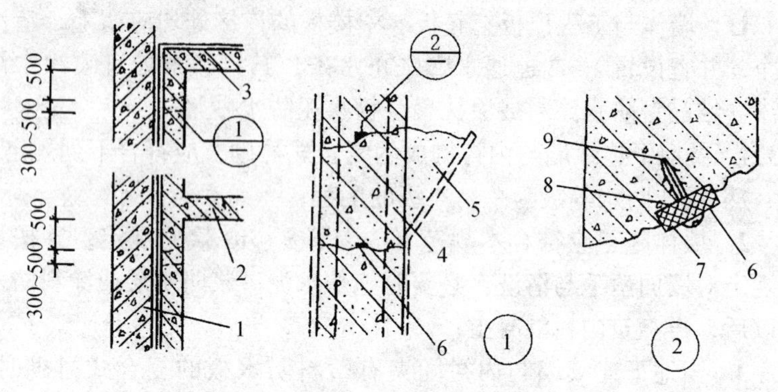

图 8.4.2 逆筑法施工接缝防水构造

1—地下连续墙；2—楼板；3—结构顶板；4—补偿收缩混凝土；
5—应凿去的混凝土；6—遇水膨胀止水条；
7—缓胀剂；8—粘结剂；9—射钉

4 底板应连续浇筑，不宜留施工缝，底板与桩头相交处的防水处理应符合本规范 5.6 中的有关规定。

8.4.3 采用桩基支护逆筑法施工时应符合下列要求：

1 用于各防水等级的工程；

2 侧墙水平、垂直施工缝，应有二道防水措施；宜用遇水膨胀止水条和防水涂料；

3 逆筑施工缝、底板、底板与桩头的做法应符合本规范8.4.2条3、4款的规定。

8.5 锚喷支护

8.5.1 喷射混凝土施工前，应视围岩裂隙及渗漏水的情况，预先采用引排或注浆堵水。

采用引排措施时，应采用耐侵蚀、耐久性好的塑料盲沟、弹塑性软式导水管等柔性导水材料。

8.5.2 锚喷支护用作工程内衬墙时应符合下列规定：

1 适用于防水等级为三、四级的工程；

2 喷射混凝土的抗渗等级，不应小于S6。喷射混凝土宜掺入速凝剂、减水剂、膨胀剂或复合外加剂等材料，其品种及掺量应通过试验确定；

3 喷射混凝土的厚度应大于80mm，对地下工程变截面及轴线转折点的阳角部位，应增加50mm以上厚度的喷射混凝土；

4 喷射混凝土设置预埋件时，应做好防水处理；

5 喷射混凝土终凝2h后，应喷水养护，养护的时间不得少于14d。

8.5.3 锚喷支护作为复合式衬砌一部分时，应符合下列规定：

1 适用于防水等级为一、二级工程的初期支护；

2 锚喷支护的施工应符合本规范8.5.2条2～5款的规定。

8.5.4 根据工程情况可选用锚喷支护、塑料防水板、防水混凝土内衬的复合式衬砌，也可把锚喷支护和离壁式衬砌、锚喷支护和衬套结合使用。

9 其 他

9.0.1 地下工程与城市给水排水管道的水平距离宜大于2.5m，限于条件不能满足这一要求时，地下工程应采取有效的防水措施。

9.0.2 地下工程在施工期间对工程周围的地表水，应采取有效的截水、排水、挡水和防洪措施，防止地面水流入工程或基坑内。

9.0.3 地下工程雨季进行防水混凝土和其他防水层施工时应有防雨措施。

9.0.4 明挖法地下工程的结构自重应大于静水压头造成的浮力，在自重不足时必须采用锚桩或其他措施。抗浮力安全系数应大于1.05~1.1。施工期间应采取有效的抗浮力措施。

9.0.5 明挖法地下工程施工时应符合下列规定：

1 地下水位应降至工程底部最低高程500mm以下。降水作业应持续至回填完毕。

2 工程底板范围内的集水井，在施工排水结束后应用微膨胀混凝土填筑密实。

3 工程顶板、侧墙留设大型孔洞，如出入口通道、电梯井口、天棚口等，应采取临时封闭、遮盖措施。

9.0.6 明挖法地下工程的混凝土和防水层的保护层在满足设计要求、检查合格后，应及时回填。并应满足以下要求：

1 基坑内杂物应清理干净，无积水；

2 工程周围800mm以内宜用灰土、粘土或亚粘土回填，其中不得含有石块、碎砖、灰渣及有机杂物，也不得有冻土。

回填施工应均匀对称进行，并分层夯实。人工夯实每层厚度不大于250mm，机械夯实每层厚度不大于300mm，并应防止损伤防水层；

3 工程顶部回填土厚度超过500mm时，才允许采用机械回填碾压。

9.0.7 地下工程上的地面建筑物四周应作散水，宽度不宜小于800mm，散水坡度宜为5%。

9.0.8 地下工程建成后，其地面应进行整修，地质勘察和施工留下的探坑等应回填密实，不得积水。不宜在工程顶部设置蓄水池或修建水渠。

9.0.9 地面新建工程破坏已建地下工程的防水层时，地面工程承建单位必须将其修缮完整。

10 地下工程渗漏水治理

10.1 一 般 规 定

10.1.1 地下工程渗漏水治理应遵循“堵排结合、因地制宜、刚柔相济、综合治理”的原则。

10.1.2 渗漏水治理前应掌握工程原防、排水系统的设计、施工、验收资料。

10.1.3 渗漏水治理施工时应按先顶（拱）后墙而后底板的顺序进行，应尽量少破坏原有完好的防水层。

10.1.4 有降水和排水条件的地下工程，治理前应做好降水和排水工作。

10.1.5 治理过程中应选用无毒、低污染的材料。

10.1.6 治理过程中的安全措施、劳动保护必须符合有关安全施工技术规定。

10.1.7 地下工程渗漏水治理，必须由防水专业设计人员和有防水资质的专业施工队伍完成。

10.2 治 理 顺 序

10.2.1 地下工程渗漏水治理前，应调查以下内容：

1 渗漏水的现状、水源及影响范围；

2 渗漏水的变化规律；

3 衬砌结构的损害程度；

4 结构稳定情况及监测资料。

10.2.2 渗漏水的原因分析应从设计、施工、使用管理等方面进行：

1 掌握工程原设计、施工资料，包括防水设计等级、防排水系统及使用的防水材料性能、试验数据；

2　工程所在位置周围环境的变化；

3　运营条件、季节变化、自然灾害对工程的影响。

10.2.3　渗漏水治理过程中，应严格每道工序的操作，上道工序未经验收合格，不得进行下道工序施工。

10.2.4　随时检查治理效果，做好隐蔽施工记录，发现问题及时处理。

10.2.5　竣工验收应符合下列要求：

1　施工质量应符合设计和规范要求；

2　施工资料齐全，包括施工技术总结报告、所用材料的技术资料、施工图纸等。

10.3　材料选用

10.3.1　衬砌后注浆宜选用特种水泥浆、掺有膨润土、粉煤灰等掺合料的水泥浆、水泥砂浆。

10.3.2　衬砌内注浆宜选用超细水泥浆浆液，环氧树脂、聚氨酯等化学浆液。

10.3.3　防水抹面材料宜选用掺各种外加剂、防水剂、聚合物乳液的水泥净浆、水泥砂浆、特种水泥砂浆等。

10.3.4　防水涂料宜选用水泥基涌透结晶型类、聚氨酯类、硅橡胶类、水泥基类、聚合物水泥类、改性环氧树脂类、丙烯酸酯类、乙烯—醋酸乙烯共聚物类（EVA）等涂料。

10.3.5　导水、排水材料宜选用塑料排水板，铝合金、不锈钢金属排水槽，土工织物与塑料复合排水板、渗水盲管等。

10.3.6　嵌缝材料宜选用聚硫橡胶类、聚氨酯类等柔性密封材料或遇水膨胀止水条。

10.4　治理措施

10.4.1　大面积严重渗漏水可采用下列处理措施：

1 衬砌后和衬砌内注浆止水或引水，待基面干燥后，用掺外加剂防水砂浆、聚合物水泥砂浆、挂网水泥砂浆或防水涂层等加强处理；

2 引水孔最后封闭；

3 必要时采用贴壁混凝土衬砌加强。

10.4.2 大面积一般渗漏水和漏水点，可先用速凝材料堵水，再做防水砂浆抹面或防水涂层加强处理。

10.4.3 渗漏水较大的裂缝，可用速凝浆液进行衬砌内注浆堵水，渗水量不大时，可进行嵌缝或衬砌内注浆处理，表面用防水砂浆抹面或防水涂层加强。

10.4.4 结构仍在变形、未稳定的裂缝，应待结构稳定后再进行处理，处理方法按本规范10.4.3条执行。

10.4.5 有自流排水条件的工程，除应做好防水措施外，还应采用排水措施。

10.4.6 需要补强的渗漏水部位，应选用强度较高的注浆材料，如水泥浆、超细水泥浆、环氧树、聚氨酯等浆液处理，必要时可在止水后再做混凝土衬砌。

10.4.7 锚喷支护工程渗漏水部位，可采用引水带、导管排水、喷涂快凝材料及化学注浆堵水。

10.4.8 细部构造部位渗漏水处理可采用下列措施：

1 变形缝和新旧结构接头，应先注浆堵水，再采用嵌填遇水膨胀止水条、密封材料或设置可卸式止水带等方法处理；

2 穿墙管和预埋件可先用快速堵漏材料止水后，再采用嵌填密封材料、涂抹防水涂料、水泥砂浆等措施处理；

3 施工缝可根据渗水情况采用注浆、嵌填密封防水材料及设置排水暗槽等方法处理，表面增设水泥砂浆、涂料防水层等加强措施。

附录A 劳动保护

A.0.1 使用有毒材料时，作业人员应按规定享受劳保福利和营养补助，并应定期体检。

A.0.2 配制和使用有毒材料时，必须着防护服、戴口罩、手套和防护眼镜，严禁毒性材料与皮肤接触和入口。

A.0.3 有毒材料和挥发性材料应密封贮存，妥善保管和处理，不得随意倾倒。

A.0.4 使用易燃材料时，应严禁烟火。

A.0.5 使用有毒材料时，施工现场应加强通风。

本规范用词说明

一、为便于执行本规范条文时区别对待，对要求严格程度不同的用词说明如下：

1. 表示很严格，非这样做不可的用词：

正面词采用“必须”；

反面词采用“严禁”。

2. 表示严格，在正常情况下均应这样做的用词：

正面词采用“应”；

反面词采用“不应”或“不得”。

3. 表示允许稍有选择，在条件许可时首先应这样做的用词：

正面词采用“宜”；

反面词采用“不宜”。

表示有选择，在一定条件下可以这样做的，采用“可”。

二、条文中指明应按其他有关标准和规范的规定执行时，写法为“应按……执行”或“应符合……的规定”。非必须按所指定的标准和规范的规定执行时，写法为“可参照……”。

参考文献

1. 李承刚主编·建筑防水新技术·北京：中国环境科学出版社，1996年3月

2. 中国土木工程学会·提高工程质量的政策与措施研究·中国土木工程学会第六届年会论文集·1993年5月25－27日·北京：中国建筑工业出版社

3. 程良奎，杨志银编著·喷射混凝土与土钉墙·北京：中国建筑工业出版社，1998年10月

4. 叶琳昌，薛绍祖编著·防水工程（第二版）·中国建筑工业出版社，1996年5月

5. 铁道部第二勘测设计院主编·铁路工程设计技术手册，隧道（修订版）·北京：中国铁道出版社，1995年6月

6. 康宁，王友亭，夏吉安编著·建筑工程的防排水·北京：科学出版社，1998年8月

7. 夏明耀，曾进伦主编·地下工程设计施工手册·北京：中国建筑工业出版社，1999年7月

8. 上海市地铁工程质量管理文件汇编·上海市地铁工程建设处，1991年11月

9. 上海市政工程协会·质量管理和质量保证·1992年

10. 程骁，张凤祥编著·土建注浆施工与效果检测·上海：同济大学出版社，1998年1月

11. 上海市标准·DBJ08－50－96盾构法隧道防水技术标准·上海市市政工程管理局主编，1996年12月1日实行

12. 叶琳昌编·防水工手册·北京：中国建筑工业出版社，1998年9月

13. 张元发，潘延平等主编·建设工程质量检测见证取样员手册·北京：中国建筑工业出版社，1998 年 4 月